高职高专工程管理类专业实用教材

建筑工程造价

第 2 版

孙久艳 苏德利 主　编
徐春波 王照雯 副主编
张福燕 参　编

机械工业出版社
China Machine Press

图书在版编目（CIP）数据

建筑工程造价 / 孙久艳，苏德利主编 . —2 版 . —北京：机械工业出版社，2014.6
（高职高专工程管理类专业实用教材）

ISBN 978-7-111-46883-7

I. 建… II.① 孙… ② 苏… III. 建筑工程－工程造价－高等职业教育－教材 IV. TU723.3

中国版本图书馆 CIP 数据核字（2014）第 113302 号

　　本书是根据高职高专建筑工程管理专业"建筑工程造价"教学大纲，依据 2013 年最新的国家相关标准和规范编写而成的。根据建筑工程人才培养目标与规格的要求，全书共分为 6 章，主要内容包括建筑工程造价概述，建筑工程定额，房屋建筑与装饰工程清单工程量计算，工程量清单的编制与工程量清单计价，定额计价法，工程索赔、工程价款结算与竣工决算。其中，房屋建筑与装饰工程清单工程量的计算、工程量清单的编制与工程量清单计价（投标报价）是本课程的重点。本书每章都设有学习目标、技能目标、计算实例解析、复习思考题和技能训练等栏目，内容上层次清晰，重点突出。本书采用将概念、原理、技术结合实例解析的论述方法，理论与实践相结合，注重读者实践技能的培养，图文并茂，简明易懂。

　　本书可作为建筑工程管理、土木工程、房地产等土建类高职高专及应用本科的教材，也可作为土建类相关工程技术人员参考用书。

建筑工程造价

孙久艳　等主编

出版发行：机械工业出版社（北京市西城区百万庄大街 22 号　邮政编码：100037）

责任编辑：岳小月　　　　　　　　　　　　　　责任校对：殷　虹
印　　刷：北京瑞德印刷有限公司　　　　　　　版　　次：2014 年 7 月第 2 版第 1 次印刷
开　　本：170mm×242mm　1/16　　　　　　　印　　张：20.75
书　　号：ISBN 978-7-111-46883-7　　　　　　定　　价：35.00 元

凡购本书，如有缺页、倒页、脱页，由本社发行部调换

客服热线：（010）88379210　88361066　　　　投稿热线：（010）88379007
购书热线：（010）68326294　88379649　68995259　　读者信箱：hzjg@hzbook.com

前　言

本书根据高职高专建筑工程管理专业"建筑工程造价"教学大纲编写而成，根据建筑工程人才培养目标与规格的要求，紧跟高职高专教育的改革步伐，依据 2013 年最新的国家相关标准和规范进行编制。

本书从基本建设的概念、分类、程序及项目的划分入手，在简要了解与建筑工程造价相关概念的基础上，介绍了建筑工程造价文件的分类、建筑工程计价、建筑安装工程费用的构成及计算、清单工程量的计算、工程量清单的编制及其计价；全面阐述了建筑工程造价计算的基本原理与方法。本书结合建筑工程造价行业的现状，在重点介绍清单工程量的计算、工程量清单及投标报价编制的同时，也介绍了定额计价法，本书采用将概念、原理、技术与实例结合进行计算解析的论述方法，理论与实践相结合，图文并茂，非常具有实用性，适合高等职业技术培训的需要。为培养学生的综合动手能力，本书编写了完整的传统定额计价实例和工程量清单计价实例，并附有插图，易学易懂。每章还设有学习目标、技能目标、复习思考题和技能训练等栏目，便于教学和读者学习。本书具有以下突出特点：

（1）内容及体系全新（最新的规范、定额和标准）。本书根据《建设工程工程量清单计价规范》（GB50500—2013）、《房屋建筑与装饰工程工程量计算规范》（GB50854—2013）、建标［2013］44 号《建筑安装工程费用项目组成》、《建筑工程建筑面积计算规范》（GB/T50353—2013），以各地目前主要实施的建筑工程计价定额等相关文件为依据编著，教材专业内容与时俱进，具有科学性和先进性。

（2）结合行业实际，重点突出。目前，定额计价法和工程量清单计价法共存于招投标活动中，本书重点介绍利用新规范的工程量清单计价法，同时介绍计价定额与计算规范工程量计算规则不同的定额计价法。

（3）突出"以能力为本位"的思想，以形成读者实训技能为主线，增加实例解析教学，实践性强，从而使读者学习本课程后能更好地从事建筑工程造价和管理工作为主要教学目标。

（4）语言精练，实用性强。本书在内容编排上做到"深入浅出"，文字通俗易懂，概念准确，各部分内容既相对独立，又相互协调，兼顾实践性及系统性，注重教材的实用性。

为方便教师教学，作者结合多年来的教学体会，提出如下教学建议，仅供各位同仁参考，推荐使用 72～90 学时。

《建筑工程造价》教学建议

章	内　容	理论学时	实践学时	备注
第1章	建筑工程造价概述	4～6	2	
第2章	建筑工程定额	6～8	2～4	
第3章	房屋建筑与装饰工程清单工程量计算	16～18	12～14	
第4章	工程量清单的编制与工程量清单计价	6～8	4～6	
第5章	定额计价法	8～10	6～8	
第6章	工程索赔、工程价款结算与竣工决算	4	2	
合计	72～90 学时	44～54	28～36	

注：各章根据不同专业的要求在课时浮动范围内调整课时。

《建筑工程造价》的重点有：第3章3.2节建筑面积计算规范、3.4节房屋建筑与装饰工程清单工程量的计算、3.5节房屋建筑与装饰工程清单工程量计算实例；第4章工程量清单的编制及实例、工程量清单计价的编制及实例。

《建筑工程造价》的难点有：第3章房屋建筑与装饰工程清单工程量的计算及实例；第4章工程量清单的编制及实例、工程量清单计价的编制及实例。

本书由大连海洋大学应用技术学院孙久艳、苏德利担任主编并统稿。全书共6章，其中，第1、2章由苏德利编写；第3章由孙久艳编写；第4章由大连海洋大学应用技术学院徐春波编写；第5章由大连海洋大学应用技术学院王照雯编写；第6章由大连海洋大学应用技术学院张福燕编写。本书配套PPT教学课件由孙久艳编制。

本书在编写中，借鉴、参考、引述了大量国内外相关文献资料，其中包括兄弟院校有关教材和资料，并得到有关方面的大力支持和帮助，在此向这些作者、专家及编写单位表示诚挚的谢意。

由于学科领域非常深广，加之编者的水平和时间有限，书中肯定有欠妥之处，恳请各位同行、专家和广大读者批评指正。

编者
2013 年 12 月

目　录

前言

第1章　建筑工程造价概述 ································· 1

1.1　工程造价概述 ····························· 1

1.2　基本建设概述 ····························· 3

1.3　建筑工程计价 ····························· 8

1.4　建筑安装工程费用的构成及计算 ············· 10

【复习思考题】 ······························· 28

【技能训练】 ································· 29

第2章　建筑工程定额 ································· 30

2.1　建筑工程定额概述 ······················· 30

2.2　建筑工程基础定额 ······················· 35

2.3　人工、材料和机械台班单价的确定 ··········· 41

2.4　建筑工程计价定额 ······················· 48

2.5　企业定额 ······························· 52

2.6　建筑工程工期定额 ······················· 55

【复习思考题】 ······························· 57

【技能训练】 ································· 58

第3章　房屋建筑与装饰工程清单工程量计算 ········· 59

3.1　工程量计算概述 ························· 59

3.2　建筑面积计算规范（建筑面积计算规则部分）·········· 64

3.3 《房屋建筑与装饰工程工程量计算规范》(GB50854—2013) 简介 ······ 73

3.4 房屋建筑与装饰工程清单工程量的计算 ······················· 74

3.5 房屋建筑与装饰工程清单工程量计算实例 ····················· 145

【复习思考题】 ·· 181

【技能训练】 ·· 182

第4章 工程量清单的编制与工程量清单计价 ······················· 183

4.1 工程量清单的编制 ·· 183

4.2 工程量清单计价 ·· 204

4.3 综合单价的概念及确定 ·· 215

4.4 投标报价编制实例 ·· 225

【复习思考题】 ·· 241

【技能训练】 ·· 242

第5章 定额计价法 ·· 243

5.1 定额计价概述 ·· 243

5.2 《计价定额》与《房屋建筑与装饰工程工程量计算规范》

(GB50854—2013) 工程量计算规则的不同点 ··················· 249

5.3 建筑工程计价定额的应用 ······································ 278

5.4 定额计价综合编制实例 ·· 288

【复习思考题】 ·· 292

【技能训练】 ·· 292

第6章 工程索赔、工程价款结算与竣工决算 ······················· 294

6.1 工程索赔 ·· 294

6.2 工程价款结算 ·· 298

6.3 竣工决算 ·· 313

【复习思考题】 ·· 326

【技能训练】 ·· 326

参考文献 ··· 327

第1章

建筑工程造价概述

学习目标

    掌握工程造价和建筑工程造价的含义，了解本门课程研究的内容与任务；掌握基本建设的概念、建设项目划分与工程造价组合，及基本建设造价文件的分类；熟悉建筑工程计价特征，掌握定额计价法和工程量清单计价法的基本概念；了解基本建设费用的构成及其确定方法；掌握建筑工程费用按照费用构成要素划分和按照造价形成划分的各项费用的具体组成；掌握建筑工程费用的计算方法，掌握建筑安装工程费用的基本计算程序，并能结合本地区性的费用定额计算各项费用，确定工程造价。

技能目标

    区分基本建设、建设项目、单项工程、单位工程、分部工程、分项工程的含义，弄清投资估算、设计概算、施工图预算、合同价、竣工结算、竣工决算等基本建设经济文件的内涵及相互关系，为编制建筑工程造价打基础。具有结合本地区性的费用定额计算各项费用的能力，在学习完成后续内容的基础上能够确定工程造价。

1.1 工程造价概述

1.1.1 工程造价的含义

    工程造价的直意就是工程的价格。工程，泛指一切建设工程，其范围和内涵具有很大的不确定性；造价，是指进行某项工程建设所花费的全部费用。

    工程造价有两种含义：其一，工程造价是指建设一项工程的全部固定资产投资费用。显然，这一含义是从投资者—业主的角度来定义的。投资者选定一个投资项目，为了获得预期的效益，就要通过项目评估进行决策，然后进行设计招标、工程招标，直至竣工验收等一系列投资管理活动。在投资活动中所支付的全部费用形成了固定资产，所有这些开支就构成了工程造价。从这个意义上说，工程造价就是工程投资费用，建设项目工程造价就是建设项目固定资产投资。其二，工程造价是指工程价格。即为建成一项工程，在土地市场、设备市场、技术劳务市场，以及承包市场等交易活动中所形成的建设工程价格。显然，工程造价的第二种含义是以工程这种特定的商品作为交易对象，通过招投标、承发包或其他交易方式，最终由市场形成的价格。在这里，工程的范围和内涵既可以是涵盖范围很大的一个建设项目，也可以是一个单项工程，甚至可以是整个建设工程中的某个阶段，如建筑安装工程、装饰工程，或是其中的某个组成部分。随着经济发展中技术的进步、分工的细化和市场的完善，工程建设的中间产品也会越来越多，工程价格的种类和形式也会更加丰富。

通常把工程造价的第二种含义认定为工程承发包价格。应该肯定，承发包价格是工程造价中一种重要的也是最典型的价格形式。它是在建设市场通过招投标，由需求主体投资者和供给主体建筑商共同认可的价格。鉴于建筑安装工程价格在项目固定资产中占有 50% ～ 60% 的份额，又是工程建设中最活跃的部分，而建筑企业是建设工程的实施者和重要的市场主体，工程承发包价格被界定为工程价格的第二种含义，很有现实意义。但是，如上所述，这种界定对工程造价的含义理解较狭窄。

所谓工程造价的两种含义是以不同角度把握同一事物的本质。从建设工程的投资者来说，面对市场经济条件下的工程造价就是项目投资，是"购买"项目要付出的价格，同时也是投资者在作为市场供给主体"出售"项目时定价的基础。对于承包商、供应商和规划、设计等企业来说，工程造价是它们作为市场供给主体出售商品和劳务的价格的总和，或是特指范围的工程造价，如建筑安装工程造价。

工程造价的两种含义是对客观存在的概括。它们既共生于一个统一体，又相互区别，最主要的区别在于需求主体和供给主体在市场追求的经济利益不同，因而管理的性质和管理目标不同。从管理性质看，前者属于投资管理范畴，后者属于价格管理范畴，但二者又互相交叉。从管理目标看，作为项目投资或投资费用，投资者在进行项目决策和项目实施时，首先追求的是决策的正确性。投资是一种为实现预期收益而垫付资金的经济行为，项目决策是重要一环。项目决策中投资数额的大小、功能和价格（成本）比是投资决策最重要的依据。其次，在项目实施中完善项目功能，提高工程质量，降低投资费用，按期或提前交付使用，是投资者始终关注的问题。因此降低工程造价是投资者始终如一的追求。作为工程价格，承包商所关注的是利润和高额利润，为此，他追求的是较低工程成本和较高的工程造价。不同的管理目标，反映他们不同的经济利益，但他们都要受支配价格运动的那些经济规律的影响和调节。他们之间的矛盾正是市场的竞争机制和利益风险机制的必然反映。

区别工程造价两种含义的理论意义在于：为投资者和以承包商为代表的供应商在工程建设领域的市场行为提供理论依据。当政府提出降低工程造价时，是站在投资者的角度充当着市场需求主体的角色；当承包商提出要提高工程造价、提高利润率，并获得更多的实际利润时，他是要实现一个市场供给主体的管理目标。这是市场运行机制的必然。不同的利益主体绝不能混为一谈。同时，两种含义也是对单一计划经济理论的一个否定和反思。区别两重含义的现实意义在于：为实现不同的管理目标，不断充实工程造价的管理内容，完善管理方法，更好地为实现各自的目标服务，从而有利于推动全面的经济增长。

1.1.2　建筑安装工程造价的含义与内容

1．建筑安装工程造价的含义

建筑安装工程造价是指建设单位支付给从事建筑安装工程施工单位的全部生产费用，是建筑安装工程产品作为商品进行交换所需的货币交换量。

建筑安装工程产品，不同于建设工程产品。在我国现行经济条件下，从产品生产单位来看，建筑安装产品是建筑安装企业生产的产品，而建设工程产品是以建筑安装企业为主与生产建设工程有关单位共同生产的产品。建筑安装工程产品寓于建设工程产品之中，是建设工程产品的重要组成部分。对固定资产来说，建筑安装工程产品是固定资产生产的中间产品，而建设工程产品是固定资产生产的最终产品。

2．建筑工程造价的内容

建筑工程造价包括以下内容。

（1）各类房屋建筑工程和列入房屋建筑工程造价的供水、供暖、供电、卫生、通风、煤气等设备费用及其装饰、油饰工程的费用，以及列入建筑工程造价的各种管道、电力、电信和电缆导线敷设工程的费用。

（2）设备基础、支柱、工作台、烟囱、水塔、水池等建筑工程以及各种窑炉的砌筑工程和金属结构工程的费用。

（3）为施工而进行的场地平整、工程及水文地质勘察，原有建筑物和障碍物的拆除以及施工临时用水、电、气、路和完工后的场地清理、环境绿化、美化等工作。

（4）矿井开凿、井巷延伸、露天矿剥离、石油、天然气钻井，修建铁路、公路、桥梁、水库、堤坝、灌渠及防洪等工程的费用。

1.1.3　"建筑工程造价"课程的内容和任务

"建筑工程造价"是建筑工程专业及其相关专业的一门重要课程，要求学生掌握工程制图、房屋建筑学、建筑结构、施工技术、施工组织与管理等相关知识，具有造价员岗位的专业技能。

在理论知识上，必须掌握建筑工程造价的编制原理、费用的构成、编制程序、工程量清单计价和计算规范等内容，了解建筑工程计价定额的编制方法及应用等；在专业技能上，必须具备计算房屋建筑与装饰工程清单工程量、计价定额的使用、编制工程量清单及计价和编制施工图预算、结算等能力。

1.2　基本建设概述

1.2.1　基本建设的含义

基本建设是指国民经济中的各个部门为了扩大再生产而进行的增加固定资产的建设工作，即把一定的建筑材料、机械设备等通过购置、建造、安装等一系列活动，转化为固定资产的过程。固定资产扩大再生产的新建、扩建、改建、迁建、恢复工程及与之有关的工作均称为基本建设。因此，基本建设的实质是形成新的固定资产的经济活动。

固定资产是指在社会再生产过程中，可供生产或生活较长时间使用，在使用过程中基本保持原有实物形态的劳动资料和其他物质资料，如建筑物、构筑物、电气设备等。

为了便于管理和核算，凡列为固定资产的劳动资料，一般应同时具备以下两个条件：

（1）使用期限在一年以上。

（2）单位价值在规定的限额以上。

不同时具备上述两个条件的应列为低值易耗品。

1.2.2　基本建设的分类

基本建设是由若干个具体基本建设项目（简称建设项目）组成的。根据不同的分类标准，基本建设项目大致可分为以下几类：

（1）按建设项目建设的性质不同分为新建项目、扩建项目、改建项目、迁建项目和恢复项目。

（2）按建设项目建设过程的不同分为筹建项目、施工项目、投产项目和收尾项目。

（3）按建设项目资金来源渠道不同分为国家投资项目和自筹投资项目。

（4）按建设项目建设规模和投资额的大小分为大型建设项目、中型建设项目和小型建设项目。

1.2.3　基本建设项目的划分与工程造价组合

1. 基本建设项目的划分

为了建设工程管理和确定工程造价的需要，基本建设项目划分为建设项目、单项工程、单位工程、分部工程和分项工程五个基本层次，如图1-1所示。

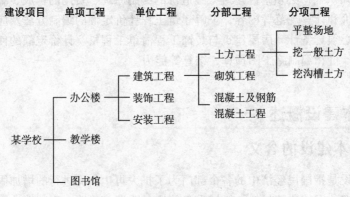

图1-1　建设项目分解示意图

（1）建设项目，是指在一个或几个场地上，按照一个总体设计进行施工的各个工程项目的整体。建设项目可由一个工程项目或几个工程项目所构成。建设项目在经济上实行独立核算，在行政上具有独立的组织形式。例如，新建一个工厂、矿山、学校、农场，新建一个独立的水利工程或一条铁路等，由项目法人单位实行统一管理。

（2）单项工程，是指具有独立的设计文件，竣工后可以独立发挥生产能力并能产生经济效益或效能的工程，如工业建筑中的车间、办公楼和住宅。能独立发挥生产作用或满足工作和生活需要的每个构筑物、建筑物是一个单项工程。

（3）单位工程，是单项工程的组成部分。单位工程是指竣工后不能独立发挥生产能力或使用效益，但具有独立设计的施工图纸和组织施工的工程，如土建工程（包括建筑物、构筑物）、电气安装工程（包括动力、照明等）、工业管道工程（包括蒸汽、压缩空气、煤气等）、暖卫工程（包括采暖、上下水等）、通风工程和电梯工程等。

（4）分部工程，是单位工程的组成部分。它是按照单位工程的各个部位或按工种进行划分的，如土（石）方工程、桩与地基基础工程、砌筑工程、混凝土及钢筋混凝土工程等。

（5）分项工程，是分部工程的组成部分。它是指能够单独地经过一定施工工序就能完成，并且可以采用适当计量单位计算的建筑或设备安装工程，例如，土方工程可划分为平整场地、挖一般土方、挖沟槽土方、挖基坑土方等。

2. 工程造价组合

工程造价的计算是分部组合而成的，这一特征和建设项目的划分及其组合性有关。一个建设项目是一个工程综合体。这个综合体可以分解为许多有内在联系的独立和不能独立的工程。如图 1-1 所示，从计价和工程管理的角度，分部分项工程还可以分解。由此可以看出，建设项目的这种组合性决定了计价的过程是一个逐步组合的过程。这一特征在计算工程造价时尤为明显，所以也反映到合同价和结算价。其计算过程和计算顺序是：分部分项工程单价→单位工程造价→单项工程造价→建设项目总造价。

1.2.4　基本建设程序

基本建设程序是指一项建设工程从设想提出到决策，经过设计、施工直至投产或交付使用的整个过程中，必须遵循先后顺序（先勘察，后设计，再施工）。基本建设的全过程可分为以下步骤。

1. 项目建议书阶段

项目建议书是向国家提出建设某一项目的建议性文件，是对拟建项目的初步设想。主要内容包括建设项目提出的必要性和依据，产品方案、拟建规模和建设地点的初步设想，资源情况、建设条件和协作关系，投资估算和资金筹措设想，建设进度设想，经济效果和社会效益的初步估计等。项目建议书是国家选择建设项目和有计划地进行可行性研究的依据。

2．可行性研究阶段

可行性研究是指在项目建议书的基础之上，通过调查、研究、分析与项目有关的社会、技术、经济等方面的条件和情况，对各种方案进行分析、比较、优化，对项目建成后的经济效益和社会效益进行预测、评价的一种投资决策分析研究方法和科学分析活动，以保证实现建设项目的最佳经济和社会效益。

3．编制设计任务书

设计任务书是工程建设的大纲，是确定建设项目和建设方案的基本文件，是在可行性研究的基础上进行编制的。

4．选择建设地点

建设地点应根据区域规划和设计任务书的要求选择，是落实确定建设项目具体坐落位置的重要工作，是建设项目设计的前提。

5．编制设计文件

设计阶段是工程项目建设的重要环节，是制定建设计划、组织工程施工和控制建设投资的依据。按照我国现行规定，一般建设项目进行初步设计和施工图设计两阶段设计；对技术复杂而又缺乏经验的项目，可增加技术设计（扩大初步设计）阶段，即进行三阶段设计。经过批准的初步设计，可作为主要材料（设备）的订货和施工准备工作，但不能作为施工的依据。施工图设计是经过批准的在初步设计和技术设计的基础下进行的正确、完整、尽可能详尽的施工图纸。

初步设计阶段应编制设计概算，技术设计阶段应编制修正设计概算，它们是控制建设项目总投资和施工图预算的依据；施工图设计阶段应编制施工图预算，它是确定工程造价、实行经济核算及考核工程成本的依据，也是建设银行划拨工程价款的依据。

6．列入年度计划

建设项目的初步计划和总概算经过综合平衡审核批准后，列入基本建设年度计划。经过批准的年度计划，是进行基本建设拨款或贷款、订购材料和设备的主要依据。

7．施工准备

当建设项目列入年度计划后，就可以进行施工准备工作。施工准备的内容很多，包括办理征地拆迁，主要材料、设备的订货，建设场地的"七通一平"（最基本的"三通一平"）等。

8．组织施工

组织施工是根据列入年度计划确定的建设任务，按照施工图纸的要求进行的。在建设项目开工之前，建设单位应按有关规定办理开工手续，取得当地建设行政主管部门颁发的建设施工许可证，通过施工招标选择施工单位，方可进行施工。

9．生产准备

工程投产前，建设单位应当做好各项生产准备工作。本阶段是由建设阶段转入生产经营阶段的重要衔接阶段。生产准备工作主要内容有：招收和培训生产人员；组织生产人员参加设备安装、调试和工程验收；落实生产所需原材料、燃料、水、电等的来源；组织工具、器具的订货等。

10. 竣工验收、交付使用

建设工程按设计文件规定的内容和标准全部完成，符合要求，应及时组织办理竣工验收。竣工验收前，施工单位应组织自检，整理技术资料，在正式验收时作为技术档案移交建设单位保存。建设单位应向主管部门提出，并组织勘察、设计、施工等单位进行验收。

竣工验收是考核建设成果、检验设计和施工质量的关键步骤，是由投资成果转入生产或使用的标志。竣工验收合格后，建设工程才能交付使用。

1.2.5　建筑工程造价文件的分类

建筑工程造价文件包括：投资估算、设计概算、施工图预算、合同价、竣工结算与竣工决算等。

（1）投资估算，是指建设项目在可行性研究、立项阶段由科研单位或建设单位估计计算，用以确定建设项目的投资控制额的预算文件。

（2）设计概算，是指建设项目在初步设计阶段由设计单位根据初步设计图纸进行计算的，用以确定建设项目概算投资，进行设计方案比较，进一步控制建设项目投资的预算文件。

设计概算根据初步图纸设计深度的不同，其概算的编制方法也有所不同。设计概算的编制方法有三种：根据概算指标编制概算，根据类似工程预算编制概算，根据概算定额编制概算。

在方案设计阶段和修正设计阶段，根据概算指标或类似工程预算编制概算；在施工图设计阶段可根据概算定额编制概算。

（3）施工图预算，是指在施工图设计完成之后工程开工之前，根据施工图纸、计价定额及相关资料编制的，用以确定工程预算造价及工料的建设工程造价文件。由于施工图预算是根据施工图纸及相关资料编制的，施工图预算确定的工程造价更接近实际。

（4）合同价，是指发承包双方在施工合同中约定的工程造价。

（5）竣工结算，是指建设工程发承包双方在单位工程竣工后，根据合同、设计变更、技术核定单、现场费用签证等竣工资料编制的确定工程竣工结算造价的经济文件。它是工程承包方与发包方办理工程竣工结算的重要依据。

（6）竣工决算，是指建设项目竣工验收后，发包方根据竣工结算以及相关技术经济文件编制的，用以确定整个建设项目从筹建到竣工投产全过程实际总投资的经济文件。

1.3　建筑工程计价

1.3.1　建筑工程计价特征

1．计价的概念

计价就是指计算建筑工程造价。

建筑产品有建设地点的固定性、施工的流动性、产品的单件性，施工周期长、涉及部门多等特点，每个建筑产品都必须单独设计和独立施工才能完成，即使使用同一套图纸，也会因建设地点和时间的不同，地质和地貌构造的不同，各地消费水平的不同，人工、材料单价的不同，以及各地规费收取标准的不同等诸多因素影响，带来建筑产品价格的不同。所以，建筑产品价格必须由特殊的定价方式来确定，那就是每个建筑产品必须单独定价。当然，在市场经济的条件下，施工企业的管理水平不同、竞争获取中标的目的不同，也会影响到建筑产品价格高低，建筑产品的价格最终是由市场竞争形成的。

2．工程造价的计价特征

了解工程造价的计价特征，对工程造价的确定与控制是非常必要的。

（1）单件性。产品的个体差别性决定每项工程都必须单独计算造价。

（2）多次性。建设工程周期长、规模大、造价高，因此按建设程序要分阶段进行，相应地也要在不同阶段多次性计价，以保证工程造价确定与控制的科学性。多次性计价是个逐步深化、逐步细化和逐步接近实际造价的过程，其过程如图 1-2 所示。

图 1-2　多次性计价特征

注：连线表示对应关系，箭头表示多次计价流程及逐步深化过程。

（3）组合性。工程造价的计算从分解到组合的特征与建设项目的组合性有关。一个建设项目是一个工程综合体。这个综合体可以分解为许多有内在联系的独立和不能独立的工程，那么建设项目的工程计价过程就是一个逐步组合的过程。

1.3.2　建筑工程造价的计价方法

1.3.2.1　定额计价法

定额计价法，是在我国计划经济时期及计划经济向市场经济转型时期，所采用的行之有效的计价方法。

定额计价法中的直接费单价只包括人工费、材料费、机械台班使用费，它是分部分项工程的不完全价格。我国现行有两种计价方式。

1. 单位估价法

单位估价法是根据国家或地方颁布的统一计价（预算）定额规定的消耗量及其单价，以及配套的取费标准和材料预算价格，根据施工图纸计算出相应的工程数量，套用相应的定额单价计算出定额直接费，再在直接费的基础上计算各种相关费用及利润和税金，最后汇总形成建筑产品的造价。用公式表示为

$$建筑工程造价 = [\sum（工程量 \times 定额单价）$$
$$\times（1 + 各种费用的费率 + 利润率）] \times（1 + 税金率）\qquad（1\text{-}1）$$
$$装饰安装工程造价 = [\sum（工程量 \times 定额单价）$$
$$+ \sum（工程量 \times 定额人工费单价）$$
$$\times（各种费用的费率 + 利润率）] \times（1 + 税金率）\qquad（1\text{-}2）$$

2. 实物估价法

实物估价法是先根据施工图纸计算工程量，然后套用基础定额，计算人工、材料和机械台班消耗量，将所有的分部分项工程资源消耗量进行归类汇总，再根据当时、当地的人工、材料、机械单价，计算并汇总人工费、材料费、机械使用费，得出分部分项工程直接工程费。在此基础上再计算措施项目费、间接费、利润和税金，将直接工程费与上述费用相加，即可得到单位工程造价。

施工图预算计价所依据的计价（预算）定额是国家或地方统一颁布的，视为地方经济法规，必须严格遵照执行。一般来讲，不管谁来计算，由于计算依据相同，只要不出现计算错误，其计算结果是相同的。

按定额计价方法确定建筑工程造价，由于有计价定额规范消耗量，有各种文件规定人工、材料、机械单价及各种取费标准，在一定程度上防止了高估冒算和压级压价，体现了工程造价的规范性、统一性和合理性，但定额计价方法对市场的竞争起到了抑制作用，不利于促进施工企业改进技术、加强管理、提高劳动效率和市场竞争力。

1.3.2.2　工程量清单计价法

工程量清单计价法，是我国 2003 年提出的一种工程造价计价模式。2013 年，我国对 2008 年规范又进行了重新修订，颁布了《建设工程工程量清单计价规范》（GB50500—2013）。这种计价模式是国家统一项目编码、项目名称、项目特征、计量单位和工程量计算规则（即"五统一"），由各施工企业在投标报价时根据企业自身情况自主报价，在招投标过程中形成建筑产品价格。

工程量清单计价应采用**综合单价法**计价。

（1）综合单价的内容。综合单价应包括完成一个规定清单项目所需的人工费、材料和工程设备费、施工机具使用费和企业管理费、利润，以及一定范围内的风险费用。综合单价的确定方法见本书 4.3 节。

（2）清单计价费用的构成。工程量清单计价应采用企业定额或者参照地方计价定额，结合所掌握的各种价格信息进行编制。工程量清单计价各部分的计算有以下几种。

1）分部分项工程费。

$$分部分项工程费 = 分部分项工程量 \times 综合单价 \qquad (1\text{-}3)$$

式中　分部分项工程量——招标文件给定或通过答疑调整后的工程量；

综合单价——见第 1 条。

2）措施项目费。

$$单价措施项目费 = \sum 单价措施项目工程量 \times 综合单价 \qquad (1\text{-}4)$$

式中　单价措施项目工程量——招标单位根据工程特点，结合《房屋建筑与装饰工程
工程量计算规范》（GB50584—2013）拟定的措施内
容，其各项工程量需投标单位结合施工组织设计（方
案）进行计算确定；

综合单价——编制方法同分部分项工程费的综合单价。

措施项目费采用基数乘费率，或按实计算的方法。

3）其他项目费，包括以下四项内容。

（a）暂列金额：应根据工程特点，按有关计价规定估算。

（b）暂估价：暂估价中的材料（工程设备）单价应根据工程造价信息或参照市场
价格估算；暂估价中的专业工程金额应分不同专业，按有关计价规定估算。

（c）计日工：应根据工程特点和有关计价依据计算。

（d）总承包服务费：应根据招标文件列出的内容和要求估算。

4）规费和税金，应按国家或省级、行业建设主管部门的规定计算。

5）单位工程报价。

$$单位工程报价 = 分部分项工程费 + 措施项目费 + 其他项目费 + 规费 + 税金 \quad (1\text{-}5)$$

式中　规费——社会保险费、住房公积金、工程排污费。

税金——营业税、城市维护建设税、教育费附加和地方教育附加。

6）单项工程报价。

$$单项工程报价 = \sum 单位工程报价 \qquad (1\text{-}6)$$

式中　单位工程——具有独立的设计文件、可独立组织施工，但建成后不能独立发挥
生产能力和工程效益的工程，如房屋建筑与装饰工程、安装工
程、市政工程、园林绿化工程。

7）工程项目总报价。

$$工程项目总报价 = \sum 单项工程报价 \qquad (1\text{-}7)$$

式中　单项工程——建设项目所有的单位工程项目之和，如某住宅、公建等。

1.4　建筑安装工程费用的构成及计算

1.4.1　基本建设费用的构成

1.4.1.1　我国现行建设工程投资构成

我国现行建设工程总投资构成如图 1-3 所示。

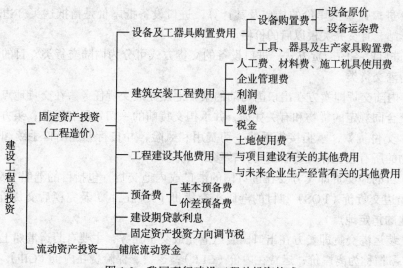

图 1-3　我国现行建设工程总投资构成

1.4.1.2　设备及工器具购置费用的构成

设备及工器具购置费用是由设备购置费用和工具、器具及生产家具购置费用组成。在工业建设工程中，设备及工器具费用与资本的有机构成相联系，设备及工器具费用占投资费用的比例大小，意味着生产技术的进步和资本有机构成的程度。

1.　设备购置费的构成和计算

设备购置费是指为建设工程购置或自制的达到固定资产标准的设备、工具、器具的费用。所谓固定资产标准，是指使用年限在一年以上，单位价值在国家或各主管部门规定的限额以上。例如，财政部规定，大、中、小型工业企业固定资产的限额标准分别为 2 000 元、1 500 元和 1 000 元以上。新建项目和扩建项目的新建车间购置或自制的全部设备、工具、器具，不论是否达到固定资产标准，均计入设备、工器具购置费中。设备购置费包括设备原价和设备运杂费，即

$$设备购置费 = 设备原价或进口设备抵岸价 + 设备运杂费 \qquad (1\text{-}8)$$

式（1-8）中，设备原价系指国产标准设备、非标准设备的原价。设备运杂费系指设备原价中未包括的包装和包装材料费、运输费、装卸费、采购费及仓库保管费、供销部门手续费等。如果设备是由设备成套公司供应的，成套公司的服务费也应计入设备运杂费之中。

（1）国产标准设备，是指按照主管部门颁布的标准图纸和技术要求，由设备生产厂批量生产的符合国家质量检验标准的设备。国产标准设备原价一般指的是设备制造厂的交货价，即出厂价，如设备系由设备成套公司供应，则以订货合同价为设备原价。

（2）国产非标准设备原价，是指国家尚无定型标准，各设备生产厂不可能在工艺过程中采用批量生产，只能按一次订货，并根据具体的设备图纸制造的设备。非标准设备原价有多种不同的计算方法，如成本计算估价法、系列设备插入估价法、分部组合估价法、定额估价法等。

（3）进口设备抵岸价的构成及其计算。进口设备抵岸价是指抵达买方边境港口或边境车站，且交完关税以后的价格。

1）进口设备的交货方式。进口设备的交货方式可分为内陆交货类、目的地交货类、装运港交货类。

（a）内陆交货即卖方在出口国内陆的某个地点完成交货任务。在交货地点，卖方及时提交合同规定的货物和有关凭证，并承担交货前的一切费用和风险；买方按时接受货物，交付货款，承担接货后的一切费用和风险，并自行办理出口手续和装运出口。货物的所有权也在交货后由卖方转移给买方。

（b）目的地交货即卖方要在进口国的港口或内地交货，包括目的港船上交货价、目的港船边交货价（FOS）和目的港码头交货价（关税已付）及完税后交货价（进口国目的地的指定地点）。

（c）装运港交货即卖方在出口国装运港完成交货任务，主要有装运港船上交货价（FOB），习惯称为离岸价；运费在内价（CFR）；运费、保险费在内价（CIF），习惯称为到岸价。

2）进口设备抵岸价的构成。进口设备如果采用装运港船上交货价（FOB），其抵岸价构成可概括为以下几部分：

（a）进口设备的货价。一般可采用下列公式计算为

$$货价 = 离岸价（FOB价）\times 人民币外汇牌价 \tag{1-9}$$

（b）国外运费。我国进口设备大部分采用海洋运输方式，小部分采用铁路运输方式，个别采用航空运输方式。国外运费一般可采用下列公式计算为

$$国外运费 = 离岸价 \times 运费率 \tag{1-10}$$

或

$$国外运费 = 运量 \times 单位运价 \tag{1-11}$$

式中，运费率或单位运价参照有关部门或进出口公司的规定。

（c）国外运输保险费。对外贸易货物运输保险是由保险人（保险公司）与被保险人（出口人或进口人）订立保险契约，在被保险人交付议定的保险费后，保险人根据保险契约的规定对货物在运输过程中发生的承保责任范围内的损失给予经济上的补偿。其计算公式为

$$国外运输保险费 =（离岸价 + 国外运费）\times 国外保险费率 \tag{1-12}$$

（d）银行财务费。一般指银行手续费，计算公式为

$$银行财务费 = 离岸价 \times 人民币外汇牌价 \times 银行财务费率 \tag{1-13}$$

银行财务费率一般为 0.4% ～ 0.5%。

（e）外贸手续费。外贸手续费是指按商务部规定的外贸手续费率计取的费用，外贸手续费率一般取 1.5%。其计算公式为

$$外贸手续费 = 到岸价 \times 人民币外汇牌价 \times 外贸手续费率 \tag{1-14}$$

式中

$$到岸价（CIF）= 离岸价（FOB）+ 国外运费 + 国外运输保险费 \tag{1-15}$$

（f）进口关税。关税是由海关对进出国境的货物和物品征收的一种税，属于流转性课税。进口关税计算公式为

$$进口关税 = 到岸价 × 人民币外汇牌价 × 进口关税率 \qquad (1\text{-}16)$$

（g）增值税。增值税是我国政府对从事进口贸易的单位和个人，在进口商品报关进口后征收的税种。我国增值税条例规定，进口应税产品均按组成计税价格，依税率直接计算应纳税额，不扣除任何项目的金额或已纳税额。增值税基本税率为 17%。增值税计算公式为

$$进口产品增值税额 = 组成计税价格 × 增值税率 \qquad (1\text{-}17)$$

$$组成计税价格 = 到岸价 × 人民币外汇牌价 + 进口关税 + 消费税 \qquad (1\text{-}18)$$

（h）消费税。消费税只对部分进口产品（如轿车等）征收。消费税计算公式为

$$消费税 = \frac{到岸价 × 人民币外汇牌价 + 关税}{1 - 消费税率} × 消费税率 \qquad (1\text{-}19)$$

（i）车辆购置附加费。进口车辆需缴进口车辆购置附加费。其计算公式为

$$进口车辆购置附加费 = (到岸价 + 关税 + 消费税 + 增值税)$$
$$× 进口车辆购置附加费率 \qquad (1\text{-}20)$$

3）设备运杂费。设备运杂费按设备原价乘以设备运杂费率计算。其计算公式为

$$设备运杂费 = 设备原价 × 设备运杂费率 \qquad (1\text{-}21)$$

式中，设备运杂费率按各部门及省、市等的规定计取。

2．工具、器具及生产家具购置费的构成及计算

工具、器具及生产家具购置费是指新建项目或扩建项目初步设计规定所必须购置的不够固定资产标准的设备、仪器、工卡模具、器具、生产家具和备品备件的费用。其一般计算公式为

$$工具、器具及生产家具购置费 = 设备购置费 × 规定费率 \qquad (1\text{-}22)$$

1.4.1.3　建筑安装工程费用的组成（见 1.4.2）

1.4.1.4　工程建设其他费用组成

工程建设其他费用，是指工程从筹建起到工程竣工验收交付使用止的整个建设期间，除建筑安装工程费用和设备及工、器具购置费以外的，为保证工程建设顺利完成和交付使用后能够正常发挥效用而发生的各项费用。

工程建设其他费用，按其内容大体可分为三类：第一类指土地使用费；第二类指与项目建设有关的其他费用；第三类指与未来企业生产经营有关的其他费用。

1．土地使用费

任何一个建设项目都固定于一定地点与地面相连接，必须占用一定量的土地，也就必然要发生为获得建设用地而支付的费用，这就是土地使用费。它是指通过划拨方式取得土地使用权而支付的土地征用及迁移补偿费，或者通过土地使用权出让方式取得土地使用权而支付的土地使用权出让金。

（1）土地征用及迁移补偿费，是指建设项目通过划拨方式取得无限期的土地使

用权，依照《中华人民共和国土地管理法》等规定所支付的费用。其总和一般不得超过被征土地年产值的 20 倍，土地年产值则按该地被征用前 3 年的平均产量和国家规定的价格计算。其内容包括：土地补偿费；青苗补偿费和被征用土地上的房屋、水井、树木等附着物补偿费；安置补助费；缴纳的耕地占用税或城镇土地使用税、土地登记费及征地管理费等；征地动迁费；水利水电工程水库淹没处理补偿费等。

（2）土地使用权出让金，是指建设项目通过土地使用权出让方式，取得有限期的土地使用权，依照《中华人民共和国城镇国有土地使用权出让和转让暂行条例》规定，支付的土地使用权出让金。

2. 与项目建设有关的其他费用

根据项目的不同，与项目建设有关的其他费用的构成也不尽相同，一般包括以下各项。

（1）建设单位管理费，是指建设项目从立项、筹建、建设、联合试运转、竣工验收、交付使用后评估等全过程管理所需的费用。

（2）勘察设计费，是指为本建设项目提供项目建议书、可行性研究报告及设计文件等所需费用。

（3）研究试验费，是指为建设项目提供和验证设计参数、数据、资料等所进行的必要的试验费用以及设计规定在施工中必须进行试验、验证所需费用。

（4）建设单位临时设施费，是指建设期间建设单位所需临时设施的搭设、维修、摊销或租赁费用。

（5）工程监理费，是指建设单位委托工程监理单位对工程实施监理工作所需费用。

（6）工程保险费，是指建设项目在建设期间根据需要实施工程保险所需的费用。

（7）引进技术和进口设备其他费用，包括出国人员费用、国外工程技术人员来华费用、技术引进费、分期或延期付款利息、担保费以及进口设备检验鉴定费。

（8）工程承包费，是指具有总承包条件的工程公司，对工程建设项目从开始建设至竣工投产全过程的总承包所需的管理费用。

3. 与未来企业生产经营有关的其他费用

（1）联合试运转费，是指新建企业或新增加生产工艺过程的扩建企业在竣工验收前，按照设计规定的工程质量标准，进行整个车间的负荷或无负荷联合试运转发生的费用支出大于试运转收入的亏损部分。

（2）生产准备费，是指新建企业或新增生产能力的企业，为保证竣工交付使用进行必要的生产准备所发生的费用。

（3）办公和生活家具购置费，是指为保证新建、扩建、改建项目初期正常生产、使用和管理所必须购置的办公和生活家具、用具的费用。

1.4.1.5　预备费、建设期贷款利息、固定资产投资方向调节税

1. 预备费

按我国现行规定，预备费包括基本预备费和价差预备费。

（1）基本预备费是指在初步设计及概算内难以预料的工程费用。

　　基本预备费是按设备及工、器具购置费，建筑安装工程费和工程建设其他费用三者之和为计取基础，乘以基本预备费率进行计算。

$$基本预备费 = (设备及工器具购置费 + 建筑安装工程费$$
$$+ 工程建设其他费用) \times 基本预备费率 \qquad (1\text{-}23)$$

基本预备费率的取值应执行国家及部门的有关规定。

　　（2）价差预备费是指针对建设项目在建设期间内由于材料、人工、设备等价格可能发生变化引起工程造价变化而事先预留的费用，亦称为价格变动不可预见费。价差预备费的内容包括：人工、设备、材料、施工机械的价差费，建筑安装工程费及工程建设其他费用调整，利率、汇率调整等增加的费用。

　　价差预备费一般根据国家规定的投资综合价格指数，按估算年份价格水平的投资额为基数，采用复利方法计算。计算公式为

$$P = \sum_{t=1}^{n} I_t [(1+f)^m (1+f)^{0.5} (1+f)^{t-1} - 1] \qquad (1\text{-}24)$$

式中　P——价差预备费（元）；

　　　　n——建设期（年）；

　　　　I_t——估算静态投资额中第 t 年投入的工程费用（元）；

　　　　f——投资价格指数；

　　　　m——建设前期年限（从编制估算到开工建设年数）；

　　　　t——年度数。

价差预备费计算解析

　　【例 1-1】某建设项目建筑安装工程费 8 000 万元，设备购置费 4 500 万元，工程建设其他费用 3 000 万元，已知基本预备费率 5%，项目建设前期年限为 1 年，建设期为 3 年，各年投资计划额为：第一年完成投资 30%，第二年完成 50%，第三年完成 20%。年均投资价格上涨率为 5%，求建设项目建设期间价差预备费。

　　分析：本例中各年的投资计划额即为贷款额，它包括了设备及工器具购置费、建筑安装工程费、工程建设其他费用及基本预备费。根据式（1-24）即可以求出涨价预备费。

　　解：

基本预备费 =（8 000+4 500+3 000）×5%=775（万元）

投资额 =8 000+4 500+3 000+775=16 275（万元）

建设期第一年完成投资 =16 275×30%=4 882.5（万元）

第一年价差预备费为：$P_1 = I_1[(1+f)(1+f)^{0.5} - 1] = 370.73$（万元）

第二年完成投资 =16 275×50%=8 137.5（万元）

第二年价差预备费为：$P_2 = I_2[(1+f)(1+f)^{0.5}(1+f) - 1] = 1\ 055.6$（万元）

第三年完成投资 =16 275×20%=3 255（万元）

第三年价差预备费为：$P_3 = I_3[(1+f)(1+f)^{0.5}(1+f)^2 - 1] = 606.12$（万元）

所以，建设期的价差预备费为：P=370.73+1 055.65+606.12=3 032.5（万元）

2. 建设期贷款利息

建设期贷款利息包括向国内银行和其他非银行金融机构贷款、出口信贷、外国政府贷款、国际商业银行贷款以及在境内外发行的债券等在建设期间内应偿还的借款利息。

当总贷款是分年均衡发放时,建设期利息的计算可按当年借款在年中支用考虑,即当年贷款按半年计息,上年贷款按全年计息。计算公式为

$$q_j = \left(P_{j-1} + \frac{1}{2} A_j\right) \cdot i \tag{1-25}$$

式中 q_j——建设期第 j 年应计利息;

P_{j-1}——建设期第 $(j-1)$ 年末贷款累计金额与利息累计金额之和;

A_j——建设期第 j 年贷款金额;

i——年利率。

国外贷款利息的计算中,还应包括国外贷款银行根据贷款协议向贷款方以年利率的方式收取的手续费、管理费、承诺费,以及国内代理机构经国家主管部门批准的以年利率的方式向贷款单位收取的转贷费、担保费、管理费等。

建设期贷款利息计算解析

【例1-2】某新建项目建设期为3年,分年均衡进行贷款,第一年贷款300万元,第二年600万元,第三年400万元,年利率为12%,建设期内利息只计息不支付,计算建设期贷款利息。

分析:要注意在式(1-25)中,P_{j-1} 是建设期第 $(j-1)$ 年末贷款累计金额与利息累计金额之和;利率为年利率,不是年利率的要换算成年利率。

解:在建设期,各年利息根据式(1-25)计算如下

$$q_1 = \frac{1}{2} A_1 \cdot i = \frac{1}{2} \times 300 \times 12\% = 18 \ (万元)$$

$$q_2 = \left(P_1 + \frac{1}{2} A_2\right) \cdot i = \left(300 + 18 + \frac{1}{2} \times 600\right) \times 12\% = 74.16 \ (万元)$$

$$q_3 = \left(P_2 + \frac{1}{2} A_3\right) \cdot i = \left(318 + 600 + 74.6 + \frac{1}{2} \times 400\right) \times 12\% = 143.06 \ (万元)$$

所以,建设期贷款利息 $= q_1 + q_2 + q_3 = 18 + 74.16 + 143.06 = 235.22 \ (万元)$

---

3. 固定资产投资方向调节税(现已停征)

为了贯彻国家产业政策,控制投资规模,引导投资方向,调整投资结构,加强重点建设,促进国民经济持续、稳定、协调发展,对在我国境内进行固定资产投资的单位和个人征收固定资产投资方向调节税(简称投资方向调节税)。

1.4.2 建筑安装工程费用的组成及内容

依据中华人民共和国住房城乡建设部及财政部2013年3月21日联合颁布的《关于印发〈建筑安装工程费用项目组成〉的通知》(建标〔2013〕44号),我国现行建筑安装工程费用可按费用构成要素和按造价形成划分。

1.4.2.1 建筑安装工程费按照费用构成要素划分

建筑安装工程费由人工费、材料费（含工程设备，下同）、施工机具使用费、企业管理费、利润、规费和税金组成。其中，人工费、材料费、施工机具使用费、企业管理费和利润包含在分部分项工程费、措施项目费、其他项目费中（见图1-4）。

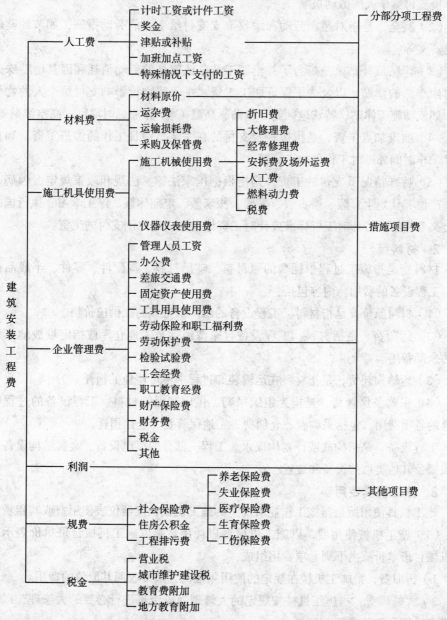

图 1-4 建筑安装工程费用项目组成（按费用构成要素划分）

1. 人工费

人工费是指按工资总额构成规定，支付给从事建筑安装工程施工的生产工人和附属生产单位工人的各项费用。内容包括：

（1）计时工资或计件工资，是指按计时工资标准和工作时间或对已做工作按计件单价支付给个人的劳动报酬。

（2）奖金，是指对超额劳动和增收节支支付给个人的劳动报酬，如节约奖、劳动竞赛奖等。

（3）津贴或补贴，是指为了补偿职工特殊或额外的劳动消耗和因其他特殊原因支付给个人的津贴，以及为了保证职工工资水平不受物价影响支付给个人的物价补贴，如流动施工津贴、特殊地区施工津贴、高温（寒）作业临时津贴，高空津贴等。

（4）加班加点工资，是指按规定支付的在法定节假日工作的加班工资，和在法定日工作时间外延时工作的加点工资。

（5）特殊情况下支付的工资，是指根据国家法律、法规和政策规定，因病、工伤、产假、计划生育假、婚丧假、事假、探亲假、定期休假、停工学习、执行国家或社会义务等原因按计时工资标准或计时工资标准的一定比例支付的工资。

2. 材料费

材料费是指施工过程中耗费的原材料、辅助材料、构配件、零件、半成品或成品、工程设备的费用。内容包括：

（1）材料原价，是指材料、工程设备的出厂价格或商家供应价格。

（2）运杂费，是指材料、工程设备自来源地运至工地仓库或指定堆放地点所发生的全部费用。

（3）运输损耗费，是指材料在运输装卸过程中不可避免的损耗。

（4）采购及保管费，是指为组织采购、供应和保管材料、工程设备的过程中所需要的各项费用。包括采购费、仓储费、工地保管费、仓储损耗。

工程设备，是指构成或计划构成永久工程一部分的机电设备、金属结构设备、仪器装置及其他类似的设备和装置。

3. 施工机具使用费

施工机具使用费是指施工作业所发生的施工机械、仪器仪表使用费或其租赁费。

（1）施工机械使用费，以施工机械台班耗用量乘以施工机械台班单价表示，施工机械台班单价应由下列七项费用组成：

1）折旧费，指施工机械在规定的使用年限内，陆续收回其原值的费用。

2）大修理费，指施工机械按规定的大修理间隔台班进行必要的大修理，以恢复其正常功能所需的费用。

3）经常修理费，指施工机械除大修理以外的各级保养和临时故障排除所需的费用。包括为保障机械正常运转所需替换设备与随机配备工具附具的摊销和维护费用，机械运转中日常保养所需润滑与擦拭的材料费用及机械停滞期间的维护和保养费用等。

4）安拆费及场外运费，安拆费指施工机械（大型机械除外）在现场进行安装与拆卸所需的人工、材料、机械和试运转费用，以及机械辅助设施的折旧、搭设、拆除等费用；场外运费指施工机械整体或分体自停放地点运至施工现场，或由一施工地点运至另一施工地点的运输、装卸、辅助材料及架线等费用。

5）人工费，指机上司机（司炉）和其他操作人员的人工费。

6）燃料动力费，指施工机械在运转作业中所消耗的各种燃料及水、电等。

7）税费，指施工机械按照国家规定应缴纳的车船使用税、保险费及年检费等。

（2）仪器仪表使用费，是指工程施工所需使用的仪器仪表的摊销及维修费用。

4. 企业管理费

企业管理费是指建筑安装企业组织施工生产和经营管理所需的费用。内容包括：

（1）管理人员工资，是指按规定支付给管理人员的计时工资、奖金、津贴补贴、加班加点工资及特殊情况下支付的工资等。

（2）办公费，是指企业管理办公用的文具、纸张、账表、印刷、邮电、书报、办公软件、现场监控、会议、水电、烧水和集体取暖降温（包括现场临时宿舍取暖降温）等费用。

（3）差旅交通费，是指职工因公出差、调动工作的差旅费、住勤补助费，市内交通费和午餐补助费，职工探亲路费，劳动力招募费，职工退休、退职一次性路费，工伤人员就医路费，工地转移费以及管理部门使用的交通工具的油料、燃料等费用。

（4）固定资产使用费，是指管理和试验部门及附属生产单位使用的属于固定资产的房屋、设备、仪器等的折旧、大修、维修或租赁费。

（5）工具用具使用费，是指企业施工生产和管理使用的不属于固定资产的工具、器具、家具、交通工具和检验、试验、测绘、消防用具等的购置、维修和摊销费。

（6）劳动保险和职工福利费，是指由企业支付的职工退职金、按规定支付给离休干部的经费，集体福利费、夏季防暑降温、冬季取暖补贴、上下班交通补贴等。

（7）劳动保护费，是企业按规定发放的劳动保护用品的支出，如工作服、手套、防暑降温饮料以及在有碍身体健康的环境中施工的保健费用等。

（8）检验试验费，是指施工企业按照有关标准规定，对建筑以及材料、构件和建筑安装物进行一般鉴定、检查所发生的费用，包括自设试验室进行试验所耗用的材料等费用。不包括新结构、新材料的试验费，对构件做破坏性试验及其他特殊要求检验试验的费用和建设单位委托检测机构进行检测的费用，对此类检测发生的费用，由建设单位在工程建设其他费用中列支。但对施工企业提供的具有合格证明的材料进行检测不合格的，该检测费用由施工企业支付。

（9）工会经费，是指企业按《工会法》规定的全部职工工资总额比例计提的工会经费。

（10）职工教育经费，是指按职工工资总额的规定比例计提，企业为职工进行专业技术和职业技能培训，专业技术人员继续教育、职工职业技能鉴定、职业资格认定以及根据需要对职工进行各类文化教育所发生的费用。

（11）财产保险费，是指施工管理用财产、车辆等的保险费用。

（12）财务费，是指企业为施工生产筹集资金或提供预付款担保、履约担保、职工工资支付担保等所发生的各种费用。

（13）税金，是指企业按规定缴纳的房产税、车船使用税、土地使用税、印花税等。

（14）其他，包括技术转让费、技术开发费、投标费、业务招待费、绿化费、广告费、公证费、法律顾问费、审计费、咨询费、保险费等。

5. 利润

利润是指施工企业完成所承包工程获得的盈利。

6. 规费

规费是指按国家法律、法规规定，由省级政府和省级有关权力部门规定必须缴纳或计取的费用。包括：

（1）社会保险费。

1）养老保险费，是指企业按照规定标准为职工缴纳的基本养老保险费。

2）失业保险费，是指企业按照规定标准为职工缴纳的失业保险费。

3）医疗保险费，是指企业按照规定标准为职工缴纳的基本医疗保险费。

4）生育保险费，是指企业按照规定标准为职工缴纳的生育保险费。

5）工伤保险费，是指企业按照规定标准为职工缴纳的工伤保险费。

（2）住房公积金，是指企业按规定标准为职工缴纳的住房公积金。

（3）工程排污费，是指按规定缴纳的施工现场工程排污费。

其他应列而未列入的规费，按实际发生计取。

7. 税金

税金是指国家税法规定的应计入建筑安装工程造价内的营业税、城市维护建设税、教育费附加以及地方教育附加。

1.4.2.2　建筑安装工程费用项目组成（按照造价形成划分）

建筑安装工程费按照工程造价形成由分部分项工程费、措施项目费、其他项目费、规费、税金组成，分部分项工程费、措施项目费、其他项目费包含人工费、材料费、施工机具使用费、企业管理费和利润（见图1-5）。

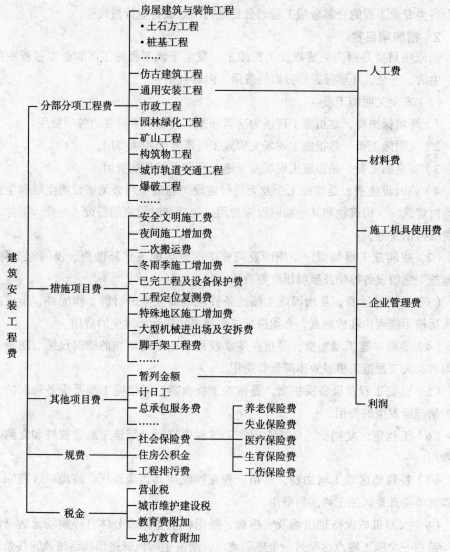

图 1-5 建筑安装工程费用项目组成（按造价形成划分）

1. 分部分项工程费

分部分项工程费，是指各专业工程的分部分项工程应予列支的各项费用。

（1）专业工程，是指按现行国家计量规范划分的房屋建筑与装饰工程、仿古建筑工程、通用安装工程、市政工程、园林绿化工程、矿山工程、构筑物工程、城市轨道交通工程、爆破工程等各类工程。

（2）分部分项工程，是指按现行国家计量规范对各专业工程划分的项目，如房屋建筑与装饰工程划分的土石方工程、地基处理与桩基工程、砌筑工程、钢筋及钢筋混凝土工程等。

各类专业工程的分部分项工程划分见现行国家或行业计量规范。

2. 措施项目费

措施项目费是指为完成建设工程施工，发生于该工程施工前和施工过程中的技术、生活、安全、环境保护等方面的费用。内容包括：

（1）安全文明施工费。

1）环境保护费，是指施工现场为达到环保部门要求所需要的各项费用。

2）文明施工费，是指施工现场文明施工所需要的各项费用。

3）安全施工费，是指施工现场安全施工所需要的各项费用。

4）临时设施费，是指施工企业为进行建设工程施工所必须搭设的生活和生产用的临时建筑物、构筑物和其他临时设施费用，包括临时设施的搭设、维修、拆除、清理费或摊销费等。

（2）夜间施工增加费，是指因夜间施工所发生的夜班补助费、夜间施工降效、夜间施工照明设备摊销及照明用电等费用。

（3）二次搬运费，是指因施工场地条件限制而发生的材料、构配件、半成品等一次运输不能到达堆放地点，必须进行二次或多次搬运所发生的费用。

（4）冬雨季施工增加费，是指在冬季或雨季施工需增加的临时设施、防滑、排除雨雪，人工及施工机械效率降低等费用。

（5）已完工程及设备保护费，是指竣工验收前，对已完工程及设备采取的必要保护措施所发生的费用。

（6）工程定位复测费，是指工程施工过程中进行全部施工测量放线和复测工作的费用。

（7）特殊地区施工增加费，是指工程在沙漠或其边缘地区、高海拔、高寒、原始森林等特殊地区施工增加的费用。

（8）大型机械设备进出场及安拆费，是指机械整体或分体自停放场地运至施工现场或由一个施工地点运至另一个施工地点，所发生的机械进出场运输及转移费用及机械在施工现场进行安装、拆卸所需的人工费、材料费、机械费、试运转费和安装所需的辅助设施的费用。

（9）脚手架工程费，是指施工需要的各种脚手架搭、拆、运输费用以及脚手架购置费的摊销（或租赁）费用。

措施项目及其包含的内容详见各类专业工程的现行国家或行业计量规范。

3. 其他项目费

（1）暂列金额，是指建设单位在工程量清单中暂定并包括在工程合同价款中的一笔款项。用于施工合同签订时尚未确定或者不可预见的所需材料、工程设备、服务的采购，施工中可能发生的工程变更、合同约定调整因素出现时的工程价款调整，以及发生的索赔、现场签证确认等的费用。

（2）计日工，是指在施工过程中，施工企业完成建设单位提出的施工图纸以外的零星项目或工作所需的费用。

（3）总承包服务费，是指总承包人为配合、协调建设单位进行的专业工程发包，对建设单位自行采购的材料、工程设备等进行保管以及施工现场管理、竣工资料汇总整理等服务所需的费用。

4．规费

定义同前。

5．税金

定义同前。

1.4.3　建筑安装工程费用参考计算方法

1.4.3.1　各费用构成要素参考计算方法

1．人工费

公式 1
$$人工费 = \sum（工日消耗量 \times 日工资单价）\qquad（1\text{-}26）$$

$$日工资单价 = \frac{生产工人平均月工资（计时、计件）}{年平均每月法定工作日}$$

$$+ \frac{平均月（奖金 + 津贴补贴 + 特殊情况下支付的工资）}{年平均每月法定工作日}\qquad（1\text{-}27）$$

注：公式 1 主要适用于施工企业投标报价时自主确定人工费，也是工程造价管理机构编制计价定额确定定额人工单价或发布人工成本信息的参考依据。

公式 2
$$人工费 = \sum（工程工日消耗量 \times 日工资单价）\qquad（1\text{-}28）$$

日工资单价，是指施工企业平均技术熟练程度的生产工人在每工作日（国家法定工作时间内）按规定从事施工作业应得的日工资总额。

工程造价管理机构确定日工资单价，应通过市场调查、根据工程项目的技术要求，参考实物工程量人工单价综合分析确定，最低日工资单价不得低于工程所在地人力资源和社会保障部门所发布的最低工资标准：普工 1.3 倍、一般技工 2 倍、高级技工 3 倍。

工程计价定额不可只列一个综合工日单价，应根据工程项目技术要求和工种差别适当划分多种日人工单价，确保各分部工程人工费的合理构成。

注：公式 2 适用于工程造价管理机构编制计价定额时确定定额人工费，是施工企业投标报价的参考依据。

2．材料费

（1）材料费。

$$材料费 = \sum（材料消耗量 \times 材料单价）\tag{1-29}$$

$$材料单价 = [（材料原价 + 运杂费）\times [1 + 运输损耗率（\%）]]$$
$$\times [1 + 采购保管费率（\%）]\tag{1-30}$$

（2）工程设备费。

$$工程设备费 = \sum（工程设备量 \times 工程设备单价）\tag{1-31}$$

$$工程设备单价 = （设备原价 + 运杂费）\times [1 + 采购保管费率（\%）]\tag{1-32}$$

3. 施工机具使用费

（1）施工机械使用费。

$$施工机械使用费 = \sum（施工机械台班消耗量 \times 机械台班单价）\tag{1-33}$$

$$机械台班单价 = 台班折旧费 + 台班大修费 + 台班经常修理费$$
$$+ 台班安拆费及场外运费 + 台班人工费$$
$$+ 台班燃料动力费 + 台班车船税费\tag{1-34}$$

注：工程造价管理机构在确定计价定额中的施工机械使用费时，应根据《建筑施工机械台班费用计算规则》结合市场调查编制施工机械台班单价。施工企业可以参考工程造价管理机构发布的台班单价，自主确定施工机械使用费的报价，如租赁施工机械。公式为：施工机械使用费 $= \sum$（施工机械台班消耗量 $\times$ 机械台班租赁单价）。

（2）仪器仪表使用费。

$$仪器仪表使用费 = 工程使用的仪器仪表摊销费 + 维修费\tag{1-35}$$

4. 企业管理费费率

（1）以分部分项工程费为计算基础。

$$企业管理费费率（\%）= \frac{生产工人年平均管理费}{年有效施工天数 \times 人工单价}$$
$$\times 人工费占分部分项工程费比例（\%）\tag{1-36}$$

（2）以人工费和机械费合计为计算基础。

$$企业管理费费率（\%）= \frac{生产工人年平均管理费}{年有效施工天数 \times （人工单价 + 每一工日机械用费）} \times 100\%$$
$$\tag{1-37}$$

（3）以人工费为计算基础。

$$企业管理费费率（\%）= \frac{生产工人年平均管理费}{年有效施工天数 \times 人工单价} \times 100\%\tag{1-38}$$

注：式（1-38）适用于施工企业投标报价时自主确定管理费，是工程造价管理机构编制计价定额确定企业管理费的参考依据。

工程造价管理机构在确定计价定额中企业管理费时，应以定额人工费或（定额人工费 + 定额机械费）作为计算基数，其费率根据历年工程造价积累的资料，辅以调查数据确定，列入分部分项工程和措施项目。

5. 利润

（1）施工企业根据企业自身需求并结合建筑市场实际自主确定，列入报价中。

（2）工程造价管理机构在确定计价定额中利润时，应以定额人工费或（定额人工费＋定额机械费）作为计算基数，其费率根据历年工程造价积累的资料，并结合建筑市场实际确定，以单位（单项）工程测算，利润在税前建筑安装工程费的比重可按不低于 5% 且不高于 7% 的费率计算。利润应列入分部分项工程和措施项目中。

6. 规费

（1）社会保险费和住房公积金。社会保险费和住房公积金应以定额人工费为计算基础，根据工程所在地省、自治区、直辖市或行业建设主管部门规定费率计算。

$$社会保险费和住房公积金 = \sum（工程定额人工费$$
$$\times 社会保险费和住房公积金费率） \tag{1-39}$$

式中，社会保险费和住房公积金费率，可以每万元发承包价的生产工人人工费和管理人员工资含量与工程所在地规定的缴纳标准综合分析决定。

（2）工程排污费。工程排污费等其他应列而未列入的规费，应按工程所在地环境保护等部门规定的标准缴纳，按实计取列入。

7. 税金

税金计算公式

$$税金 = 税前造价 \times 综合税率（\%） \tag{1-40}$$

综合税率：

（1）纳税地点在市区的企业。

$$综合税率（\%） = \frac{1}{1-3\%-3\%\times7\%-3\%\times3\%-3\%\times2\%}-1 \tag{1-41}$$

（2）纳税地点在县城、镇的企业。

$$综合税率（\%） = \frac{1}{1-3\%-3\%\times5\%-3\%\times3\%-3\%\times2\%}-1 \tag{1-42}$$

（3）纳税地点不在市区、县城、镇的企业。

$$综合税率（\%） = \frac{1}{1-3\%-3\%\times1\%-3\%\times3\%-3\%\times2\%}-1 \tag{1-43}$$

（4）实行营业税改增值税的，按纳税地点现行税率计算。

1.4.3.2　建筑安装工程计价参考公式

1. 分部分项工程费

$$分部分项工程费 = \sum（分部分项工程量 \times 综合单价） \tag{1-44}$$

式中，综合单价包括人工费、材料费、施工机具使用费、企业管理费和利润以及一定范围的风险费用（下同）。

2. 措施项目费

（1）国家计量规范规定应予计量的措施项目。

$$措施项目费 = \sum（措施项目工程量 \times 综合单价） \tag{1-45}$$

（2）国家计量规范规定不宜计量的措施项目计算方法如下：

1）安全文明施工费。

$$安全文明施工费 = 计算基数 × 安全文明施工费费率（\%）\qquad（1\text{-}46）$$

式中，计算基数应为定额基价（定额分部分项工程费 + 定额中可以计量的措施项目费）、定额人工费，或"定额人工费 + 定额机械费"，其费率由工程造价管理机构根据各专业工程的特点综合确定。

2）夜间施工增加费。

$$夜间施工增加费 = 计算基数 × 夜间施工增加费费率（\%）\qquad（1\text{-}47）$$

3）二次搬运费。

$$二次搬运费 = 计算基数 × 二次搬运费费率（\%）\qquad（1\text{-}48）$$

4）冬雨季施工增加费。

$$冬雨季施工增加费 = 计算基数 × 冬雨季施工增加费费率（\%）\qquad（1\text{-}49）$$

5）已完工程及设备保护费。

$$已完工程及设备保护费 = 计算基数 × 已完工程及设备保护费费率（\%）（1\text{-}50）$$

上述2）～5）项措施项目的计费基数应为定额人工费或（定额人工费 + 定额机械费），其费率由工程造价管理机构根据各专业工程特点和调查资料综合分析后确定。

3．其他项目费

（1）暂列金额由建设单位根据工程特点，按有关计价规定估算，施工过程中由建设单位掌握使用，扣除合同价款调整后如有余额，归建设单位。

（2）计日工由建设单位和施工企业按施工过程中的签证计价。

（3）总承包服务费由建设单位在招标控制价中，根据总包服务范围和有关计价规定编制，施工企业投标时自主报价，施工过程中按签约合同价执行。

4．规费和税金

建设单位和施工企业均应按照省、自治区、直辖市或行业建设主管部门发布标准计算规费和税金，不得作为竞争性费用。

1.4.3.3　相关问题的说明

（1）各专业工程计价定额的编制及其计价程序，均按本通知实施。

（2）各专业工程计价定额的使用周期原则上为5年。

（3）工程造价管理机构在定额使用周期内，应及时发布人工、材料、机械台班价格信息，实行工程造价动态管理，如遇国家法律、法规、规章或相关政策变化以及建筑市场物价波动较大时，应适时调整定额人工费、定额机械费以及定额基价或规费费率，使建筑安装工程费能反映建筑市场实际。

（4）建设单位在编制招标控制价时，应按照各专业工程的计量规范和计价定额以及工程造价信息编制。

（5）施工企业在使用计价定额时除不可竞争费用外，其余仅作参考，由施工企业投标时自主报价。

1.4.3.4　建筑安装工程计价程序

（1）建设单位工程招标控制价计价程序（见表 1-1）。

表 1-1　建设单位工程招标控制价计价程序

工程名称：　　　　　　　　　　　　　　标段：

序号	内　容	计算方法	金　额（元）
1	分部分项工程费	按计价规定计算	
1.1			
1.2			
1.3			
1.4			
1.5			
2	措施项目费	按计价规定计算	
2.1	其中：安全文明施工费	按规定标准计算	
3	其他项目费		
3.1	其中：暂列金额	按计价规定估算	
3.2	其中：专业工程暂估价	按计价规定估算	
3.3	其中：计日工	按计价规定估算	
3.4	其中：总承包服务费	按计价规定估算	
4	规费	按规定标准计算	
5	税金（扣除不列入计税范围的工程设备金额）	(1+2+3+4)× 规定税率	

招标控制价合计 =1+2+3+4+5

（2）施工企业工程投标报价计价程序（见表 1-2）。

表 1-2　施工企业工程投标报价计价程序

工程名称：　　　　　　　　　　　　　　标段：

序号	内　容	计算方法	金额（元）
1	分部分项工程费	自主报价	
1.1			
1.2			
1.3			
1.4			
1.5			
2	措施项目费	自主报价	
2.1	其中：安全文明施工费	按规定标准计算	

（续）

序号	内　容	计算方法	金额（元）
3	其他项目费		
3.1	其中：暂列金额	按招标文件提供金额计列	
3.2	其中：专业工程暂估价	按招标文件提供金额计列	
3.3	其中：计日工	自主报价	
3.4	其中：总承包服务费	自主报价	
4	规费	按规定标准计算	
5	税金（扣除不列入计税范围的工程设备金额）	(1+2+3+4)× 规定税率	
投标报价合计 =1+2+3+4+5			

（3）竣工结算计价程序（见表1-3）。

表 1-3　竣工结算计价程序

工程名称：　　　　　　　　　　　　　　　　　　　标段：

序号	汇总内容	计算方法	金额（元）
1	分部分项工程费	按合同约定计算	
1.1			
1.2			
1.3			
1.4			
1.5			
2	措施项目	按合同约定计算	
2.1	其中：安全文明施工费	按规定标准计算	
3	其他项目		
3.1	其中：专业工程结算价	按合同约定计算	
3.2	其中：计日工	按计日工签证计算	
3.3	其中：总承包服务费	按合同约定计算	
3.4	索赔与现场签证	按发承包双方确认数额计算	
4	规费	按规定标准计算	
5	税金（扣除不列入计税范围的工程设备金额）	（1+2+3+4）× 规定税率	
竣工结算总价合计 =1+2+3+4+5			

复习思考题

1. 如何理解工程造价的含义？
2. 基本建设的含义是什么？举实例说明建设项目是如何划分的？什么是建设项目、单项工程、单位工程、分部工程、分项工程？

3．建筑工程造价的分类及其含义是什么？

4．什么是建筑工程计价？建筑工程计价有哪些特征？

5．定额计价有几种方法？

6．工程量清单计价采用的是哪种方法？

7．建筑安装工程费按照费用构成要素是如何划分的？

8．建筑安装工程费按照造价形成是如何划分的？

技能训练

1．某建设项目建安工程费 9 000 万元，设备购置费 4 000 万元，工程建设其他费用 3 500 万元，已知基本预备费率 5%，项目建设前期年限为 1 年，建设期为 3 年，各年投资计划额为：第一年完成投资 40%，第二年完成 40%，第三年完成 20%。年均投资价格上涨率为 6%，求建设项目建设期间价差预备费。

2．某新建项目，建设期为 4 年，分年均衡进行贷款，第一年贷款 500 万元，第二年 400 万元，第三年 300 万元，第四年贷款 200 万元，年利率为 11%，建设期内利息只计息不支付，计算建设期贷款利息。

3．结合本地区的取费标准，计算建筑工程直接费单价。

第2章

建筑工程定额

学习目标

了解建筑工程定额的概念、意义和特点，了解建筑工程定额的产生和发展，掌握建筑工程定额的分类；掌握劳动定额、材料消耗定额、机械台班消耗定额的概念、计算公式；掌握人工、材料、机械台班单价的组成和确定方法；了解建筑工程计价定额的概述、建筑工程消耗量指标的确定，掌握建筑工程计价定额的应用。了解企业定额的概念及编制方法和步骤。了解工期定额的概念及内容。

技能目标

具有确定人工、材料、机械台班单价的能力；具有正确套用和换算（详见5.3节）本地区计价定额的能力。

2.1 建筑工程定额概述

2.1.1 定额的概念、意义和特点

2.1.1.1 定额的概念

定额，即规定的额度，是人们根据不同的需要，对某一事物规定的数量标准。

建筑工程定额，即额定的消耗量标准，是指按照国家有关的产品标准、设计规范和施工验收规范、质量评定标准，并参考行业、地方标准以及有代表性的工程设计、施工资料确定的工程建设过程中完成规定计量单位产品所消耗的人工、材料、机械等消耗量的标准。这种规定的额度所反映的是在一定的社会生产力发展水平下，完成某项工程建设产品与各种生产消耗之间特定的数量关系，考虑的是正常的施工条件、目前大多数施工企业的技术装备程度、合理的施工工期、施工工艺和劳动组织，反映的是一种社会平均消耗水平。

2.1.1.2 定额在市场经济条件下的意义

（1）定额与市场经济的共融性是与生俱来的，它不仅是市场供给主体加强竞争能力的手段，而且是体现市场公平竞争和加强国家宏观调控与管理的手段。

（2）在工程建设中，定额仍然有节约社会劳动和提高生产效率的作用，定额所

提供的信息为建设市场的公平提供了有利条件。

（3）定额还有利于完善市场信息系统。定额的编制需要对大量市场信息进行加工，对信息进行市场传递和反馈，信息是市场体系中重要的要素，它的可靠性、完备性和灵敏性是市场成熟和市场效率的标志。

2.1.1.3　建设工程定额的特点

（1）科学性。建设工程定额的科学性包括两重含义：一重含义是指工程建设定额和生产力发展水平相适应，反映出工程建设中生产消费的客观规律；另一重含义是指工程建设定额管理在理论、方法和手段上适应现代科学技术和信息社会发展的需要。

（2）系统性。建设工程定额是相对独立的系统，它是由多种定额结合而成的有机的整体。它的结构复杂，有鲜明的层次，有明确的目标。

（3）统一性。建设工程定额的统一性，主要是由国家对经济发展的有计划的宏观调控职能决定的。为了使国民经济按照既定的目标发展，需要借助于某些标准、定额、参数等，对工程建设进行规划、组织、调节、控制。而这些标准、定额、参数必须在一定范围内是一种统一的尺度，才能实现上述职能，才能利用它对项目的决策、设计方案、投标报价、成本控制进行比选和评价。

（4）稳定性和时效性。建设工程定额中的任何一种，都是一定时期技术发展和管理水平的反映，因而在一段时间内都表现出稳定的状态。保持定额的稳定性是维护定额的权威性所必需的，更是有效贯彻定额所必需的，但是建设工程定额的稳定性是相对的。当生产力向前发展了，定额就会与已经发展了的生产力不相适应。这样，它原有的作用就会逐步减弱以至消失，需要重新编制或修订。

2.1.2　建筑工程定额的分类

2.1.2.1　建筑工程定额一般分类

建筑工程定额是建筑工程中各类定额的总称，它包括许多类的定额。为了对建筑工程定额能有一个全面的了解，可以按照不同的原则和方法对它进行科学的分类。一般的分类方法如图 2-1 所示。

1. 按定额反映的生产要素消耗内容分类

按定额反映的生产要素消耗内容分类，工程建设定额划分为劳动定额、材料消耗定额、机械消耗定额三种。

（1）劳动定额（见 2.2.1 节）。

（2）材料消耗定额（见 2.2.2 节）。

（3）机械台班消耗定额（见 2.2.3 节）。

2. 按定额的编制程序和用途分类

按定额的编制程序和用途分类，工程建设定额划分为施工定额、预算定额、概算定额、概算指标、投资估算指标五种。

（1）施工定额，是以同一性质的施工工程（或工序）作为研究对象，表示生产产品数量与时间消耗综合关系编制的定额。施工定额是施工企业组织生产和加强管理，在企业内部使用的一种定额，属于企业定额的性质。

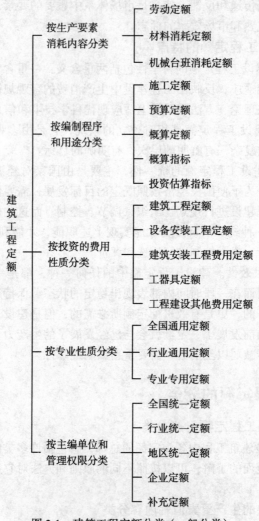

图 2-1　建筑工程定额分类（一般分类）

（2）预算定额，是以建筑物或构筑物各个分部分项工程为对象编制的定额。其内容包括人工、材料、机械消耗三个部分，并列有工程费用，是一种计价定额。

（3）概算定额，是以扩大的分部分项工程为对象编制的，计算和确定该工程项目的劳动、材料、机械台班消耗量所使用的定额，同时它也列有工程费用，也是一种计价定额。

（4）概算指标，是概算定额的扩大与合并，它是以整个建筑物或构筑物为对象，以更为扩大的计量单位来编制的。概算指标的内容包括人工、材料、机械消耗三个部分，同时还列出了各结构分部的工程量及单位建筑工程的造价，是一种计价定额。

（5）投资估算指标，是以独立的单项工程或完整的工程项目为计算对象，只在项目建议书和可行性研究阶段编制投资估算，计算投资需要时使用的一种定额。

3. 按投资的费用性质分类

（1）建筑工程定额，是建筑工程的企业定额、预算定额、概算定额、概算指标的总称。

（2）设备安装工程定额，是安装工程的企业定额、预算定额、概算定额、概算指标的总称。

（3）建筑安装工程费用定额，包括工程直接费用定额和间接费用定额等。

（4）工器具定额，是为新建或扩建项目投产运转首次配置的工具、器具数量标准。

（5）工程建设其他费用定额，是独立于建筑安装工程、设备和工器具购置之外的其他费用开支的标准。

4. 按专业性质分类

按照专业性质分类，工程建设定额分为全国通用定额、行业通用定额、专业专用定额三种。全国通用定额是指在部门间和地区间都可以使用的定额；行业通用定额是指具有专业特点在行业部门内可以通用的定额；专业专用定额是特殊专业的定额，只能在指定的范围内使用。

5. 按主编单位管理权限分类

按主编单位管理权限分类，工程建设定额分为全国统一定额、行业统一定额、地区统一定额、企业定额、补充定额五种。

（1）全国统一定额，是由国家建设行政主管部门，综合全国工程建设中技术和施工组织管理的情况编制，并在全国范围内执行的定额。

（3）行业统一定额，是考虑到各行业部门专业技术特点，以及施工生产和管理水平编制的。一般只在本行业和相同专业性质的范围内使用。

（3）地区统一定额，包括省、自治区、直辖市定额。地区统一定额主要是考虑地区性特点和全国统一定额水平作适当调整和补充编制的。

（4）企业定额，是指由施工企业考虑本企业的具体情况，参照国家、部门或地区定额的水平制定的定额。企业定额只在本企业内部使用，是企业素质的一个标志。

（5）补充定额，是指随着设计、施工技术的发展，现行定额不能满足需要的情况下，为了补充缺陷所编制的定额。补充定额只能在制定的范围内使用，可以作为以后修订定额的基础。

2.1.2.2　实行工程量清单计价，定额的分类

建设工程定额的种类繁多，根据不同的划分方式有不同的名称。实行工程量清单计价，其分类主要包括：按生产要素分类、按专业分类、按编制单位及使用范围分类，如图 2-2 所示。

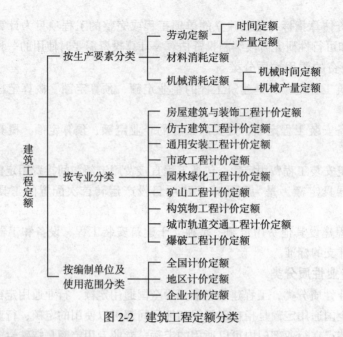

图 2-2　建筑工程定额分类

1. 按生产要素分类（同前）

2. 按专业分类

（1）房屋建筑与装饰工程计价定额，是指房屋建筑与装饰工程定额基价和人工、材料及机械的消耗量的标准。

（2）仿古建筑工程计价定额，是指仿古建筑工程定额基价和人工、材料及机械的消耗量的标准。

（3）通用安装工程计价定额，是指通用安装工程定额基价和人工、材料及机械的消耗量的标准。

（4）市政工程计价定额，市政工程是指城市的道路、桥梁等公共设施及公用设施的建设工程。市政工程计价定额是指市政工程定额基价和人工、材料及机械的消耗量的标准。

（5）园林绿化工程计价定额，是指园林绿化工程定额基价和人工、材料及机械的消耗量标准。

（6）矿山工程计价定额，是指矿山工程定额基价和人工、材料及机械的消耗量的标准。

（7）构筑物工程计价定额，是指构筑物工程定额基价和人工、材料及机械的消耗量的标准。

（8）城市轨道交通工程计价定额，是指城市轨道交通工程定额基价和人工、材料及机械的消耗量的标准。

（9）爆破工程计价定额，是指爆破工程定额基价和人工、材料及机械的消耗量的标准。

3. 按编制单位及使用范围分类

建筑工程计价定额按编制单位及使用范围分类有：全国计价定额、地区计价定额及企业计价定额。

（1）全国计价定额，是指由国家主管部门编制，作为各地区编制地区计价定额依据的计价定额，如《全国统一建筑工程基础定额》《全国统一建筑装饰装修工程消耗量定额》。

（2）地区计价定额，是指"由本地区建设行政主管部门根据合理的施工组织设计，按照正常施工条件下制定的，生产一个规定计量单位工程合格产品所需人工、材料、机械台班的社会平均消耗量"定额。作为编制标底依据，在施工企业没有本企业定额的情况下也可作为投标的参考依据。

（3）企业计价定额，是指"施工企业根据本企业的施工技术和管理水平，以及有关工程造价资料制定的，并供本企业使用的人工、材料和机械消耗量"定额。

全国计价定额、地区计价定额和企业计价定额三者的异同如表 2-1 所示。

表 2-1　全国计价定额、地区计价定额和企业计价定额三者的异同

计价定额名称 异同点	全国计价定额	地区计价定额	企业计价定额
（1）编制内容相同	确定分项工程的人工、材料和机械台班消耗量标准		
（2）定额水平不同	全国社会平均水平	本地区社会平均水平	本企业个别水平
（3）编制单位不同	主管部门	各省、市、区	施工企业
（4）使用范围不同	全国	本地区	本企业
（5）定额作用不同	作为各地区编制本地区计价定额的依据	作为本地区编制标底或施工企业参考	本企业内部管理及投标使用

2.2　建筑工程基础定额

2.2.1　劳动定额

劳动定额也称人工定额，是建筑安装工程统一劳动定额的简称，是反映建筑产品生产中活劳动消耗数量的标准。

2.2.1.1　劳动定额的概念

劳动定额也称人工消耗定额，是指为完成施工分项工程所需消耗的人力资源量。

劳动定额按其表现形式的不同，分为时间定额和产量定额。

1. 时间定额

时间定额也称工时定额，是指某种专业某种技术等级的工人班组或个人，在合理的劳动组织与合理使用材料的条件下，完成单位合格产品所必需的工作时间。

时间定额一般采用"工日"为计量单位，即工日 $/m^3$、工日 $/m^2$、工日 $/m$……每一工日工作时间按八小时计算。用公式表示如下

$$单位产品时间定额（工日）=\frac{1}{每工产量} \tag{2-1}$$

或 $$单位产品时间定额（工日）=\frac{班组成员工日数总和}{班组台班产量} \tag{2-2}$$

2. 产量定额

产量定额是指某种专业某种技术等级的工人班组或个人，在合理的劳动组织与合理使用材料的条件下，在单位时间内完成合格产品的数量。

产量定额的计量单位，通常是以一个工日完成合格产品的数量表示，即 m³/ 工日、m²/ 工日、m/ 工日⋯⋯

用公式表示如下

$$产量定额=\frac{产品数量}{劳动时间} \tag{2-3}$$

3. 时间定额和产量定额的关系

时间定额和产量定额是互为倒数关系，即时间定额 × 产量定额 =1。

$$时间定额=\frac{1}{产量定额} \tag{2-4}$$

2.2.1.2 劳动定额的形式与应用

1. 劳动定额的形式

（1）劳动定额手册的基本内容。《全国建筑安装工程统一劳动定额》分为目录、总说明、分册说明、劳动定额表等内容。该定额共有 18 册，第 1 ～ 14 册是土建工程部分，包括材料运输及材料加工、人力土方工程、架子工程、砖石工程、抹灰工程、手工木作工程、机械木作工程、模板工程、钢筋工程、混凝土及钢筋混凝土工程、防水工程、油漆玻璃工程、金属制品制作及安装，钢筋和混凝土构件吊装工程；第 15 ～ 18 册是机械施工部分，包括机械土方工程、石方工程、机械打桩工程、钢筋和混凝土构件机械运输及吊装工程。每册又分若干章节，各章节中有工作内容、计量单位、定额项目表、附注以及附录等。

（2）劳动定额的表现形式。我国现行的《全国建筑安装工程统一劳动定额》中，劳动定额一般采用单式与复式两种表示方法。

1）单式。定额指标栏中只反映一种定额形式，通常单式法表格指标栏反映的是时间定额。

2）复式。定额指标栏中同时反映两种定额形式，通常用分式表示，其中分子表示时间定额，分母表示产量定额，多采用复式表示法。如表 2-2 中所示的砖基础劳动定额，定额计量单位为 1m³，综合定额为 0.89/1.12，即时间定额 0.89，表示每完成质量合格的 1m³ 砖基础砌筑工程需人工 0.89 工日；产量定额为 1.12，表示每工日能砌筑 1.12m³ 砖基础。

表 2-2　砖基础劳动定额　　　　　　（单位：m³）

序号	项目	基础墙厚度		
		1 砖	1.5 砖	2 砖
1	综合	0.89 / 1.12	0.86 / 1.16	0.833 / 1.20
2	砌砖	0.37 / 2.70	0.336 / 2.98	0.309 / 3.24
3	运输	0.427 / 2.34	0.427 / 2.34	0.427 / 2.34
4	调制	0.093 / 10.80	0.097 / 10.30	0.097 / 10.30
	编号	1	2	3

注：1. 工作内容包括清理基槽、砌垛、砌角、抹防潮层砂浆等。

2. 砌砖单位为 m³。

2. 劳动定额的应用

《全国建筑安装工程统一劳动定额》按一定的规律和方法划分册、章、节、项目、子目编排，因此应按一定顺序查阅、使用定额。

时间定额与产量定额是劳动定额的两种不同的表现形式，且具有不同的用途：时间定额是以工日为计量单位，便于计算某分项工程所需的总工日数和编制进度计划；产量定额是以产品数量为计量单位，便于施工小组分配任务，考核工人或工人小组的工作效率和签发施工任务单。

劳动定额的应用计算解析

【例 2-1】某工程砖基础工程量共为 163.80 m³，基础墙厚为 365mm，若施工小组共35 人，试编制施工进度计划。

解：（1）求劳动量。根据已知条件，查劳动定额，其时间定额为 0.86，所以劳动量为

$$Q = \text{时间定额} \times \text{工程量} = 0.86 \times 163.80 = 140.87 \text{（工日）}$$

（2）该基础工程施工所需的延续时间为

$$T = 140.87 \div 35 = 4.02 \text{（天）（取 4 天）}$$

2.2.2　材料消耗定额

2.2.2.1　材料消耗定额的概念

材料消耗定额是指在节约和合理使用材料的条件下，生产合格的单位建筑工程施工产品所必须消耗的质量合格的原材料、成品、半成品、构件和动力燃料等资源的数量标准。

材料消耗定额由两个部分组成：一部分是直接构成建筑工程或构件实体的材料耗用量，称为材料净用量；另一部分是生产操作过程中损耗的材料耗用量，称为材料损耗量。

材料损耗量通常用材料损耗率表示，即材料的损耗量与材料总消耗量的百分率表示。

$$材料损耗率 = \frac{材料损耗量}{材料消耗量} \times 100\% \tag{2-5}$$

建筑材料消耗量由材料净用量和材料损耗量组成，以单位产品的材料含量（消耗量）的单位来表示。

$$材料消耗量 = 材料净用量 + 材料损耗量 \tag{2-6}$$

为简便

$$材料损耗率 = \frac{材料损耗量}{材料净用量} \times 100\% \tag{2-7}$$

材料消耗量还可依据材料净耗量及损耗率来确定。其计算公式为

$$材料消耗量 = 材料净用量 \times (1 + 材料损耗率) \tag{2-8}$$

在实际工作中，通常按工程施工过程中的损耗情况进行统计，并列入材料、成品、半成品损耗率表，如表2-3所示。

表2-3　工程材料、成品、半成品损耗率参考表

材料名称	工程项目	损耗率（%）	材料名称	工程项目	损耗率（%）
标准砖	基础	0.4	白灰砂浆	抹墙及墙裙	1
标准砖	实心砖墙	1	水泥砂浆	抹顶棚	2.5
标准砖	方砖柱	3	水泥砂浆	抹墙及墙裙	2
白瓷砖		1.5	水泥砂浆	地面、屋面	1
陶瓷锦砖		1	混凝土（现浇）	地面	
铺地砖	（缸砖）	0.8	混凝土（现浇）	其余部分	1.5
砂	混凝土工程	1.5	混凝土（预制）	桩基础、梁、柱	1
砾石		2	混凝土（预制）	其余部分	1.5
生石灰		1	钢筋	现浇、预制混凝土	4
水泥		1	铁件	成品	1
砌筑砂浆	砖砌体	1	钢材		6
混合砂浆	抹墙及墙裙	2	木材	门窗	6
混合砂浆	抹顶棚	3	玻璃	安装	3
白灰砂浆	抹顶棚	1.5	沥青	操作	1

2.2.2.2　材料消耗定额的制定

1.　材料消耗定额的制定方法

（1）观察法，是指通过对建筑工程实际施工中进行现场观察和测定，并对所完成的建筑工程施工产品数量与所消耗的材料数量进行分析、整理和计算确定建筑装饰材料损耗的方法。

（2）实验法，是指在实验室或施工现场内对测定资料进行材料试验，通过整理计算制定材料消耗定额的方法。此法适用于测定混凝土、砂浆、沥青膏、油漆涂料等材料的消耗定额。

（3）统计法，是指通过对各类已完建筑工程分部分项工程拨付工程材料数量，竣工后的工程材料剩余数量和完成建筑工程产品数量的统计、分析研究、计算确定建筑工程材料消耗定额的方法。

（4）理论计算法，是指根据建筑工程施工图所确定的建筑构件类型和其他技术资料，用理论计算公式计算确定材料消耗定额的方法。此法适用于不易损耗、废品容易确定的各种材料消耗量的计算。

2. 理论计算法计算材料消耗量

下面介绍几种常见材料消耗量的计算方法。

（1）每立方米标准砖墙砌体材料消耗量的计算。

1）标准砖的消耗量（计量单位为块）。

$$标准砖的净用量 = \frac{墙厚砖数 \times 2}{墙厚 \times (砖长 + 灰缝) \times (砖厚 + 灰缝)} \times 100\% \qquad (2\text{-}9)$$

$$标准砖的消耗量 = 标准砖的净用量 \times (1 + 标准砖损耗率) \qquad (2\text{-}10)$$

2）砌筑砂浆的消耗量（计量单位为 m³）。

$$砂浆的消耗量 = (1 - 标准砖的净用量 \times 单块砖体积) \times (1 + 砂浆损耗率) \qquad (2\text{-}11)$$

标准砖以 240mm×115mm×53mm 为准，标准砖墙的厚度可按表 2-4 计算。

表 2-4　标准砖墙计算厚度表

砖数（厚度）	1/4	1/2	3/4	1	1.5	2	2.5	3
计算厚度（mm）	53	115	180	240	365	490	615	740

标准砖墙砌体材料消耗量的计算解析

【例 2-2】计算 1 标准砖墙每立方米标准砖砌体所需标准砖和砌筑砂浆的净用量、消耗量。损耗率为：标准砖 1.5%，砂浆 2%。

分析：计算标准砖墙砌体材料的消耗量时，应掌握墙厚与计算厚度的对照表，掌握标准砖和砌筑砂浆的净用量、消耗量的计算公式。

解：（1）计算砖用量。将已知条件代入式（2-9）和式（2-10）有

$$标准砖的净用量 = \frac{1 \times 2}{0.24 \times (0.24 + 0.01) \times (0.053 + 0.01)} = 529（块）$$

$$标准砖的消耗量 = 529 \times (1 + 0.015) = 537（块）$$

（2）计算砌筑砂浆消耗量。将已知条件代入式（2-11）有

$$砌筑砂浆净用量 = (1 - 529 \times 0.24 \times 0.115 \times 0.053) = 0.226（m^3）$$

$$砌筑砂浆消耗量 = 0.226 \times (1 + 0.02) = 0.231（m^3）$$

（2）块料面层消耗量计算。块料指瓷砖、锦砖、缸砖、预制水磨石块、大理石、花岗岩板等。块料面层定额以 100 m² 为计量单位。

$$面层块材消耗量（块） = \frac{100}{(块料长 + 灰缝) \times (块料宽 + 灰缝)} \times (1 + 损耗率) \qquad (2\text{-}12)$$

$$灰缝砂浆消耗量 =(100- 块料净用量 \times 块料长 \times 块料宽)$$
$$\times 灰缝深度 \times(1+ 损耗率) \tag{2-13}$$

块料面层材料消耗量计算解析

【例 2-3】瓷砖规格为 300mm×260mm×8mm，灰缝 1mm，瓷砖损耗率为 1.5%，砂浆损耗率为 2%。试计算 100 m² 瓷砖及灰缝砂浆的消耗量。

分析：计算块料面层消耗量，首先要明确什么是块料，同时要掌握式（2-12）、式（2-13）的意义。

解：将已知条件代入式（2-12）和式（2-13）有

$$面层瓷砖的消耗量 = \frac{100}{(0.30+0.001) \times (0.26+0.001)} \times(1+0.015)$$

$$=1\,272.90 \times(1+0.015) =1\,292（块）$$

$$灰缝砂浆消耗量 =(100-1\,272.90 \times 0.30 \times 0.26) \times 0.008 \times(1+0.02) =0.005\,8（m^3）$$

2.2.3　机械台班消耗定额

机械台班消耗定额，是指在正常的施工机械生产条件下，为生产单位合格工程施工产品所必须消耗的机械工作时间标准，或者在单位时间内应用施工机械所应完成的合格工程施工产品的数量。机械台班定额以台班为单位，每一台班按八小时计算，其表达形式有机械时间定额和机械产量定额两种。

1. 拟定机械正常工作条件

机械正常工作条件，包括施工现场的合理组织和编制的合理配置。

施工现场的合理组织，是指对机械的放置位置、工人的操作场地等做出合理的布置，最大限度地发挥机械的工作性能。

编制机械台班消耗定额，应正确确定机械配置和拟定的工人编制，保持机械的正常生产率和工人正常的劳动效率。

2. 确定机械纯工作时间

机械纯工作时间包括：机械的有效工作时间、不可避免的无负荷工作时间和不可避免的中断时间。

机械纯工作时间（台班）的正常生产率，就是在机械正常工作条件下，由具备必需的知识与技能的技术工人操作机械工作 1 小时（台班）的生产效率。

单位机械工作时间能生产的产品数量或者机械工作时间的消耗量，可通过现场观测并参考机械说明书确定。

3. 确定施工机械的正常利用系数

施工机械的正常利用系数又称机械时间利用系数，是指机械纯工作时间占工作班延续时间的百分数。

$$施工机械正常利用系数\ (K_b) = \frac{工作班工作时间}{工作班的延续时间} \tag{2-14}$$

【例 2-4】某地由某年度各类工程机械施工情况统计，在某种机械台班内工作时间为 7.2h，则机械的正常利用系数。

解：根据式（2-14）有

$$机械的正常利用系数\ (K_b) = 7.2 \div 8 = 0.9$$

4. 施工机械台班消耗定额

（1）施工机械台班产量定额计算。

$$施工机械台班产量定额 = 机械纯工作\ 1\ 小时正常生产率$$
$$\times\ 工作班延续时间 \times 机械正常利用系数 \tag{2-15}$$

（2）施工机械台班消耗定额。施工机械时间定额包括机械纯工作时间、机械台班准备与结束时间、机械维护时间等，但不包括迟到、早退、返工等非定额时间。

根据机械台班定额由计算表示为

$$机械时间定额 = \frac{1}{机械产量定额} \tag{2-16}$$

2.3　人工、材料和机械台班单价的确定

2.3.1　人工单价的组成和确定方法

2.3.1.1　人工单价及其组成内容

人工单价是指一个建筑安装生产工人一个工作日所得到的劳动报酬。合理确定人工工日单价是正确计算人工费和工程造价的前提和基础。

工作日，简称"工日"，是指一个工人工作一个工作日，按我国劳动法的规定，一个工作日的工作时间为 8 小时。

劳动报酬应包括一个人的物质需要和文化需要。具体地讲，应包括本人衣、食、住、行和生、老、病、死等基本生活的需要，以及精神文化的需要，还应包括本人基本供养人口（如父母及子女）的需要。

目前，按照现行规定生产工人的人工工日单价组成内容如表 2-5 所示。

人工工日单价组成内容，在各部门、各地区并不完全相同，或多或少，

表 2-5　人工单价组成内容

计时工资或计件工资	计时工资
	计件工资
奖金	节约奖
	劳动竞赛奖
津贴或补贴	流动施工津贴
	特殊地区施工补贴
	高温（寒）作业临时津贴
	高空津贴
	物价补贴
加班加点工资	法定节假日加班工资
	法定日工作时间外延时工作加点工资
特殊情况下支付的工资	非作业工日发放的工资和工资性补助

但都执行岗位技能工资制度，以便更好地体现按劳取酬并适应市场经济的需要。人工工日单价中的每一项内容都是根据有关法规、政策文件的精神，结合本部门、本地区的特点，通过反复测算最终确定的。

2.3.1.2 人工单价确定的依据和方法

1. 相关概念

（1）有效施工天数。年有效施工天数 = 年应工作天数 − 年非作业天数。

（2）年应工作天数。按年日历天数 365 天，减去双休日、法定节假日后的天数。

（3）年非作业工日。指职工学习、培训、调动工作、探亲、休假，因气候影响，女工哺乳期，6 个月以内病假及产、婚、丧假等，在年应工作天数之内而未工作天数。

2. 人工单价的内容

（1）计时工资或计件工资，是指按计时工资标准和工作时间或对已做工作按计件单价支付给个人的劳动报酬。

（2）奖金，是指对超额劳动和增收节支支付给个人的劳动报酬，如节约奖、劳动竞赛奖等。

（3）津贴或补贴，是指为了补偿职工特殊或额外的劳动消耗和因其他特殊原因支付给个人的津贴，以及为了保证职工工资水平不受物价影响支付给个人的物价补贴，如流动施工津贴、特殊地区施工津贴、高温（寒）作业临时津贴，高空津贴等。

（4）加班加点工资，是指按规定支付的在法定节假日工作的加班工资，和在法定日工作时间外延时工作的加点工资。

（5）特殊情况下支付的工资，是指根据国家法律、法规和政策规定，因病、工伤、产假、计划生育假、婚丧假、事假、探亲假、定期休假、停工学习、执行国家或社会义务等原因按计时工资标准或计时工资标准的一定比例支付的工资。

3. 人工预算单价的确定

根据"国家宏观调控、市场竞争形成价格"的现行工程造价的确定原则，人工单价的确定由市场形成，国家或地方不再定级定价。

2.3.1.3 影响人工单价的因素

（1）社会平均工资水平。建筑安装工人人工单价必须和社会平均工资水平趋同。社会平均工资水平取决于经济发展水平。由于我国改革开放以来经济迅速增长，社会平均工资也有大幅增长，从而使人工单价的大幅提高。

（2）生产消费指数。生产消费指数的提高会影响人工单价的提高，以减少生活水平的下降，或维持原来的生活水平。生活消费指数的变动决定于物价的变动，尤其决定于生活消费品物价的变动。

（3）人工单价的组成内容。例如，住房消费、养老保险、医疗保险、失业保险费等列入人工单价，会使人工单价提高。

（4）劳动力市场供需变化。劳动力市场如果需求大于供给，人工单价就会提高；供给大于需求，市场竞争激烈，人工单价就会下降。

（5）政府推行的社会保障和福利政策也会影响人工单价的变动。

2.3.2　材料预算价格（材料单价）的确定

2.3.2.1　材料预算价格的概念及组成内容

1. 概念

材料预算价格是指材料由其来源地或交货地点运至施工工地仓库的出库价格。

2. 组成内容

材料预算价格是指施工过程中耗费的构成工程实体的原材料、辅助材料、构配件、零件、半成品的费用的总和，其包括以下内容：

（1）材料原价（或供应价格）；

（2）材料运杂费；

（3）运输损耗费；

（4）采购及保管费。

2.3.2.2　材料预算价格的确定

1. 材料原价的确定

材料原价是指材料的出厂价、市场批发价、零售价以及进口材料的调拨价等。在确定材料原价时，若同一种材料购买地及单价不同时，应根据不同的供货数量及单价，采用加权平均的办法确定其材料的原价。

（1）总金额法。

$$加权平均原价 = \frac{\sum（各来源地材料数量 \times 相应单价）}{\sum 各来源地材料数量} \tag{2-17}$$

（2）数量比例法。

$$加权平均原价 = \sum（各来源地材料原价 \times 各来源地数量百分比） \tag{2-18}$$

材料原价的确定计算解析

【例 2-5】某建筑工地需用 42.5MPa 的硅酸盐水泥，由甲、乙、丙三个生产厂供应，甲厂 400t，单价 320 元 /t；乙厂 400t，单价 330 元 /t；丙厂 200t，单价 340 元 /t。求加权平均原价。

分析：计算材料的原价应理解和掌握式（2-17）和式（2-18）。

解：（1）总金额法。根据式（2-17）有

$$加权平均原价 = \frac{400 \times 320 + 400 \times 330 + 220 \times 340}{400 + 400 + 200} = 328（元 /t）$$

（2）数量比例法。各厂水泥数量占总量百分比为

$$甲厂水泥数量百分比 = \frac{400}{400 + 400 + 200} \times 100\% = 40\%$$

$$\text{乙厂水泥数量百分比} = \frac{400}{400+400+200} \times 100\% = 40\%$$

$$\text{丙厂水泥数量百分比} = \frac{200}{400+400+200} \times 100\% = 20\%$$

根据式（2-18）有

$$\text{加权平均原价} = 320 \times 40\% + 330 \times 40\% + 340 \times 20\% = 328（元/t）$$

2. 材料运杂费

材料运杂费是指材料自来源地运至工地仓库或指定堆放地点所发生的全部费用，内容包括运输费及装卸费等。

材料运杂费应按照国家有关部门的规定计算，也可按市场价格计算。同一种材料如有若干个来源地，其运杂费可根据每个来源地的运输里程、运输方法和运价标准，用加权平均方法计算。

$$\text{加权平均运杂费} = \frac{\sum（\text{各来源地材料运杂费} \times \text{各来源地材料数量}）}{\sum \text{各来源地材料数量}} \qquad （2-19）$$

【例 2-6】某工地需要某种规格品种的地砖 1 800m², 甲地供货 900 m², 运杂费为 5.00 元/m²; 乙地供货 400 m², 运杂费为 6.00 元/m²; 丙地供货 500 m², 运杂费为 5.50 元/m²。求加权平均运杂费。

解：根据式（2-19）有

$$\text{加权平均运杂费} = \frac{5.00 \times 900 + 6.00 \times 400 + 5.5 \times 500}{900+400+500} = 5.36（元/m²）$$

3. 运输损耗费

运输损耗费是指材料在运输及装卸过程中不可避免的损耗费用。

$$\text{运输损耗费} = （\text{材料原价} + \text{材料运杂费}） \times \text{运输损耗率} \qquad （2-20）$$

【例 2-7】某工地需要某种规格的木材原价为 1 800.80 元/m³, 运杂费为 15.36 元/m³, 运输损耗率为 1.5%。计算该材料的运输损耗费。

解：根据式（2-20）有

$$\text{运输损耗费} = （1 800.80 + 15.36） \times 1.5\% = 27.24（元/m²）$$

4. 采购及保管费

采购及保管费是指为组织采购、供应和保管材料过程中所需要的各项费用。内容包括：采购费、仓储费、工地保管费、仓储损耗。其计算式为

$$\text{材料采购及保管费} = （\text{材料原价} + \text{运杂费} + \text{运输损耗费}） \times \text{采购保管费率} \qquad （2-21）$$

采购及保管费率一般综合定为 2.5% 左右，各地区可根据不同的情况确定其比

率。如有的地区规定：钢材、木材、水泥为 2.5%，水电材料为 1.5%，其余材料为 3.0%。

【例 2-8】某工地需要某种规格品种材料的材料原价为 12.50 元 /m²，运杂费为 5.36 元 /m²，运输损耗费为 0.27 元 /m²，材料采购保管费率为 3.0%。计算该材料的采购及保管费。

解：根据式（2-21）有

材料采购及保管费 =（12.50+5.36+0.27）×3%=0.54（元 /m²）

5. 材料预算价格的计算

材料预算价格的计算公式为

材料预算价格 =（材料原价 + 运杂费 + 运输损耗费）×（1+ 采购及保管费率）
　　　　　　+ 材料原价 × 检验试验费率　　　　　　　　　　　（2-22）

材料预算价格计算解析

【例 2-9】某工地某种钢筋的购买资料如表 2-6 所示，试计算该材料的材料预算价格。

表 2-6　某工地某种钢筋购买明细

货源地	数量（t）	购买价（元 /t）	运距（km）	运输费（元 /t · km）	装卸费（元 /t）	材料采购保管费率（%）
甲地	100	3 470	70	0.6	14	2.5
乙地	300	3 380	40	0.7	16	2.5
丙地	200	3 420	60	0.8	15	2.5

注：运输损耗费率 1.5%，检验试验费率为 2%。

分析：材料预算价格有下列费用构成：①材料原价（或供应价格）；②材料运杂费；③运输损耗费；④采购及保管费。

前两种费用采用加权平均价计算；运输损耗费以前两种费用为计算基数；采购及保管费以前三种费用为计算基数；检验试验费以材料原价(或供应价格)为计算基数。

解：

（1）材料原价 $=\dfrac{100×3\,470+300×3\,380+200×3\,430}{100+300+200}$ =3 411.67（元 /t）

（2）材料运杂费 $=\dfrac{（70×0.6+14）×100+（40×0.7+16）×300+（60×0.8+18）×200}{100+300+200}$

　　　　　　　=52.33（元 /t）

（3）运输损耗费 =（3 411.67+52.33）×15%=51.96（元 /t）

（4）采购及保管费 =（3 411.67+52.33+51.96）×2.5%=87.90（元 /t）

（5）材料预算价格 =3 411.67+52.33+51.96+87.90=3 603.86（元 /t）

6. 影响材料预算价格变动的因素

（1）市场供需变化。材料原价是材料预算价格中最基本的组成。市场供大于求价格就会下降；反之，价格就会上升。从而也就会影响材料预算价格的涨落。

（2）材料生产成本的变动直接涉及材料预算价格的波动。

（3）流通环节的多少和材料供应体制也会影响材料预算价格。

（4）运输距离和运输方法的变化会影响材料运输费的增减，从而也会影响材料预算价格。

（5）国际市场行情会对进口材料价格产生影响。

2.3.3 施工机械台班单价的确定

2.3.3.1 施工机械台班单价的概念及组成内容

1. 施工机械台班单价的概念

施工机械台班单价是指一台施工机械在正常运转条件下，一个工作班中所发生的全部费用。一台施工机械工作 8 个小时为一个台班。

2. 施工机械台班单价的组成

施工机械台班单价按照有关规定由七项费用组成，这些费用按其性质分类，划分为第一类费用、第二类费用和其他费用三大类。

（1）第一类费用（又称固定费用或不变费用）。这类费用不因施工地点、条件的不同而发生大的变化，包括折旧费、大修理费、经常修理费、安拆费及场外运输费。

（2）第二类费用（又称变动费用或可变费用）。这类费用常因施工地点和条件的不同而有较大的变化，包括机上人员工资、燃料动力费。

（3）其他费用。其他费用指上述两类以外的其他费用，包括车船使用税、养路费、牌照费、保险费等。

2.3.3.2 施工机械台班单价的确定

1. 第一类费用的确定

（1）折旧费，是指施工机械在规定使用期限内，每一台班所摊的机械原值及支付货款利息的费用。其计算式为

$$台班折旧费 = \frac{施工机械预算价格 \times (1 - 残值率) + 贷款利息}{耐用总台班} \tag{2-23}$$

式中

$$施工机械预算价格 = 原价 \times (1 + 购置附加费率) + 手续费 + 运杂费 \tag{2-24}$$

$$残值率 = \frac{施工机械残值}{施工机械预算价格} \times 100\% \tag{2-25}$$

$$耐用总台班 = 修理间隔台班 \times 修理周期（即施工机械从开始投入使用到$$
$$报废前所使用的总台班数） \tag{2-26}$$

（2）大修理费，是指施工机械按规定修理间隔台班必须进行的大修，以恢复其正常使用功能所需的费用。

$$台班大修理费 = \frac{一次大修理费 \times 寿命期内大修理次数}{耐用总台班} \qquad （2\text{-}27）$$

（3）经常修理费，是指施工机械除修理以外的各级保养及临时故障排除所需的费用；为保障施工机械正常运转所需替换设备，随机使用工具，附加的摊销和维护费用；机械运转与日常保养所需的油脂；擦拭材料费用和机械停置期间的正常维护保养费用等。一般可用下式计算

$$施工机械台班经常修理费 = 台班大修理费 \times K \qquad （2\text{-}28）$$

式中，K 值为施工机械台班经常维修系数，它等于台班经常维修费与台班修理费的比值。例如，载重汽车 K 值 6t 以内为 5.61，6t 以上为 3.93；自卸汽车 K 值 6t 以内为 4.44，6t 以上为 3.34；塔式起重机 K 值为 3.94 等。

（4）安拆费及场外运费。安拆费是指施工机械在施工现场进行安装、拆卸所需的人工、材料、机械费及试运转费，以及安装所需的辅助设施的折旧、搭设、拆除等费用。

场外运输指施工机械整体或分件，从停放场地运至施工现场或由一个工地运至另一个工地，运距在 25km 以内的机械进出场运输及转移费用，包括施工机械的装卸、运输、辅助材料、架线等费用。

2．第二类费用的确定

（1）机上人员工资，是指机上操作人员及随机人员的工资及津贴等。

（2）燃料动力费，是指施工机械在运转作业中所耗用的电力、固体燃料、液体燃料、水和风力等资源费。

（3）养路费及车船使用税，是指按照国家有关规定应交纳的养路费和车船使用税，计算公式如下

$$台班养路费 = \frac{核定吨位 \times 每月每吨养路费 \times 12个月}{年工作台班} \qquad （2\text{-}29）$$

$$台班车船使用税 = \frac{每年每吨车船使用税}{年工作台班} \qquad （2\text{-}30）$$

（4）保险费，是指按有关规定应缴纳的第三者责任险、车主保险费等。

机械台班单价的计算解析

【例 2-10】某 10t 载重汽车有关资料如下：购买价格（辆）125 000 元；残值率 6%；耐用总台班 960 台班；修理间隔台班 240 台班；一次性修理费用 8 600 元；修理周期 4 次；经常维修系数为 3.93，年工作台班为 240；每月每吨养路费 60 元 / 月；每台班消耗柴油 40.03kg，柴油每千克单价 7.86 元。试确定台班单价。

分析：机械台班单价内容包括折旧费、大修理费、经常修理费、安拆费及场外运

输费；机上人员工资、燃料动力费；车船使用税、养路费、牌照费、保险费等。

解：

（1）台班折旧费 $=\dfrac{125\,000\times（1-6\%）}{960}=122.40$（元/台班）

（2）台班大修理费 $=\dfrac{8\,600\times（4-1）}{960}=26.88$（元/台班）

（3）台班经常修理费 $=26.88\times3.93=105.62$（元/台班）

（4）机上人员工资为 $2.5\times46.00=115.00$（元/台班）（2.5工日/台班，46.00元/工日）

（5）燃料及动力费设定为 $40.03\times7.86=314.64$（元/台班）

（6）台班养路费 $=\dfrac{10\times60\times12}{240}=30.00$（元/台班）

台班车船使用税 $=\dfrac{360}{12}=30.00$（元/台班）

（7）保险费设定为 3.67（元/台班）

该载重汽车台班单价 $=122.40+26.88+105.62+115.00+314.64+60.00+3.67$
$=748.21$（元/台班）

2.4　建筑工程计价定额

2.4.1　建筑工程计价定额概述

2.4.1.1　计价定额的概念

建筑工程计价定额，是指在正常的施工生产条件下，为完成单位合格建筑工程施工产品所需要的人工、材料、机械以及资金消耗的数量标准。它由劳动定额、材料消耗定额，机械台班消耗定额三部分组成。

2.4.1.2　计价定额的作用

（1）是确定人工、材料和机械消耗量的依据。

（2）是施工企业编制施工组织设计，制订施工作业计划，人工、材料、机械台班使用计划的依据。

（3）是编制招标控制价、投标报价的依据。

2.4.1.3　计价定额的编制原则

（1）确定定额水平必须遵循平均先进的原则。所谓平均先进水平，是指在正常条件下，多数施工班组或生产者经过努力可以达到，少数班组或生产者可以接近，个别班组或生产者可以超过的水平。通常，它低于先进水平，略高于平均水平。

（2）定额形式简明适用的原则。计价定额编制必须方便其使用，既要满足施工组织生产的需要，又要简明适用。要能反映现行的施工技术、材料的现状，项目齐全、步距适当、容易使用。

（3）定额编制坚持"以专为主、专群结合"的原则。定额的编制具有很强技术性、实践性和法规性。不但要有专门的机构和专业人员组织把握方针政策，经常性地积累定额资料，还要专群结合，及时了解定额在执行过程中的情况和存在的问题，以便及时将新工艺、新技术、新材料随时反映在定额中。

2.4.1.4　计价定额的编制依据

（1）劳动定额、材料消耗定额和机械台班消耗定额。

（2）现行建筑产品标准、设计规范、施工及验收规范、技术操作规程、质量评定标准和安全操作规程。

（3）通用的标准设计和定型设计图集，以及有代表性的设计资料。

（4）新技术、新结构、新材料、新工艺和先进施工经验的资料。

（5）有关科学实验、技术测定、统计资料。

（6）有关的建筑工程历史资料及定额测定资料。

2.4.1.5　编制方法和步骤

计价定额编制方法，通常采用实物法，即计价定额由劳动消耗定额、材料消耗定额、机械台班消耗定额三部分实物指标组成。

1. 计价定额项目的划分

计价定额项目一般是按具体内容和工效差别，采用以下几种方法划分。

（1）按施工方法划分。

（2）按构件类型及形体划分。

（3）按建筑材料的品种和规格划分。

（4）按不同的构件做法划分。

（5）按工作高度划分。

2. 确定定额项目的计量单位

定额项目计量单位要能够确切地反映工日、材料以及建筑产品的数量，应尽可能同建筑产品的计量单位一致并采用它们的整数倍为定额单位。定额项目计量单位一般有物理计量单位和自然计量单位两种。物理计量单位，是指需要经过量度的单位。建筑工程计价定额常用的物理计量单位有"m^3""m^2""m""t""kg"等；自然计量单位，是指不需要经过量度的单位。建筑工程计价定额常用的自然计量单位有"个""台""组"等。

（1）当物体的三度都有变化时，以 m^3 为计量单位。

（2）当物体有一定的厚度，只在长、宽两个方向上变化时，以 m^2 为计量单位。

（3）当物体有一定的截面形状和大小，只在长度方向上变化时，以 m 为计量单位。

（4）按质量计算的工程项目，以"t"或"kg"为计量单位。

（5）按自然单位计算的工程项目，以自然单位表示，如个、根、台、块、樘、榀、套等。

3. 定额的册、章、节的编排

计价定额是依据劳动定额编制的，册、章、节的编排与劳动定额编排类似。

4. 确定定额项目消耗量指标

按照企业定额的组成，消耗量指标的确定包括分项劳动消耗指标、材料消耗指标、机械台班消耗指标三个指标的确定。

2.4.2　建筑工程计价定额应用

2.4.2.1　建筑工程计价定额的组成

在建筑工程计价定额中，除了规定各项资源消耗的数量标准外，还规定了它应完成的工程内容和相应的质量标准等。

建筑工程计价定额的内容，由目录、总说明、分部（章）工程说明及分项工程量计算规则、定额项目表和附录等组成。

1. 总说明

在总说明中，主要阐述计价定额的用途和适用范围，计价定额的编制原则和依据，定额中已考虑和未考虑的因素，使用中应注意的事项和有关问题的规定等。

2. 分部（章）工程说明

建筑工程计价定额将建筑工程按其性质不同、部位不同、工种不同和材料不同等因素，划分为若干个分部工程。例如，辽宁省建设工程计价依据《房屋建筑与装饰工程计价定额》将建筑工程划分为以下 17 个分部工程：土（石）方工程，地基处理与边坡支护工程，桩基工程，砌筑工程，混凝土与钢筋混凝土工程，金属结构工程，木结构工程，门窗工程，屋面及防水工程，保温、隔热、防腐工程，楼地面装饰工程，墙、柱面装饰与隔断、幕墙工程，天棚工程，油漆、涂料、裱糊工程，其他装饰工程，拆除工程，措施项目等。

分部（章）以下按工程性质、工作内容及施工方法、使用材料不同等，分成若干分节。例如，建筑工程中，土（石）方工程分为土方工程、石方工程和回填三个分节，在节以下再按材料类别、规格等不同分成若干个子目，如土方工程分为平整场地，挖一般土方，挖沟槽土方，挖基坑土方，冻土开挖，挖淤泥、流沙，管沟土方等项目。

分部说明主要说明本分部所包括的主要分项工程，以及使用定额的一些基本原则，同时在该分部中说明各分项工程的工程量计算规则。

3. 定额项目表

定额项目表是以各类定额中各分部工程归类，又以若干不同的分项工程排列的项目表。它是定额的核心内容，其表达形式如表 2-7 和表 2-8 所示。

表 2-7　实心砖墙（编码 010302001）

工作内容：砖墙包括调运砂浆、铺砂浆、运砖；砌砖包括窗台虎头砖、腰线、门窗套；安放木砖、铁件等。

（单位：10m³）

项目编码		001	002	003	004	005
		3-2	3-3	3-4	3-5	3-6
项目		单面清水砖墙				
		1/2 砖	3/4 砖	1 砖	1.5 砖	2 砖及 2 砖以上
基价（元）		2 363.54	2 314.30	2 191.21	2 142.43	2 108.03
其中	人工费（元）	724.71	713.54	622.45	588.15	565.37
	材料费（元）	1 638.83	1 600.76	1 568.76	1 554.28	1 542.66
	机械费（元）	—	—	—	—	—
	名称	单位	消耗量				
人工	普工	工日	5.916	5.825	5.081	4.801	4.615
	技工	工日	8.874	8.737	7.622	7.202	6.923
材料	混合砂浆 M2.5	m³	—	—	（2.25）	（2.40）	（2.45）
	水泥砂浆 M10	m³	（1.95）	（2.13）	—	—	—
	机制砖（红砖）	千块	5.641	5.51	5.40	5.35	5.31
	水	m³	1.13	1.10	1.06	1.07	1.06

注：本表摘自 2008 年《辽宁省建筑工程计价定额》。

表 2-8　墙面装饰抹灰（编码：020201001）

工作内容：（1）清理、修补、湿润墙面、堵墙眼、调运砂浆、清扫落地灰。

（2）分层抹灰、刷浆、找平、起线拍平、压实、刷面（包括门窗侧壁、门窗顶抹灰）。

（单位：100m²）

项目编码		001	002	003	004	005	006
		2-1	2-2	2-3	2-4	2-5	2-6
项目		水刷豆石		水刷白石子		水刷玻璃渣	
		砖、砼墙面 12+12	毛石墙面 18+12	砖、砼墙面 12+10	毛石墙面 20+10	砖、砼墙面 12+12	毛石墙面 18+12
基价（元）		2 428.59	3 039.11	2 882.14	3 139.24	3 627.52	3 765.35
其中	人工费（元）	1 949.40	2 034.37	1 937.23	2 015.94	2 489.53	2 495.87
	材料费（元）	829.71	950.55	904.27	1 067.17	1 092.51	1 213.35
	机械费（元）	45.48	54.19	40.64	56.13	45.48	56.13
	名称	单位	消耗量					
人工	普工	工日	6.498	6.781	6.457	6.720	8.298	8.320
	技工	工日	25.992	27.125	25.830	26.879	33.194	33.278
材料	水泥砂浆 1:3	m³	1.39	2.08	1.39	2.32	1.39	2.08
	抹灰用豆砂浆 1:1.25	m³	1.40	1.40	—	—	—	—
	抹灰用水泥玻璃渣 1:1.25	m³	—	—	—	—	1.40	1.40
	107 胶素水泥浆	m³	0.10	0.10	0.10	0.10	0.10	0.10
	水泥白石子浆 1:1.5	m³	—	—	1.06	1.16	—	—
	水	m³	2.88	3.00	2.83	3.00	2.88	3.00
机械	灰浆搅拌机 200L	台班	0.47	0.56	0.42	0.58	0.47	0.58

注：本表摘自 2008 年《辽宁省装饰装修工程计价定额》。

4. 附录

附录属于使用定额的参考资料，通常列在定额的最后，一般包括工程材料损耗率表、砂浆配合比表、材料预算价格取定表等，可作为定额换算和编制补充定额的基本依据。

2.4.2.2 建筑工程计价定额的应用（见本书5.3节）

建筑工程计价定额的应用，包括直接套用、换算和补充三种形式。

（1）定额直接套用（见本书5.3.1节和5.3.2节）。

（2）定额换算（见本书5.3.3节）。

（3）定额补充。施工图纸中的某些工程项目，由于采用了新结构、新材料和新工艺等原因，没有类似定额项目可供套用，就必须编制补充定额项目。

编制补充工程计价定额的方法通常有两种：一种是按照本节所述计价定额的编制方法，计算人工、材料和机械台班消耗量指标；另一种是参照同类工序、同类型产品计价定额的人工、机械台班指标，而材料消耗量则按施工图纸进行计算或实际测定。

2.5 企业定额

2.5.1 企业定额的概念、性质和作用

2.5.1.1 企业定额的概念

企业定额是根据本企业的施工技术和管理水平而编制的人工、材料和施工机械台班等的消耗标准。企业定额是由建筑安装施工企业自行编制的定额，只限于本企业内部使用，包括企业及附属的加工厂、车间编制的定额，以及具有经营性质的定额标准、出厂价格、机械台班租赁价格等。它主要用于企业内部的施工生产与管理以及对外的经营管理活动。

企业定额主要应根据企业自身的情况、特点和素质进行编制，代表企业的技术水平和管理水平，反映企业的综合实力。

2.5.1.2 企业定额的性质

企业定额是企业按照国家有关政策、法规以及相应的施工技术标准、验收标准、施工方法的资料，根据现行自身的机械装备状况、生产工人技术操作水平、企业生产（施工）组织能力、管理水平、机构的设置形式和运作效率以及可以挖掘的潜力情况，自行编制的、供企业内部进行经营管理、成本核算和投标报价的企业内部文件。

2.5.1.3 企业定额的作用

（1）是编制施工组织设计和施工作业计划的依据。

（2）是企业内部编制施工预算的统一标准，也是加强项目成本管理和主要经济指标考核的基础。

（3）是施工队和施工班组下达施工任务书和限额领料、计算施工工时和工人劳动报酬的依据。

（4）是企业走向市场参与竞争，加强工程成本管理，进行投标报价的主要依据。

2.5.2　企业定额的编制原则和意义

2.5.2.1　企业定额的编制原则

（1）定额水平的平均先进原则。定额水平的高低影响着企业将来发展的走势。定额水平低将无法获得机会，太高又会严重亏损。企业定额的水平应该是平均先进水平。

（2）定额内容和形式的简明适用原则。简明适用的意思是指定额从内容到形式要方便定额的贯彻和执行。既要满足施工管理与组织，又要能满足计价的需要，同时要简明扼要，易于掌握，便于计算。

（3）以专家为主编制定额的原则。企业施工定额的编制要求有一支经验丰富、技术与管理知识全面、有一定政策水平的专家队伍，可以保证编制施工定额的延续性、专业性和实践性。

（4）坚持实事求是，动态管理的原则。企业施工定额应本着实事求是的原则，结合企业经营管理的特点，确定工料机各项消耗的数量，对影响造价较大的主要常用项目，要多考虑施工组织设计和先进的工艺，从而使定额在运用上更贴近实际，技术上更先进，经济上更合理，使工程单价真实反映企业的个别成本。

（5）企业施工定额的编制还要注意量价分离，独立自主，及时采用新技术、新结构、新材料、新工艺等原则。

2.5.2.2　编制企业定额的意义

（1）实行工程量清单计价模式需要建立企业定额。工程量清单计价由施工企业自主报价，通过市场竞争形成价格。在这种计价模式下，各施工企业应建立起内部定额，按照本企业的施工技术水平，装备水平，管理水平及对人工、材料、机械价格的掌握控制情况，对工程利润的预期要求来计算工程报价。

（2）企业定额的建立有助于规范建设项目的发承包行为。施工企业建立内部定额后，根据自身实力和市场价格水平参与竞争，能够反映企业个别成本，并且保证获得一定的利润，这将能规范招投标市场，有利于施工企业在建筑市场的公平竞争中求生存，求发展。

（3）企业定额的建立直接有利于提高企业管理水平。企业定额作为企业内部生产管理的标准文件，结合企业自身技术力量，利用科学管理的方法提高企业的竞争力和经济效益，为企业进一步拓展生存的空间打下坚实的基础。

（4）建立企业定额是加速我国建筑企业综合生产能力发展的需要。我国加入WTO 后，国外施工企业会进入中国市场，我国施工企业也要走出国门，这两方面都将面临着与装备更精良、技术更先进的国际施工力量的竞争。建立企业定额，施工企业在市场竞争中，不断学习和吸收先进的施工技术，充实和改进企业定额，以先进的企业定额指导企业生产，最终达到企业综合生产能力与企业定额水平共同提高的目的。

2.5.3　企业定额的编制方法的依据

2.5.3.1　编制方法

企业定额的编制方法可以根据编制子目特殊性、所占工程造价的比重、技术含量等因素选择不同的方法，以下几种方法供参考。

1. 现场观察测定法

现场观察测定法以研究工时消耗为对象，以观察测时为手段。通过密集抽样和粗放抽样等技术进行直接的时间研究，确定人工消耗和机械台班定额水平。

2. 经验统计法

经验统计法（抽样统计法）是运用抽样统计的方法，从以往类似工程施工竣工结算资料和典型设计图纸资料及成本核算资料中抽取若干个项目的资料，进行分析、测算和定量的方法。

3. 定额换算法

定额换算法是按照工程预算的计算程序计算出造价，分析出成本，然后根据具体工程项目的施工图纸、现场条件和企业劳务、设备及材料储备情况，结合实际情况对企业定额水平进行调增或调减，从而确定工程实际成本。

2.5.3.2　编制依据

（1）现行验收规范、技术、安全操作规程、质量评定标准。

（2）现场测定的技术资料和有关历史统计资料。

（3）有关混凝土、砂浆等半成品配合比资料和工人技术等级资料。

（4）现行的劳动定额、材料消耗定额、机械台班使用定额和有关定额编制资料及手册。

（5）有关标准图集和典型图纸。

2.5.4　企业定额的编制步骤

无论使用何种方法编制企业定额，其编制步骤主要有以下几个方面。

1. 依据专群结合以专为主的原则，组建企业定额编制小组

定额的编制工作要以有丰富的技术知识和管理经验的专业人员为主，并有专职机构和人员负责组织，掌握方针政策进行资料积累和管理工作。同时还要有工人的配合，了解实际消耗水平，这样编制的定额才有实际性和操作性。

2. 进行大量的数理统计及分析工作

首先熟悉政府的有关文件，在进行市场考查，将企业的自身力量和市场需求相结合。第二要了解自己进行工程建设的实际成本，计算出各个项目的平均成本，才有可能形成自己的实物消耗量，再根据竞争对手的能力，制定出具有竞争力的消耗量。

3. 企业定额项目的划分

企业定额项目可以按施工方法不同、结构类型及形体复杂程度不同、建筑材料品种和规格不同、构造方法不同、施工作业面高度不同等进行划分。

4．定额项目计量单位的确定

定额项目计量单位原则上是能确切地、形象地反映产品的形成特征，便于工程量与工料消耗的计算，能够保证定额的精度。

5．定额的册、章、节的编排

定额的册编排一般按工程、专业和结构部位划分，以施工顺序先后排列；章的编排和划分方法可以按同工种不同工作内容和不同生产工艺划分；节的编排可以按结构不同类别划分或按材料及施工方法不同划分。

6．定额表格的拟定

定额表格及内容一般包括：项目名称、工作内容、计量单位、定额编号、人工、机械、材料消耗量指标、附注等。表格编排形式多样，不要求统一，但要视定额的具体内容以简明实用为好。

2.5.5　企业定额的编制中应该注意的问题

（1）企业定额牵涉到企业的重大经济利益，合理的企业定额的水平能够支持企业正确的决策，提升企业的竞争能力，指导企业提高经营效益。因此，企业施工定额从编制到实行，必须经过科学、审慎的论证，才能用于企业招投标工作和成本核算管理。

（2）企业生产技术的发展，新材料、新工艺的不断出现，会使一些建筑产品被淘汰，一些施工工艺落伍。因此施工定额总有一定的滞后性，施工企业应该设立专门的部门和组织，及时搜集和了解各类市场信息和变化因素的具体资料，对企业定额进行不断的补充和完善、调整，保持企业在建筑市场中竞争优势。

（3）在工程量清单计价方式下，不同的工程特征、施工方案等因素，不同的工程报价方式也有所不同，因此对企业定额要进行科学有效的动态管理，建立完整的工程资料库。

（4）要用先进的思想和科学的手段来管理企业定额，施工单位应利用高速发展的计算机技术，建立起完善的工程测算信息系统，从而提高企业定额的工作效率和管理效能。

2.6　建筑工程工期定额

建筑工程工期定额是依据国家建筑工程质量检验评定标准施工及验收规范有关规定，结合各施工条件，本着平均、经济合理的原则制定的。工期定额是编制施工组织设计、安排施工计划和考核施工工期的依据，是编制招标控制价、投标标书和签订建筑工程合同的重要依据。

2.6.1　建筑工程工期定额的定义

建筑安装工程工期定额是在原城乡建设环境保护部 1985 年制定的《建筑安装工程工期定额》基础上，依据国家建筑安装工程质量检验评定标准、施工及验收规范等有关规定，按正常施工条件、合理的劳动组织，以施工企业技术装备和管理的平均水平为基础，结合各地区工期定额执行情况，在广泛调查研究的基础上修编而成。本定额是编制招标文件的依据，是签订建筑安装工程施工合同、确定合理工期及施工索赔的基础，也是施工企业编制施工组织设计、确定投标工期、安排施工进度的参考。

建筑安装工程工期定额是在一定时期和一定的历史条件下，由住建部行政管理部门下发的建筑工程从开工到竣工验收所需消耗的时间标准。

建筑安装工程工期定额是按各类地区情况综合考虑的，由于各地施工条件不同，允许各地有 15% 以内的定额水平调整幅度，各省、自治区、直辖市建设行政主管部门可按上述规定，制定实施细则，报住建部备案。

2.6.2　建筑安装工程的地域分类

由于中国幅员辽阔，各地气候条件差别较大，故将全国划分为Ⅰ、Ⅱ、Ⅲ类地区，分别制定工期定额。

Ⅰ类地区：上海、江苏、浙江、安徽、福建、江西、湖北、湖南、广东、广西、四川、贵州、云南、重庆、海南。

Ⅱ类地区：北京、天津、河北、山西、山东、河南、陕西、甘肃、宁夏。

Ⅲ类地区：内蒙古、辽宁、吉林、黑龙江、西藏、青海、新疆。

同一省、自治区内由于气候条件不同，也可按工期定额地区类别划分原则，由省、自治区建设行政主管部门在本区域内再划分类区，报住建部批准后执行。

设备安装和机械施工工程不分地区类别，执行统一的工期定额。

2.6.3　建筑安装工程的项目

定额项目包括民用建筑和一般通用工业建筑。凡定额中未包括的项目，各省、自治区、直辖市建设行政主管部门可制定补充工期定额，并报住建部备案。

和施工工期定额的区别：前者以建设项目为对象、工期以月计；后者以单位工程为对象，工期以天计。

2.6.4　建筑安装工程的核定方法及依据

2.6.4.1　工期计算方法

（1）无地下室工程：按首层建筑面积计算。

（2）±0.00 以下工程：有地下室工程，按地下室建筑面积总和计算。

（3）±0.00 以上工程：按 ±0.00 以上部分建筑面积总和计算。

（4）总工期：按 ±0.00 以下与 ±0.00 以上工期之和计算。

（5）影剧院、体育馆工程：不分 ±0.00 以下、以上，按整体建筑面积总和计算。

（6）装修工程工期：不分 ±0.00 以下、以上，按装修部分建筑面积和计算。

2.6.4.2 工期定额的选定

发包方将全部内容进行发包，应执行单项工程工期；若发包方将工程的结构、装修等分段进行发包时应执行单位工程工期。

单项工程工期是指单项工程从基础破土开工（或原桩位打基础桩）起至完成建筑安装工程施工全部内容，并达到国家验收标准之日止的全过程所需的日历天数。

单位工程分结构工程和装修工程，其中 ±0.00 以下结构工程工期包括基础挖土、±0.00 以下结构工程、安装的配管工程内容；±0.00 以上结构工程工期包括 ±0.00 以上结构、屋面及安装的配管工程内容；装修工程工期包括：内装修、外装修及相应的机电安装工程。

2.6.4.3 临界工期的确定

（1）住宅工程：定额总工期 ×80%。

（2）高层建筑工程：定额总工期 ×75%。

（3）一般框架、工业厂房等其他工程：定额总工期 ×80%。

2.6.4.4 定额工期的调整

1. 单项工程

（1）±0.00 以下工程按 2000 年国家定额工期调减 5%。

（2）±0.00 以上工程中，住宅、综合楼、办公楼、教学楼、医疗、门诊楼、图书馆均按 2000 年国家工期定额执行，不做调整；宾馆、饭店、影剧院、体育馆按定额工期调减 15%。

2. 单位工程

（1）±0.00 以下结构工程，按定额工期调减 5%。

（2）±0.00 以上结构工程、宾馆饭店及其他建筑的装修工程均按定额工期调减 10%。

2.6.4.5 工期定额对群体工程的规定

一个承包方同时承包 2 个以上（含 2 个）单项（位）工程时，工期的计算：以一个单项（位）工程的最大工期为基数，加其他单项（位）工程工期总和乘相应系数计算。其中，加一个乘 0.35 系数；加 2 个乘 0.2 系数；加 3 个乘 0.15 系数；4 个以上的单项（位）工程不另增加工期。

复习思考题

1. 什么是建筑工程定额？它有哪些特点？

2. 建筑工程定额如何分类？

3．什么是劳动定额？有几种表现形式？

4．什么是材料消耗定额？它有哪些制定方法？

5．什么是机械台班使用定额？有几种表现形式？

6．什么是预算定额？它有哪些作用？

7．什么是人工单价？人工单价由哪些内容组成？调查本地区房屋建筑与装饰工人的人工单价。

8．什么是材料预算价格？材料预算价格由哪些内容组成、是如何确定的？

9．机械台班的单价是如何确定的？机械台班使用费由哪几类费用组成？

10．什么是建筑工程计价定额？建筑工程计价定额由哪些内容组成？

11．试说明计价定额换算的一般形式与方法。

12．什么是企业定额？它的编制方法有哪些？

13．什么是工期定额？工期的计算方法有哪些？

技能训练

1．某工程砖基础工程量为 135.60m³，基础墙厚为 240mm，若施工小组共 20 人，试编制施工进度计划。

2．试用理论计算法计算 6m³ 墙厚一砖半标准砖墙所需标准砖和砂浆的净用量（灰缝 10mm）和消耗量。

3．根据本地区计价定额，计算 600mm×600mm×10mm 大理石地面（灰缝 2mm）人工、材料、机械消耗量，工程量为 1 800m²。

4．某工地使用 42.5MPa 硅酸盐水泥的购买资料如表 2-11 所示，试计算其预算价格。

表 2-11　购买资料表

货源地	数量 (t)	出厂价 (元/t)	运输费 (元/t)	装卸费 (元/t)	运输损耗费率 (%)	材料采购保管费率 (%)
甲地	300	280	12	8	1.5	2.5
乙地	500	300	11	7	1.5	2.5
丙地	200	286	13	9	1.5	2.5

5．某工程柱面水刷石工程量为 156 m²，结合本地区计价定额，计算其人工、材料、机械消耗量。

第3章

房屋建筑与装饰工程清单工程量计算

学习目标

清单工程量是编制工程量清单及工程量清单计价的重要依据。通过本章的学习，读者应熟悉《房屋建筑与装饰工程工程量计算规范》（GB/T 50854—2013）的内容；掌握建筑面积计算规则；掌握房屋建筑与装饰工程清单项目的设置、清单工程量计算规则、清单项目工程内容。

技能目标

具有能根据实际工程的施工图纸，计算房屋建筑与装饰工程的清单工程量的能力。

3.1 工程量计算概述

3.1.1 工程量计算的意义

3.1.1.1 工程量的概念

工程量是指以自然计量单位或物理计量单位表示各分项工程或结构构件的实物数量。

物理计量单位是以物体（分项工程或结构构件）的物理法定计量单位来表示工程的数量。例如，挖基础土方以立方米为计量单位；建筑墙面贴壁纸以平方米为计量单位；楼梯栏杆、扶手以延长米为计量单位；钢筋以吨为计量单位。

自然计量单位是以物体自身的计量单位来表示的工程数量。例如，计算预制钢筋混凝土柱的工程量以"根"为计量单位；计算门窗工程量以"樘"为计量单位。

3.1.1.2 工程量计算的意义

正确计算房屋建筑与装饰工程工程量是编制房屋建筑与装饰工程造价的一个重要环节。其意义主要表现在以下几个方面。

（1）工程量计算的准确与否，直接影响着建筑、装饰工程造价的多少，从而影响整个工程建设过程造价的确定与控制。

（2）工程量是建筑、装饰施工企业编制施工作业计划，合理安排施工进度，组织劳动力、材料和机械的重要依据。

（3）工程量是基本建设财务管理和会计核算的重要指标。

3.1.2　工程量计算的一般方法

为了便于房屋建筑与装饰工程工程量的计算和审核，防止重算和漏算的现象，计算工程量时必须按照一定的顺序和方法进行。

3.1.2.1　工程量计算的顺序

（1）各分部工程之间工程量的计算顺序有以下三种方法。

1）规范顺序法，即完全按照《房屋建筑与装饰工程工程量计算规范》（以下简称《计算规范》）中分部分项工程的编排顺序进行工程量的计算。其主要优点是能依据《计算规范》的项目划分顺序逐项计算，通过工程项目与规范项目之间的对照，能清楚地反映出已算和未算项目，防止漏项，并有利于工程量的整理与报价，此法较适合于初学者。

2）施工顺序法，即根据各房屋建筑与装饰工程项目的施工工艺特点，按其施工的先后顺序，同时考虑到计算的方便，由基层到面层或从下至上逐层计算。此法打破了定额分章的界限，计算工作流畅，但对使用者的专业技能要求较高。

3）统筹原理计算法，即通过对《计算规范》的项目划分和工程量计算规则进行分析，找出各房屋建筑与装饰分项项目之间的内在联系，运用统筹法原理，合理安排计算顺序，从而达到以点带面、简化计算、节省时间的目的。此法通过统筹安排，使各分项项目的计算结果互相关联，并将后面要重复使用的基数先计算出来，避免了计算时的"卡壳"现象。例如，为了便于在计算墙面装饰工程量时扣除门窗洞口面积，可以先计算门窗工程量；天棚工程量计算则可以楼地面工程量为基数等。

（2）不同分部分项子目之间的计算顺序，一般按定额编排顺序或按施工顺序计算。

（3）同一分项工程分布在不同部位时的计算顺序。

1）按顺时针方向计算。这种方法即从施工平面图左上角开始，按由左而右、先外后内顺时针环绕一周，再回到起点，这一方法适用于计算外墙面、楼地面、顶棚等项目，如图 3-1 所示。

2）先横后竖、先上后下、先左后右的顺序计算。这种方法适用于计算内墙面、楼地面、顶棚等项目，如图 3-2 所示。

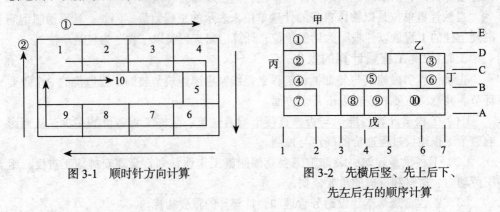

图 3-1　顺时针方向计算　　　　图 3-2　先横后竖、先上后下、
　　　　　　　　　　　　　　　　先左后右的顺序计算

3）按图纸上注明的轴线或构件的编号依次计算。这种方法适用于计算门窗、墙面等项目。例如，铝合金门制作安装其编号 M1、M2…M_n 依次计算；独立柱、柱面装修按其编号 Z1、Z2…Z_n 依次计算工程量，如图 3-3 所示。总之，合理的工程量计算顺序不仅能加快计算速度，还能防止错算、重算或漏算。造价人员应在实践中不断探索总结经验，形成适合自己特点的工程量计算顺序，以达到事半功倍的效果。

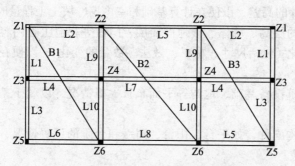

图 3-3 独立柱、柱面装修计算工程量

3.1.2.2 工程量计算的步骤

工程量的计算实际上就是填写工程量计算表的过程，有如下填写步骤。

（1）列项。根据施工图选定工程项目名称。此栏除应按《计算规范》的要求填写分项工程的名称外，还应注明该分项工程的主要做法及所用材料的品种、规格等内容。

（2）确定计量单位。填写计量单位，应按《计算规范》相应项目的计量单位填写。

（3）填列计算式。为便于计算和复核，对计算式中某些数据的来源或计算方法可加括号简要说明，并尽可能分段分步列算式。

（4）结果计算。根据所列计算式计算工程实物数量并汇总。

3.1.3 工程量计算的技巧

3.1.3.1 熟悉施工图纸

1. 修正图样

修正图样主要是按照图样会审记录、设计变更通知单的内容修正全套施工图，这样可避免走"回头路"，造成重复劳动。

2. 粗略看图

（1）了解工程的基本概况，如建筑物的层数、高度、基础形式、结构形式和建筑面积等。

（2）了解工程所使用的材料以及采取的施工方法，如基础是砖、石还是钢筋混凝土的，墙体砌砖还是砌砌块，楼地面的做法等。

（3）了解施工图中的梁表、柱表、混凝土构件统计表、门窗统计表，要对照施工图进行详细核对。一经核对，在计算相应工程量时就可直接利用。

（4）了解施工图表示方法。

3. 重点看施工图

重点看图时，着重需弄清的以下问题。

（1）房屋内外的高差，以便在计算基础和室内挖、填土工程量时利用该数据。

（2）建筑物的层高、墙体、楼地面面层、门窗等相应工程内容是否因楼层或段落不同而有所变化（包括尺寸、材料、做法、数量的变化），以便在有关工程量的计算时区别对待。

（3）工业建筑设备基础、地沟等平面布置大概情况，以利于基础和楼地面工程量的计算。

（4）建筑物构配件，如平台、阳台、雨篷和台阶的设置情况，便于计算其工程量时明确所在部位。

3.1.3.2 灵活运用"统筹法"计算原理

"统筹法"计算为计算工程量的简化计算开辟了一条新路，虽然它还存在一些不足，但其基本原理是适用的。

1. 基数计算

基数是单位工程的工程量计算中反复多次运用的数据，提前把这些数据算出来，供各分项工程的工程量计算时查用。这些数据是：四线二面。

其计算方法如下：

（1）外墙外边线长度 $L_外$ = 建筑平面图的外墙外围水平周长。

（2）外墙中心线长度 $L_中$，矩形建筑物 $L_中 = L_外 - 4 \times$ 外墙厚度。

（3）内墙净长线长度 $L_内$ = 建筑平面图中相同厚度内墙净长度之和（同种墙厚的合在一起）。

（4）基础垫层底面之间的净长线 $L_净$ = 基础平面图中相同剖面的内墙长度之和。

（5）底层建筑面积 $S_底$ = 建筑平面图的外墙外围周长围成的水平面积。

（6）底层房心净面积 $S_房 = S_底 -$ 主墙占面积 $= S_底 - L_中 \times$ 外墙厚度 $- L_{内 > 20mm} \times$ 内墙厚度。

"四线二面"的主要用途如下：

（1）外墙外边线总长 $L_外$，是用来计算外墙装饰工程、挑檐、散水、勒脚等分项工程工程量的计算的基本尺寸。

（2）外墙中心线总长 $L_中$，是用来计算外墙砌筑、女儿墙，外墙带形基础、垫层、挖沟槽、基础梁及外墙圈梁等分项工程量计算的基本尺寸。还应注意由于不同厚度墙体的定额单价不同，所以，$L_中$ 应按不同墙厚分别计算，如 $L_{中37}$、$L_{中24}$。

（3）内墙净长线总长 $L_内$，是用来计算内墙砌筑、内墙带形基础、基础梁及内墙圈梁等分项工程量计算的基本尺寸。应注意由于不同厚度墙体单价不同，所以 $L_内$ 应按不同墙厚分层计算，如 $L_{内240}$、$L_{内120}$。

（4）基础垫层底面之间的净长线 $L_{净}$，是用来计算沟槽垫层、挖沟槽的工程量的基本尺寸。此线根据"基础平面布置图"计算。

（5）底层建筑面积 $S_{底}$，可用来作为计算垂直运输费、脚手架工程费等项目的基本数据。

（6）底层房心净面积 $S_{房}$，是用来计算室内回填土、地面面层、天棚抹灰等工程量的基本尺寸。

2. 利用"统筹法"计算工程量的计算要点

（1）统筹程序，合理安排。

（2）利用基数，连续计算。

（3）一次算出，多次使用。

（4）结合实际，灵活机动。

灵活机动的方法有：

1）分段计算法：如遇外墙的断面不同时，可采取分段法计算工程量。

2）分层计算法：如遇多层建筑物、各楼层的建筑面积不同时，可用分层计算法。

3）补加计算法：如带有墙柱的外墙，可先计算出外墙体积，然后加上砖柱体积。

4）补减计算法：如每层楼的地面面积相同，地面构造除一层门厅为水磨石面层外，其余均为水泥砂浆地面，可先按每层都是水泥砂浆地面计量各楼层的工程量，然后再减去门厅的水磨面工程量。

"四线二面"计算解析

【例 3-1】图 3-4 为某单层建筑物的平面图，墙厚 240mm，试计算有关基数（$L_{净}$ 的计算见【例 3-6】）。

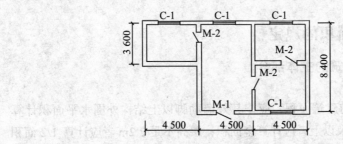

图 3-4　某单层建筑物平面图（单位：mm）

解：$L_{外}=(4.5 \times 3 + 0.24 + 8.4 + 0.24) \times 2 = 44.76$（m）

$L_{中}=L_{外}-4 \times$ 外墙厚度 $=44.76-4 \times 0.24=43.8$（m）

$L_{内}=8.4-0.24+3.6-0.24+4.5-0.24=15.78$（m）

$S_{底}=(4.5 \times 3+0.24) \times (8.4+0.24)-4.5 \times 4.8=97.11$（m^2）

$S_{房}=S_{底}-$ 主墙所占面积 $=S_{底}-L_{中} \times$ 外墙厚度 $-L_{内} \times$ 内墙厚度

$\qquad =97.11-43.8 \times 0.24-15.78 \times 0.24=82.81$（m^2）

3.1.4　工程量计算中应注意的几个问题

（1）计算口径一致。工程量计算时，根据建筑、装饰施工图列出的分项工程应与"计价规范"中相应分项工程的口径相一致，因此在划分项目时一定要符合《计算规范》中该项目所包括的工程内容。

（2）计量单位一致。按施工图纸计算工程量时，各分项工程量的计量单位，必须与"计价规范"中相应项目的计算单位一致，不能随意改变。例如，明沟项目的计量单位是延长米，则工程量也应按规则计算其长度。

（3）计算规则一致。在计算建筑、装饰工程量时，必须严格执行现行《计算规范》中所规定的工程量计算规则，以免造成工程量计算中的误差，从而影响工程造价的准确性。

（4）计算精确度一致。在计算工程量时，计算式要整洁，数字要清楚，必要时应注明项目部位，计算精确度要一致。工程量的数据一般精确到小数点后两位，钢材、木材及使用贵重材料的项目可精确到小数点后三位。

（5）必须准确计算，不重算、漏算。在计算工程量时，必须根据工程设计施工图纸，严格按照"计算规范"规定的工程量计算规则进行计算；另外，为了避免重算和漏算，应按照一定的顺序进行计算。

3.2　建筑面积计算规范（建筑面积计算规则部分）

《建筑工程建筑面积计算规范》（GB/T 50353—2013），适用于新建、扩建、改建的工业与民用建筑工程的面积计算，如遇有下述未尽事宜，应符合国家现行的有关标准规范的规定。

3.2.1　计算建筑面积的规定

3.2.1.1　房屋建筑的主体部分

1. 单层建筑物

（1）单层建筑物的建筑面积，应按其外墙勒脚以上结构外围水平面积计算。单层建筑物高度在 2.2m 及以上者应计算全面积；层高不足 2.2m 者应计算 1/2 面积。勒脚是指建筑物外墙与室外地面或散水接触部位墙体的加厚部分；高度是指室内地面至屋面（最低处）结构标高之间的垂直距离。

（2）单层建筑物设有局部楼层者（见图 3-5），局部楼层的二层及以上楼层，有围护结构的应按其围护结构外围水平面积计算，无围护结构的应按其结构底板水平面积计算。层高在 2.2m 及以上者应计算全面积；层高不足 2.2m 者应计算 1/2 面积。围护结构是指围合建筑空间四周的墙体、门、窗等。

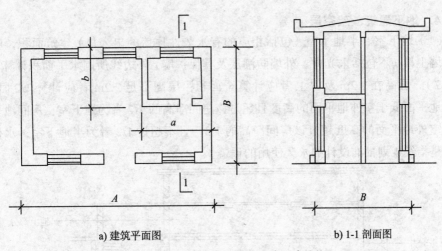

a) 建筑平面图　　　　　　　　　　　　　　　b) 1-1 剖面图

图 3-5　内部设有部分楼层的单层建筑物

2. 多层建筑物

多层建筑物的建筑面积应按不同的层高划分界限分别计算（见图 3-6）。首层应按其外墙勒脚以上结构外围水平面积计算；二层及以上楼层应按其外墙结构外围水平面积计算。层高在 2.2m 及以上者应计算全面积；层高不足 2.2m 者应计算 1/2 面积。这里我将这种算法简称为"层高界限计算法"。层高是指上下两层楼面（或地面至楼面）结构标高之间的垂直距离；其中，最上一层的层高是其楼面至屋面（最低处）结构标高之间的垂直距离。

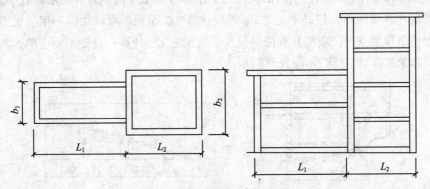

图 3-6　多层建筑不同层高示意图

3. 单（多）层建筑物的坡屋顶内空间

单（多）层建筑物的坡屋顶内空间，当设计加以利用时，其净高超过 2.1m 的部位应计算全面积；净高在 1.2 ～ 2.1m 的部位应计算 1/2 面积；净高不足 1.2m 的部位不应计算面积；设计不利用时不应计算面积。这里我将这种算法简称为"净高界限计算法"。净高是指楼面或地面至上部楼板（屋面板）底或吊顶底面之间的垂直距离。

4．地下建筑、架空层

（1）地下室、半地下室（包括相应的有永久性顶盖的出入口）建筑面积，应按其外墙上口（不包括采光井、外墙防潮层及其保护墙）外边线所围水平面积计算（见图 3-7）。层高在 2.2m 及以上者应计算全面积；层高不足 2.2m 者应计算 1/2 面积。房间地平面低于室外地平面的高度且超过该房间净高的 1/2 者为地下室；房间地平面低于室外地平面的高度超过该房间净高的 1/3，且不超过 1/2 者为半地下室；永久性顶盖是指经规划批准设计的永久使用的顶盖。

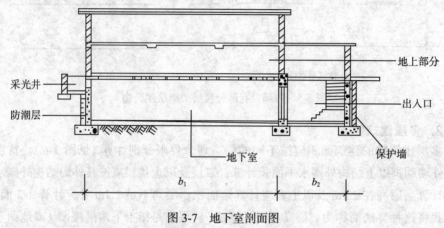

图 3-7　地下室剖面图

（2）坡地建筑物吊脚架空层（见图 3-8）和深基础架空层（见图 3-9）的建筑面积，设计加以利用并有围护结构的，按围护结构外围水平面积计算。层高在 2.2m 及以上者应计算全面积；层高不足 2.2m 者应计算 1/2 面积。设计加以利用、无围护结构的建筑吊脚架空层，应按其利用部位水平面积的 1/2 计算；设计不利用的建筑吊脚架空层和深基础架空层，不应计算面积。

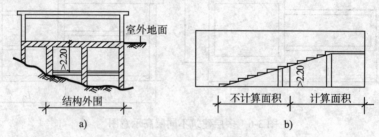

图 3-8　坡地架空基础示意图

5．建筑物的门厅、大厅、回廊

建筑物的门厅、大厅按一层计算建筑面积。门厅、大厅内设有回廊（见图 3-10）时，应按其结构底板水平面积计算。层高在 2.2m 及以上者应计算全面积；层高不足 2.2m 者应计算 1/2 面积。回廊是指在建筑物门厅、大厅内设置在二层或二层以上的回形走廊。

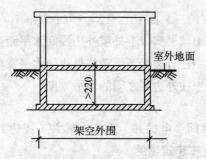

图 3-9　深基础地下架空层示意图

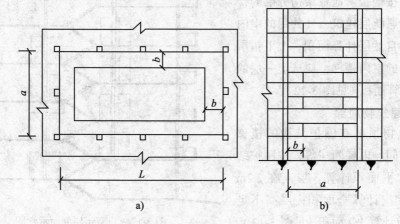

图 3-10　六层大厅带回廊

大厅回廊 2 ～ 6 层按其自然层计算建筑面积为：$(L+a-2b) \times 2 \times b \times 5$。

6. 高低联跨的建筑物、变形缝

高低联跨的建筑物应以高跨结构外边线为界分别计算建筑面积；高低跨内部连通时，其变形缝应计算在低跨部分的面积内（见图 3-11）。建筑物内的变形缝应按其自然层合并在建筑物面积内计算。

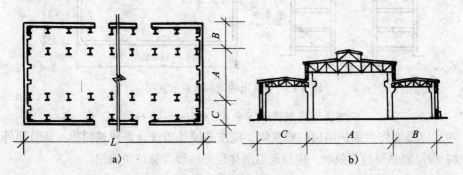

图 3-11　高低联跨建筑物

$$S_高=AL \qquad S_低=BL+CL$$

式中 L——两端山墙勒脚以上外墙外边线间水平距离；

B、C——高跨中柱外边线至低跨柱外边线水平宽度；

A——高跨中柱外边线之间的水平宽度。

7. 室内楼梯、井道

建筑物内的室内楼梯间、电梯井、观光电梯井、提物井、管道井、通风排气竖井、垃圾道、附墙烟囱应按建筑物的自然层计算，并入建筑物面积内。自然层是指按楼板、地板结构分层的楼层。如果遇跃层建筑，其共用的室内楼梯应按自然层计算面积；上下错层户室共用的室内楼梯，应选上一层的自然层计算面积（见图 3-12）。

8. 建筑物顶部

建筑物顶部有围护结构的楼梯间、水箱间、电梯间房等，按围护结构外围水平面积计算。层高在 2.2m 及以上者应计算全面积；层高不足 2.2m 者应计算 1/2 面积（见图 3-13）。无围护结构的不计算面积。

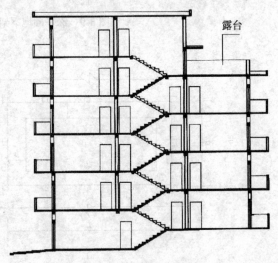

图 3-12   户室错层剖面示意图

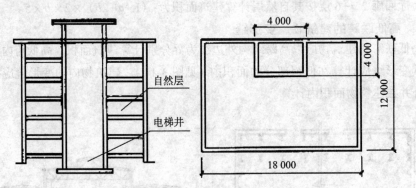

图 3-13   带有电梯间的建筑示意图

电梯间建筑面积 $S = 4.0 \times 4.0 = 16$（m^2）

9. 以幕墙作为围护结构的建筑物，应按幕墙外边线计算建筑面积。建筑物外墙外侧有保温隔热层的建筑物，应按保温隔热层外边线计算建筑面积。

10. 外墙（围护结构）向外倾斜的建筑物

设有围护结构不垂直于水平面而超出底板外沿的建筑物，应按其底板面的外围水平面积计算。层高在 2.2m 及以上者应计算全面积；层高不足 2.2m 者应计算 1/2 面积。如果遇到向建筑物内倾斜的墙体，则应视为坡屋顶，应按坡屋顶内空间有关条文计算面积。

3.2.1.2　房屋建筑的附属部分

1. 挑廊、走廊、檐廊

建筑物外有围护结构的挑廊、走廊、檐廊，应按其围护结构外围水平面积计算。层高在 2.2m 及以上者应计算全面积；层高不足 2.2m 者应计算 1/2 面积。有永久性顶盖但无围护结构的应按其结构底板水平面积的 1/2 计算（见图 3-14）。走廊是指建筑物的水平交通空间；挑廊是指挑出建筑物外墙的水平交通空间；檐廊是指设置在建筑物底层出檐下的水平交通空间。

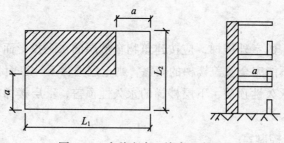

图 3-14　有盖走廊、檐廊示意图

2. 架空走廊

建筑物之间有围护结构的架空走廊，应按其围护结构外围水平面积计算。层高在 2.2m 及以上者应计算全面积；层高不足 2.2m 者应计算 1/2 面积。有永久性顶盖但无围护结构的应按其结构底板水平面积的 1/2 计算。无永久性顶盖的架空走廊不计算面积（见图 3-15）。架空走廊是指建筑物与建筑物之间，在二层或二层以上专门为水平交通设置的走廊。

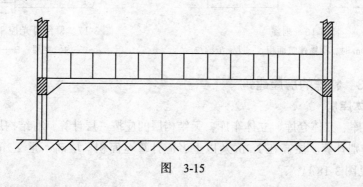

图　3-15

3. 门斗、橱窗

建筑物外有围护结构的门斗、落地橱窗，应按其围护结构外围水平面积计算。层高在 2.2m 及以上者应计算全面积；层高不足 2.2m 者应计算 1/2 面积。有永久性顶盖但无围护结构的应按其结构底板水平面积的 1/2 计算。门斗是指在建筑物出入口设置的建筑过渡空间，起分隔、挡风、御寒等作用；落地橱窗是指突出外墙面根基落地的橱窗。

4. 阳台、雨篷

（1）建筑物阳台，不论是凹阳台、挑阳台、封闭阳台、敞开式阳台，均按其水平投影面积的 1/2 计算。阳台是供使用者进行活动和晾晒衣物的建筑空间。

（2）雨篷，不论是无柱雨篷、有柱雨篷、独立柱雨篷，其结构的外边线至外墙结构外边线的宽度超过 2.1m 者，应按其雨篷结构板的水平投影面积的 1/2 计算（见图 3-16）。宽度在 2.1m 及以内的不计算面积。雨篷 是指设置在建筑物进出口上部的遮雨、遮阳篷。

5. 室外楼梯

有永久性顶盖的室外楼梯，应按建筑物自然层的水平投影面积的 1/2 计算。无永久性顶盖，或不能完全遮盖楼梯的雨篷，则上层楼梯不计算面积，但上层楼梯可视做下层楼梯的永久性顶盖，下层楼梯的永久性顶盖，下层楼梯应计算面积（即少算一层）。

6. 舞台灯光控制室

有围护结构的舞台灯光控制室，应按其围护结构外围水平面积计算（见图 3-17）。层高在 2.2m 及以上者应计算全面积；层高不足 2.2m 者应计算 1/2 面积。

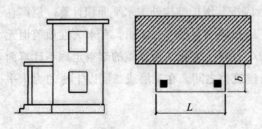

图 3-16　雨篷
当 $b > 2.10\text{m}$ 时，雨篷建筑面积 $S = L \times b \times 1/2$

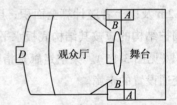

图 3-17　舞台灯光控制室示意图
A——内侧夹层；B——耳光室

3.2.1.3　特殊的房屋建筑

1. 立体库房

立体书库、立体仓库、立体车库，无结构层的应按一层计算，有结构层的应按结构层面积分别计算。层高在 2.2m 及以上者应计算全面积；层高不足 2.2m 者应计算 1/2 面积（见图 3-18）。

2. 场馆看台

有永久性顶盖无围护结构的场馆看台，应按其顶盖水平投影面积的 1/2 计算。场

馆看台下空间,当设计加以利用时,其净高超过 2.1m 的部位应计算全面积;净高在
1.2 ～ 2.1m 的部位应计算 1/2 面积;净高不足 1.2m 的部位不应计算面积。设计不利
用时不应计算面积。

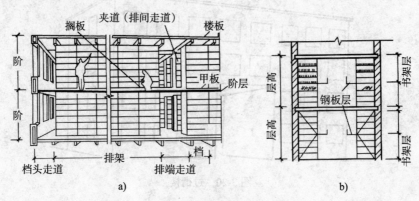

图 3-18 立体库房

注:这里所谓"场馆"实质上是指"场"(如足球场、篮球场等),看台上有永久
性顶盖部分;"馆"应是有永久性顶盖和围护结构的,应按单层或多层建筑物相关规
定计算面积。

3. 站台、车(货)棚、加油站、收费站

有永久性顶盖无围护结构的站台、车棚、货棚、加油站、收费站等,应按其顶盖
水平投影面积的 1/2 计算(见图 3-19)。在站台、车棚、货棚、加油站、收费站内设
有有围护结构的管理室、休息室等,另按相关条文计算面积。

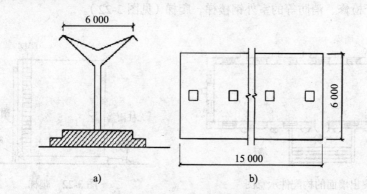

图 3-19 单排柱站台

3.2.2 不计算建筑面积的范围

(1)建筑物通道,包括骑楼、过街楼的底层。建筑物通道是指为道路穿过建筑

物而设置的建筑空间；骑楼是指楼层部分跨在人行道上的临街楼房；过街楼是指有道路穿过建筑空间的楼房。

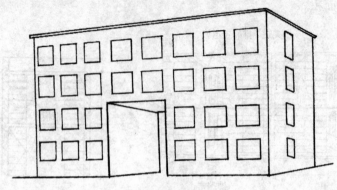

图 3-20　过街楼

（2）建筑物内的设备管道夹层。

（3）建筑物内分隔的单层房间，舞台及后台悬挂的幕布、布景的天桥、挑台等。

（4）建筑物内的操作平台、上料平台、安装箱或罐体的平台。

（5）自动扶梯、自动人行道。

（6）屋顶水箱、花架、凉棚、露台、露天游泳池。

（7）勒脚、附墙柱、垛、台阶（见图 3-21）、墙面抹灰、装饰面、镶贴块料面层、设置在建筑物墙体外起装饰作用的装饰性幕墙、空调室外机搁板（箱）、飘窗、构件、配件、与建筑物内不相连通的装饰性 阳台、挑廊。

（8）用于检修、消防等的室外钢楼梯、爬梯（见图 3-22）。

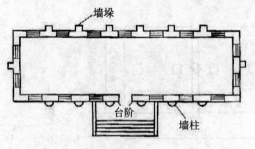

图 3-21　突出墙面的构配件示意图

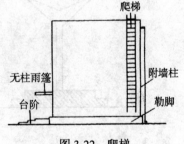

图 3-22　爬梯

（9）独立烟囱、烟道、地沟、油（水）罐、气柜、水塔、贮油（水）池、贮仓、栈桥、地下人防通道、地铁隧道。

建筑面积计算解析

【例 3-2】图 3-23 为某单层建筑物的平面图，层高 3.6m，计算其建筑面积。

分析：单层建筑物的建筑面积，应按建筑物外墙勒脚以上结构外围水平面积计算。单层建筑物的高度在 2.20m 及以上者应计算全面积。

解：建筑面积 $S=$（40.00+0.24）×（15.00+0.24）=613.26（m^2）

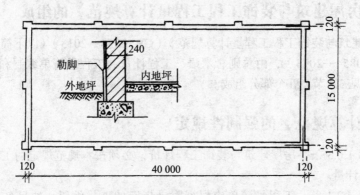

图 3-23　单层建筑面积示意图

【例 3-3】图 3-24 是某图书馆书库一平面示意图和局部剖面示意图，层高 4.8m，试计算其建筑面积。

分析：层高在 2.20m 及以上者应计算全面积。该平面中设有两层书架层，根据有书架层者按书架层计算建筑面积的规则，计算该图书馆书库建筑面积。

解：建筑面积 $S=$[（15.0+7.5+0.12×2）×（7.5+13.5+0.12×2）−13.5×15.0]×2
$=$[（22.74×21.24）−202.5]×2=561.00（m^2）

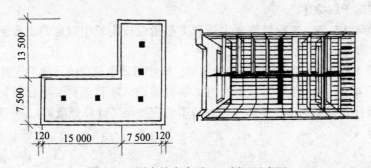

图 3-24　图书馆书库平面、剖面示意图

3.3 《房屋建筑与装饰工程工程量计算规范》（GB50854—2013）简介

本规范根据住房和城乡建设部《关于印发 <2009 年工程建设标准规范制订、修订计划 > 的通知》（建标［2009］88 号）的要求，为进一步适应建设市场计量、计价的需要，对《建设工程工程量清单计价规范》（GB50500—2008）附录 A 建筑物部分、

附录 B 装饰装修工程进行修订并增加新项目而成。本规范是"工程量计算规范"之一，代码 01。

3.3.1　《房屋建筑与装饰工程工程量计算规范》的组成

《房屋建筑与装饰工程工程量计算规范》（GB50854—2013）（以下简称《计算规范》（GB50854—2013）），由总则、术语、工程计量、工程量清单编制和附录（附录 A～S，详见 3.4 节）五个部分组成。

3.3.2　《计算规范》的强制性规定

（1）第 1.0.3 条，房屋建筑与装饰工程计价，必须按本规范规定的工程量计算规则进行工程计量。

（2）第 4.2.1 条，工程量清单应根据附录规定的项目编码、项目名称、项目特征、计量单位和工程量计算规则进行编制。

（3）第 4.2.2 条，工程量清单的项目编码，应采用 12 位阿拉伯数字表示。1～9 位应按附录的规定设置；10~12 位应根据拟建工程的工程量清单项目名称和项目特征设置，同一招标工程的项目编码不得有重码。

（4）第 4.2.3 条，工程量清单的项目名称应按附录的项目名称结合拟建工程的实际确定。

（5）第 4.2.4 条，工程量清单项目特征应按附录中规定的项目特征，结合拟建工程项目的实际予以描述。

（6）第 4.2.5 条，工程量清单中所列工程量应按附录中规定的工程量计算规则计算。

（7）第 4.2.6 条，工程量清单的计量单位应按附录中规定的计量单位确定。

（8）第 4.3.1 条，措施项目中列出了项目编码、项目名称、项目特征、计量单位、工程量计算规则的项目编制工程量清单时应按照《计算规范》4.2 分部分项工程的规定执行。

3.4　房屋建筑与装饰工程清单工程量的计算

3.4.1　《计算规范》（GB50854—2013）附录 A 土石方工程

土石方工程共 3 节 13 个清单项目，包括土方工程、石方工程和回填工程，适用于建筑物和构筑物的土石方开挖及回填工程。

3.4.1.1　清单项目特征描述和工程量计算规则

1. 附录 A.1 土方工程（010101）

土方工程包括平整场地（010101001），挖一般土方（010101002），挖沟槽土方

（010101003），挖基坑土方（010101004），冻土开挖（010101005），挖淤泥、流砂（010101006），管沟土方（010101007）7个清单项目。其中平整场地项目适用于建筑物场地厚度在±30cm以内的挖、填、运、找平；挖土方项目适用于±30cm以外的竖向布置挖土或山坡切土（设计室外地坪以上的挖土）；挖沟槽土方项目适用于带形基础，挖基坑土方适用于独立基础、设备基础及人工挖孔桩土方等。

（1）工程量计算规则。

1）平整场地。按设计图示尺寸以建筑物首层面积m²计算。"首层面积"应按建筑物外墙外边线围成的面积计算。落地阳台计算全面积；悬挑阳台不计算面积。设地下室和半地下室的采光井等部位应计入平整场地。地上无建筑物的地下停车场按地下停车场外墙外边线计算，包括出入口、通风竖井和采光井均应计算平整场地的面积。其工程量可按以下公式计算

$$S_{平整场地} = S_{底}　　　　　　　　　　　　　（3-1）$$

式中　$S_{平整场地}$——平整场地的工程量；

$S_{底}$——建筑物底层的面积。

2）挖一般土方。按设计图示尺寸以体积m³计算。

3）挖沟槽土方。按设计图示尺寸以基础垫层底面积乘以挖土深度以体积m³计算。图3-25中挖沟槽土方工程量

$$V = B \times H \times L　　　　　　　　　　　　　（3-2）$$

式中　B——基础垫层底宽；

H——沟槽深度，自室外设计地坪至基础垫层底面之间的距离；

L——沟槽长度，外墙基础挖沟槽按图示中心线$L_{中}$计算，内墙按图示基础垫层底面净长线$L_{净}$计算。

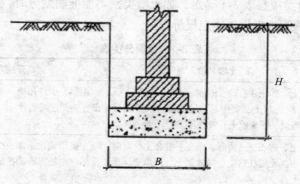

图3-25　沟槽示意图

4）挖基坑土方。按设计图示尺寸以基础垫层底面积乘以挖土深度以体积m³计算。

挖基坑土方清单工程量计算解析

【例3-4】某基础人工挖基坑，混凝土基础垫层长1.8m、宽1.6m、挖土深度2.4m，三类土，计算挖基坑土方清单工程量。

分析：挖基坑土方清单工程量按基础垫层长乘以宽乘以挖土深度（室外设计地坪至基础垫层底面的高度）以体积 m³ 计算。

解：$V = 1.8 \times 1.6 \times 2.4 = 6.91 (\text{m}^3)$

5）冻土开挖。按设计图示尺寸开挖面积乘以厚度以体积 m³ 计算。

6）挖淤泥、流沙。按设计图示位置、界限以体积 m³ 计算。

7）管沟土方。按设计图示以管道中心线长度 m 计算；或按设计图示管底垫层面积乘以挖土深度以 m³ 计算；无管底垫层按管外径的水平投影面积乘以挖土深度以 m³ 计算。不扣除各类井的长度，井的土方并入。

（2）工程量计算应注意的问题。

1）挖土方平均厚度应按自然地面测量标高至设计地坪标高间的平均厚度确定。基础土方开挖深度应按基础垫层底表面标高至交付施工场地标高确定，无交付施工场地标高时，应按自然地面标高确定。

2）建筑物场地厚度 ≤ ±300mm 的挖、填、运、找平，应按本节中平整场地项目编码列项。厚度 > ±300mm 的竖向布置挖土或山坡切土应按本节中挖一般土方项目编码列项。

3）沟槽、基坑、一般土方的划分为：底宽 ≤ 7m 且底长 > 3 倍底宽为沟槽；底长 ≤ 3 倍底宽且底面积 ≤ 150m² 为基坑；超出上述范围则为一般土方。

4）挖土方如需截桩头时，应按桩基工程相关项目列项。

5）桩间挖土不扣除桩的体积，并在项目特征中加以描述。

6）弃、取土运距可以不描述，但应注明由投标人根据施工现场实际情况自行考虑，决定报价。

7）土壤的分类应按表 3-1 确定，如土壤类别不能准确划分时，招标人可注明为综合，由投标人根据地勘报告决定报价。

表 3-1　土壤分类表

土壤分类	土壤名称	开挖方法
一、二类土	粉土、砂土（粉砂、细砂、中砂、粗砂、砾砂）、粉质粘土、弱中盐渍土、软土（淤泥质土、泥炭、泥炭质土）、软塑红粘土、冲填土	用锹、少许用镐、条锄开挖。机械能全部直接铲挖满载者
三类土	粘土、碎石土（圆砾、角砾）混合土、可塑红粘土、硬塑红粘土、强盐渍土、素填土、压实填土	主要用镐、条锄、少许用锹开挖。机械需部分刨松方能铲挖满载者或可直接铲挖但不能满载者
四类土	碎石土（卵石、碎石、漂石、块石）、坚硬红粘土、超盐渍土、杂填土	全部用镐、条锄挖掘、少许用撬棍挖掘。机械须普遍刨松方能铲挖满载者

注：本表土的名称及其含义按国家标准《岩土工程勘察规范》(GB50021—2001)(2009 年版)定义。

8）土方体积应按挖掘前的天然密实体积计算。非天然密实土方应按表 3-2 折算。

表 3-2 土方体积折算系数表

天然密实度体积	虚方体积	夯实后体积	松填体积
0.77	1.00	0.67	0.83
1.00	1.30	0.87	1.08
1.15	1.50	1.00	1.25
0.92	1.20	0.80	1.00

注：1. 虚方指未经碾压、堆积时间 ≤ 1 年的土壤。

2. 本表按《全国统一建筑工程预算工程量计算规则》(GJDGZ—101—95) 整理。

3. 设计密实度超过规定的，填方体积按工程设计要求执行；无设计要求按各省、自治区、直辖市或行业建设行政主管部门规定的系数执行。

土方体积折算计算解析

【例 3-5】有虚方体积为 $100\,m^3$ 的四类土，换算成天然密实体积后应为多少？

分析：土方体积折算要明确各种状态土的折算系数。掌握表 3-2 的内容就可以顺利解题。

解：$V_{密}=100\div 1.3=76.92\ (m^3)$

或　$V_{密}=100\times 0.77=77\ (m^3)$

9）挖沟槽、基坑、一般土方因工作面和放坡增加的工程量（管沟工作面增加的工程量）是否并入各土方工程量中，应按各省、自治区、直辖市或行业建设主管部门的规定实施，如并入各土方工程量中，办理工程结算时，按经发包人认可的施工组织设计规定计算，编制工程量清单时，可按表 3-3 ～表 3-5 规定计算。

表 3-3 放坡系数表

土类别	放坡起点（m）	人工挖土	机械挖土		
			在坑内作业	在坑上作业	顺沟槽在坑上作业
一、二类土	1.20	1 : 0.5	1 : 0.33	1 : 0.75	1 : 0.5
三类土	1.50	1 : 0.33	1 : 0.25	1 : 0.67	1 : 0.33
四类土	2.00	1 : 0.25	1 : 0.10	1 : 0.33	1 : 0.25

注：1. 沟槽、基坑中土类别不同时，分别按其放坡起点、放坡系数，依不同土类别厚度加权平均计算。

2. 计算放坡时，在交接处的重复工程量不予扣除，原槽、坑作基础垫层时，放坡自垫层上表面开始计算。

表 3-4 基础施工所需工作面宽度计算表

基础材料	每边各增加工作面宽度（mm）
砖基础	200
浆砌毛石、条石基础	150
混凝土基础垫层支模板	300
混凝土基础支模板	300
基础垂直面做防水层	1 000（防水层面）

注：本表按《全国统一建筑工程预算工程量计算规则》(GJDGZ—101—95) 整理。

表 3-5　管沟施工每侧所需工作面宽度计算表

管道结构宽（mm）　　　　管沟材料（mm）	≤ 500	≤ 1 000	≤ 2 500	> 2 500
混凝土及钢筋混凝土管道	400	500	600	700
其他材质管道	300	400	500	600

注：1. 本表按《全国统一建筑工程预算工程量计算规则》（GJDGZ—101—95）整理。

　　2. 管道结构宽：有管座的按基础外缘，无管座的按管道外径。

10）挖方出现流沙、淤泥时，如设计未明确，在编制工程量清单时，其工程数量可为暂估量，结算时应根据实际情况由发包人与承包人双方现场签证确认工程量。

11）管沟土方项目适用于管道（给排水、工业、电力、通信）、光（电）缆沟（包括：人（手）孔、接口坑）及连接井（检查井）等。

2. 附录 A.2 石方工程（010102）

石方工程包括挖一般石方（010102001）、挖沟槽石方（010102002）、挖基坑石方（010102003）、挖管沟石方（010102004）4 个清单项目。

（1）工程量计算规则。

1）挖一般石方：按设计图示尺寸以体积 m^3 计算；

2）挖沟槽石方：按设计图示尺寸沟槽底面积乘以挖石深度以体积 m^3 计算；

3）挖基坑石方：按设计图示尺寸基坑底面积乘以挖石深度以体积 m^3 计算；

4）挖管沟石方：按设计图示以管道中心线以长度 m 计算，或按设计图示截面积乘以长度以体积 m^3 计算。

（2）工程量计算应注意的问题。

1）挖石应按自然地面测量标高至设计地坪标高的平均厚度确定。基础石方开挖深度应按基础垫层底表面标高至交付施工现场地标高确定，无交付施工场地标高时，应按自然地面标高确定。

2）厚度 > ±300mm 的竖向布置挖石或山坡凿石应按本节中挖一般石方项目编码列项。

3）沟槽、基坑、一般石方的划分为：底宽 ≤ 7m 且底长 > 3 倍底宽为沟槽；底长 ≤ 3 倍底宽且底面积 ≤ 150m² 为基坑；超出上述范围则为一般石方。

4）弃渣运距可以不描述，但应注明由投标人根据施工现场实际情况自行考虑，决定报价。

5）岩石的分类应按《计算规范》表 A.2-1 确定。

6）石方体积应按挖掘前的天然密实体积计算。非天然密实石方应按《计算规范》表 A.2-2 折算。

7）管沟石方项目适用于管道（给排水、工业、电力、通信）、光（电）缆沟（包括：人（手）孔、接口坑）及连接井（检查井）等。

3. 附录 A.3 回填（010103）

回填包括回填方（010103001）和余方弃置（010103002）2 个清单项目，适用于场地、室内、基础回填。

（1）工程量计算规则。

1）回填方：工程量按设计图示尺寸以体积 m³ 计算，其中：

（a）场地回填：按回填面积乘以平均回填厚度计算。

（b）室内回填：按主墙间净面积乘以回填厚度计算，主墙指结构厚度在 120mm 以上（不含 120mm）的各类墙体。

$$室内回填土\ V = 室内净面积 \times 室内回填土厚度$$
$$= S_房 \times（室内外高差 - 地面垫层与面层的厚度之和）\qquad（3-3）$$

（c）基础回填：按挖方清单项目工程量减去自然地坪以下埋设的基础体积（包括基础垫层及其他构筑物）以 m³ 计算。

$$V_{回填土} = V_{挖土} - V_{下埋} \qquad（3-4）$$

式中　$V_{回填土}$——基础回填的体积；

　　　$V_{挖土}$——基础挖土的体积；

　　　$V_{下埋}$——室外设计地坪以下埋设的砌筑量（包括垫层、基础、构造柱等）体积。

2）余方弃置：按挖方清单项目工程量减去利用的回填方体积（正数）以 m³ 计算。

（2）工程量计算应注意的问题。

1）填方密实度要求，在无特殊要求情况下，项目特征可描述为满足设计和规范的要求。

2）填方材料品种可以不描述，但应注明由投标人根据设计要求验方后方可填入，并符合相关工程的质量规范要求。

3）填方粒径要求，在无特殊要求情况下，项目特征可以不描述。

4）如需买土回填应在项目特征填方来源中描述，并注明买土方数量。

3.4.1.2　附录 A 土石方工程各主要清单项目工作内容

《计算规范》中各清单项目所对应的工程内容，不但是清单项目设置的依据，也是清单计价的依据。编制清单时，应根据拟建工程合理的施工方案，结合《计算规范》中各清单项目的工程内容、现场的实际情况描述出完成该项目所发生的工程内容。附录 A 主要清单项目的工程有如下内容。

（1）挖沟槽土方、基坑土方、挖一般土方项目，包括排地表水、土方开挖、围护（挡土板）及拆除、基底钎探、运输。

（2）管沟土石方项目，包括排地表水、土方开挖、围护（挡土板）支撑、运输、回填。

（3）石方工程项目，包括排地表水、凿石、运输。

（4）回填项目，包括运输、回填、压实。

土石方工程清单工程量计算解析

【例 3-6】某建筑基础平面布置图、剖面图如图 3-26 所示，外墙和内墙厚度均为 240mm，试计算挖基础土方的清单工程量。

分析：如图 3-26 所示，由于基础的垫层宽度为 0.92m ＜ 7.0 m，所以按挖沟槽计算，即按图示尺寸以 m^3 计算，外墙基础挖地槽长度取中心线 $L_{中}$，内墙基础挖地槽长度取基础垫层底面之间的净长线 $L_{净}$。注意：挖土深度是自设计室外地坪至垫层下表面的深度。

解：外墙中心线 $L_{中}$＝（19.2+7.8）×2=54.00（m）

内墙基础垫层底面之间的净长线 $L_{净}$＝（19.2-0.92）+（3.6-0.92）×3

$$+（3.0-0.92）×4+（4.2-0.92）=37.92（m）$$

挖基础土方的清单工程量 $V=B×H×L$

$$=0.92×（2.0-0.45）×（54.00+37.92）$$

$$=131.08（m^3）$$

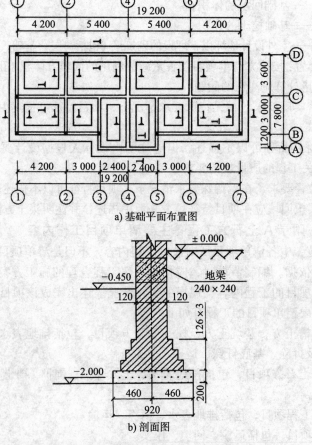

a) 基础平面布置图

b) 剖面图

图 3-26　基础平面布置图、剖面图

注：图示单位为 mm。

【例 3-7】某建筑平面图如图 3-27 所示，外墙和内墙厚度均为 240mm，已知地面垫层与面层的厚度之和为 170mm，室内外高差 450mm，求室内回填土的清单工程量。

分析：室内回填按主墙间净面积乘以回填厚度计算，主墙指结构厚度在 120mm 以上（不含 120mm）的各类墙体。

解：室内回填土 V = 室内净面积 × 室内回填土厚度

$$= (S_底 - L_中 × 外墙厚 - L_内 × 内墙厚) × 室内回填土厚度$$

$L_中$ =（3.0+7.2+3.0+6.0）×2=38.4（m）

$L_内$ =（6.0-0.12×2）×2=11.52（m）

$S_底$ =（3.0+7.2+3.0+0.12×2）×（6.0+0.12×2）=83.87（m²）

室内回填土 V =（83.87-38.4×0.24-11.52×0.24）×（0.45-0.17）=20.13（m³）

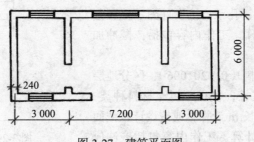

图 3-27　建筑平面图

注：图示单位为 mm。

3.4.2 《计算规范》（GB50854—2013）附录 B 地基处理与边坡支护工程

地基处理与边坡支护工程共 2 节 28 个清单项目，包括地基处理、基坑与边坡支护，适用于地基与边坡的处理、加固。

3.4.2.1 清单项目特征描述和工程量计算规则

1. 附录 B.1 地基处理（010201）

本节包括 17 个清单项目。

（1）换填垫层（010201001）：工程量区分不同材料种类及配比、压实系数、掺加剂品种，按设计图示尺寸以体积 m³ 计算。工作内容包括分层铺填、碾压、振密或夯实，材料运输。

（2）铺设土工合成材料（010201002）：区分部位、品种、规格，按设计图示尺寸以面积 m² 计算。工作内容包括挖掘填锚固沟、铺设、固定、运输。

（3）预压地基（010201003）：区分排水竖井种类、断面尺寸、排列方式、间距、深度，预压方法，预压荷载、时间，砂垫层厚度，按设计图示处理范围以面积 m² 计算。工作内容包括设置排水竖井、盲沟、滤水管，铺设砂垫层、密封膜，堆载、卸载或抽气设备安拆、抽真实，材料运输。

（4）强夯地基（010201004）：区分夯击能量，夯击遍数，夯击点布置形式、间距，地耐力要求，夯填材料种类，按设计图示处理范围以面积 m^2 计算。工作内容包括铺设夯填材料、强夯、夯填材料运输。

图 3-28 所示为地基强夯工程量

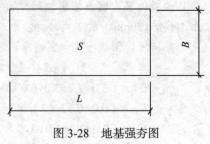

图 3-28　地基强夯图

$$S = L \times B \qquad (3-5)$$

式中　S——地基强夯面积（m^2）；

L——地基强夯长度（m）；

B——地基强夯宽度（m）。

（5）振冲密实（不填料）（010201005）：区分地层情况、振密深度、孔距，按设计图示处理范围以加固面积 m^2 计算。工作内容包括：振冲加密、泥浆运输。

（6）振冲桩（填料）（010201006）：区分地层情况，空桩长度、桩长，桩径，填充材料种类，按设计图示尺寸以桩长 m 计算，或按设计桩截面乘以桩长以体积 m^3 计算。工作内容包括振冲成孔、填料、振实，材料运输，泥浆运输。

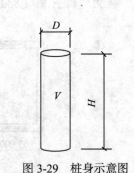

图 3-29　桩身示意图

图 3-29 所示为振冲桩（填料）工程量

$$V = \frac{1}{4} \times 3.14 D^2 \times H \qquad (3-6)$$

式中　V——振冲灌注碎石桩体积（m^3）；

D——振冲孔直径（m）；

H——振冲孔孔深（m）。

（7）砂石桩（010201007）：区分地层情况，空桩长度、桩长，桩径，成孔方法，材料种类、级配，按设计图示尺寸以桩长（包括桩尖）m 计算，或按设计桩截面乘以桩长（包括桩尖）以体积 m^3 计算。工作内容包括成孔，填充、振实，材料运输。

（8）水泥粉煤灰碎石桩（010201008）：区分地层情况，空桩长度、桩长，桩径，成孔方法，混合料强度等级，按设计图示尺寸以桩长（包括桩尖）m 计算。工作内容包括成孔，混合料制作、灌注、养护，材料运输。

（9）深层搅拌桩（010201009）：区分地层情况，空桩长度、桩长，桩截面尺寸，水泥强度等级、掺量，按设计图示尺寸以桩长 m 计算。工作内容包括预搅下钻、水泥浆制作、喷浆搅拌提升成桩，材料运输。

（10）粉喷桩（010201010）：区分地层情况，空桩长度、桩长，桩径，粉体种类、掺量，水泥强度等级、石灰粉要求，按设计图示尺寸以桩长 m 计算。工作内容包括预搅下钻、喷粉搅拌提升成桩，材料运输。

（11）夯实水泥土桩（010201011）：区分地层情况，空桩长度、桩长，桩径，成孔方法，水泥强度等级，混合料配比，按设计图示尺寸以桩长（包括桩尖）m 计算。工作内容包括：成孔、夯底，水泥土搅拌、填料、夯实，材料运输。

（12）高压喷射注浆桩（010201012）：区分地层情况，空桩长度、桩长，桩截面，注浆类型、方法，水泥强度等级，按设计图示尺寸以桩长 m 计算。工作内容包括成孔，水泥浆制作、高压喷射注浆，材料运输。

（13）石灰桩（010201013）：区分地层情况，空桩长度、桩长，桩径，成孔方法，搅拌料种类、配合比，按设计图示尺寸以桩长（包括桩尖）m 计算。工作内容包括成孔，混合料制作、运输、夯填。

（14）灰土（土）挤密桩（010201014）：区分地层情况，空桩长度、桩长，桩径，成孔方法，灰土级配，按设计图示尺寸以桩长（包括桩尖）m 计算。工作内容包括成孔，灰土拌和、运输、填充、夯实。

（15）柱锤冲扩桩（010201015）：区分地层情况，空桩长度、桩长，桩径，成孔方法，桩体材料种类、配合比，按设计图示尺寸以桩长 m 计算。工作内容包括安、拔套管，冲孔、填料、夯实，桩体材料制作、运输。

（16）注浆地基（010201016）：区分地层情况，空钻深度、注浆深度，注浆间距，浆液种类及配比，注浆方法，水泥强度等级，按设计图示尺寸以钻孔深度 m 计量，或按设计图示尺寸以加固体积 m^3 计算。工作内容包括成孔，注浆导管制作、安装，浆液制作、压浆，材料运输。

（17）褥垫层（010201017）：区分厚度，材料品种及比例，按设计图示尺寸以铺设面积 m^2 计算，或按设计图示尺寸以体积 m^3 计算。工作内容包括材料搅拌、运输、铺设、压实。

2. 附录 B.2 基坑与边坡支护（010202）

本节包括 11 个清单项目。

（1）地下连续墙（010202001）：区分地层情况，导墙类型、截面，墙体厚度，成槽深度，混凝土种类、强度等级，接头形式，按设计图示墙中心线长乘以厚度乘以槽深以体积 m^3 计算。工作内容包括导墙挖填、制作、安装、拆除，挖土成槽、固壁、清底置换，混凝土制作、运输、灌注、养护，接头处理，土方、废泥浆外运，打桩场地硬化及泥浆地、泥浆沟。

（2）咬合灌注桩（010202002）：区分地层情况，桩长，桩径，混凝土种类、强度等级，部位，按设计图示尺寸以桩长 m 计算，或按设计图示数量根计算。工作内容包括成孔、固壁，混凝土制作、运输、灌注、养护，套管压拔，土方、废泥浆外运，打桩场地硬化及泥浆地、泥浆沟。

（3）圆木桩（010202003）：区分地层情况，桩长，材质，尾径，桩倾斜度，按设计图示尺寸以桩长（包括桩尖）m 计算，或按设计图示数量根计算。工作内容包括工作平台搭拆，桩机移位，桩靴安装，沉桩。

（4）预制钢筋混凝土板桩（010202004）：区分地层情况，送桩深度、桩长，桩截面，沉桩方法，连接方式，混凝土强度等级，按设计图示尺寸以桩长（包括桩尖）

m 计算；或按设计图示数量根计算。工作内容包括：工作平台搭拆，桩机移位，沉桩，板桩连接。

（5）型钢桩（010202005）：区分地层情况或部位，送桩深度、桩长，规格型号，桩倾斜度，防护材料种类，是否拔出，按设计图示尺寸以质量 t 计算，或按设计图示数量根计算。工作内容包括工作平台搭拆，桩机移位，打（拔）桩，接桩，刷防护材料。

（6）钢板桩（010202006）：区分地层情况，桩长，板桩厚度，按设计图示尺寸以质量 t 计算；或按设计图示墙中心线长乘以桩长以面积 m² 计算。工作内容包括工作平台搭拆，桩机移位，打拔钢板桩。

（7）锚杆（锚索）（010202007）：区分地层情况，锚杆（索）类型、部位，钻孔深度，钻孔直径，杆体材料品种、规格、数量，预应力，浆液种类、强度等级，按设计图示尺寸以钻孔深度 m 计算，或按设计图示数量根计算。工作内容包括：钻孔、浆液制作、运输、压浆，锚杆（锚索）制作、安装，张拉锚固，锚杆（锚索）施工平台搭设、拆除。

（8）土钉（010202008）：区分地层情况，钻孔深度，钻孔直径，置入方法，杆体材料品种规格、数量，浆液种类、强度等级，按设计图示尺寸以钻孔深度 m 计算，或按设计图示数量根计算。工作内容包括钻孔、浆液制作、运输、压浆，土钉制作、安装，土钉施工平台搭设、拆除。

（9）喷射混凝土、水泥砂浆（010202009）：区分部位，厚度，材料种类，混凝土（砂浆）类别、强度等级，按设计图示尺寸以面积 m² 计算。工作内容包括修整边坡，混凝土（砂浆）制作、运输、喷射、养护，钻排水孔、安装排水管，喷射施工平台搭设、拆除。

（10）钢筋混凝土支撑（010202010）：区分部位，混凝土种类，混凝土强度等级，按设计图示尺寸以体积 m³ 计算。工作内容包括模板（支架或支撑）制作、安装、拆除、堆放、运输及清理模内杂物、刷隔离剂等，混凝土制作、运输、浇筑、振捣、养护。

（11）钢支撑（010202011）：区分部位，钢材品种、规格，探伤要求，按设计图示尺寸以质量 t 计算。不扣除孔眼质量，焊条、铆钉、螺栓等不另增加质量。工作内容包括支撑、铁件制作（摊销、租赁），支撑、铁件安装，探伤，刷漆，拆除、运输。

3.4.2.2　附录 B 工程量计算应注意的问题

1. 地基处理（010201）

（1）地层情况按表 3-1 和《计算规范》表 A.2-1 的规定，并根据岩土工程勘察报告按单位工程各地层所占比例（包括范围值）进行描述。对无法准确描述的地层情况，可注明由投标人根据岩土工程勘察报告自行决定报价。

（2）项目特征中的桩长应包括桩尖，空桩长度 = 孔深 − 桩长，孔深为自然地面至设计桩底的深度。

（3）高压喷射注浆类型包括旋喷、摆喷、定喷，高压喷射注浆方法包括单管法、双重管法、三重管法。

（4）如采用泥浆护壁成孔，工作内容包括土方、废泥浆外运，如采用沉管灌注成孔，工作内容包括桩尖制作、安装。

2. 基坑与边坡支护（010202）

（1）地层情况按表 3-1 和《计算规范》表 A.2-1 的规定，并根据岩土工程勘察报告按单位工程各地层所占比例（包括范围值）进行描述。对无法准确描述的地层情况，可注明由投标人根据岩土工程勘察报告自行决定报价。

（2）土钉置入方法包括钻孔置入、打入或射入等。

（3）混凝土种类，指清水混凝土、彩色混凝土等。例如，在同一地区既使用预拌（商品）混凝土，又允许现场搅拌混凝土时，也应注明（下同）。

（4）地下连续墙和喷射混凝土（砂浆）的钢筋网、咬合灌注桩的钢筋笼及钢筋混凝土支撑的钢筋制作、安装，按《计算规范》附录 E 中相关项目列项。本分部未列的基坑与边坡支护的排桩按《计算规范》附录 C 中相关项目列项。水泥土墙、坑内加固按《计算规范》表 B.1 中相关项目列项。砖、石挡土墙、护坡按《计算规范》附录 D 中相关项目列项。混凝土挡土墙按《计算规范》附录 E 中相关项目列项。

3.4.3 《计算规范》（GB50854—2013）附录 C 桩基工程

桩基工程共两节 11 个清单项目，分为打桩和灌注桩。

3.4.3.1 清单项目特征描述和工程量计算规则

1. 附录 C.1 打桩（010301）

本节包括 4 个清单项目。工程量计算规则如下。

（1）预制钢筋混凝土方桩（010301001）：区分地层情况，送桩深度、桩长，桩截面，桩倾斜度，沉桩方法，接桩方式，混凝土强度等级，按设计图示尺寸以桩长（包括桩尖）m 计算，或按设计图示截面积乘以桩长（包括桩尖）以实体体积 m³ 计算，或按设计图示数量根计算。

（2）预制钢筋混凝土管桩（010301002）：区分地层情况，送桩深度、桩长，桩外径、壁厚，桩倾斜度，沉桩方法，桩尖类型，混凝土强度等级，填充材料种类，防护材料种类，按设计图示尺寸以桩长（包括桩尖）m 计算，或按设计图示截面积乘以桩长（包括桩尖），以实体积 m³ 计算，或按设计图示数量根计算。

（3）钢管柱（010301003）：按地层情况，送桩深度、桩长，材质，管径、壁厚，桩倾斜度，沉桩方法，填充材料种类，防护材料种类，按设计图示尺寸以质量 t 计算，或按设计图示数量根计算。

（4）截（凿）桩头（010301004）：区分桩类型，桩头截面、高度，混凝土强度等级，有无钢筋，按设计桩截面乘以桩头长度以体积 m³ 计算；或按设计图示数量根计算。

2. 附录 C.2 灌注桩（010302）

本节包括 7 个清单项目。工程量计算规则如下。

（1）泥浆护壁成孔灌注桩（010302001）：区分地层情况、空桩长度、桩长，桩径，成孔方法，护筒类型、长度，混凝土种类、强度等级，按设计图示尺寸以桩长（包括桩尖）m 计算，或按不同截面在桩上范围内以体积 m³ 计算，或按设计图示数量根计算。工作内容包括护筒埋设、成孔、固壁；混凝土制作、运输、灌注、养护；土方废泥浆外运；打桩场地硬化及泥浆池、泥浆沟。

（2）沉管灌注桩（010302002）：区分地层情况，空桩长度、桩长，复打长度，桩径，沉管方法，桩尖类型，混凝土种类、强度等级，按设计图示尺寸以桩长（包括桩尖）m 计算，或按不同截面在桩上范围内以体积 m³ 计算，或按设计图示数量根计算。工作内容包括打（沉）拔钢管，桩尖制作、安装，混凝土制作、运输、灌注、养护。

（3）干作业成孔灌注桩（010302003）：区分地层情况，空桩长度、桩长，桩径，扩孔直径、高度，成孔方法，混凝土种类、强度等级，按设计图示尺寸以桩长（包括桩尖）m 计算，或按不同截面在桩上范围内以体积 m³ 计算，或按设计图示数量根计算。工作内容包括成孔、扩孔，混凝土制作、运输、灌注、振捣、养护。

（4）挖孔桩土（石）方（010302004）：区分地层情况，挖孔深度，弃土（石）运距，按设计图示尺寸（含护壁）截面积乘以挖孔深度以体积 m³ 计算。工作内容包括排地表水，挖土、凿石，基底钎探，运输。

（5）人工挖孔灌注桩（010302005）：区分桩芯长度，桩芯直径、扩底直径、扩底高度，护壁厚度、高度，护壁混凝土种类、强度等级，桩芯混凝土种类、强度等级，按桩芯混凝土体积 m³ 计算，或按设计图示数量根计算。工作内容包括护壁制作，混凝土制作、运输、灌注、振捣、养护。

（6）钻孔压浆桩（010302006）：区分地层情况，空钻长度、桩长，钻孔直径，水泥强度等级，按设计图示尺寸以桩长 m 计算，或按设计图示数量根计算。工作内容包括钻孔、下注浆管、投放骨料、浆液制作、运输、压浆。

（7）灌注桩后压浆（010302007）：区分注浆导管材料、规格，注浆导管长度，单孔注浆量，水泥强度等级，按设计图示以注浆孔数计算。工作内容包括注浆导管制作、安装，浆液制作、运输、压浆。

3.4.3.2 附录 C 主要清单项目工作内容

（1）打桩项目，包括工作平台搭拆，桩机竖拆、移位，沉桩，接桩，送桩，切割钢管，精割盖帽，管内取土，填充材料，刷防护材料；截（凿）桩头包括截（切割）桩头，凿平，废料外运。

（2）灌注桩项目，包括成孔、扩孔，混凝土制作、运输、灌注、振捣、养护等。

3.4.3.3 工程量计算应注意的问题

1. 打桩（010301）

（1）地层情况按表 3-1 和计算规范表 A.2-1 的规定，并根据岩土工程勘察报告按单位工程各地层所占比例（包括范围值）进行描述。对无法准确描述的地层情况，可注明由投标人根据岩土工程勘察报告自行决定报价。

（2）项目特征中的桩截面、混凝土强度等级、桩类型等可直接用标准图代号或设计桩型进行描述。

（3）预制钢筋混凝土方桩、预制钢筋混凝土管桩项目以成品桩编制，应包括成品桩购置费，如果用现场预制，应包括现场预制桩的所有费用。

（4）打试验桩和打斜桩应按相应项目单独列项，并应在项目特征中注明试验桩或斜桩（斜率）。

（5）截（凿）桩头项目适用于《计算规范》附录 B、附录 C 所列桩的桩头截（凿）。

（6）预制钢筋混凝土管桩桩顶与承台的连接构造按《计算规范》附录 E 相关项目列项。

2. 灌注桩（010302）

（1）地层情况按表 3-1 和《计算规范》表 A.2-1 的规定，并根据岩土工程勘察报告按单位工程各地层所占比例（包括范围值）进行描述。对无法准确描述的地层情况，可注明由投标人根据岩土工程勘察报告自行决定报价。

（2）项目特征中的桩长应包括桩尖，空桩长度 = 孔深 − 桩长，孔深为自然地面至设计桩底的深度。

（3）项目特征中的桩截面（桩径）、混凝土强度等级、桩类型等可直接用标准图代号或设计桩型进行描述。

（4）泥浆护壁成孔灌注桩是指在泥浆护壁条件下成孔，采用水下灌注混凝土的桩。其成孔方法包括冲击钻成孔、冲抓锥成孔、回旋钻成孔、潜水钻成孔、泥浆护壁的旋挖成孔等。

（5）沉管灌注桩的沉管方法包括锤击沉管法、振动沉管法、振动冲击沉管法、内夯沉管法等。

（6）干作业成孔灌注是指不用泥浆护壁和套管护壁的情况下，用钻机成孔后，下钢筋笼，灌注混凝土桩，适用于地下水位以上的土层使用。其成孔方法包括螺旋钻成孔、螺旋钻成孔扩底、干作业的旋挖成孔等。

（7）混凝土种类，指清水混凝土、彩色混凝土、水下混凝土等，如在同一地区既使用预拌（商品）混凝土，又允许现场搅拌混凝土时，也应注明（下同）。

（8）混凝土灌注桩的钢筋笼制作、安装，按《计算规范》附录 E 中相关项目编码列项。

3.4.4 《计算规范》（GB50854—2013）附录 D 砌筑工程

砌筑工程工程量清单项目共 5 节 27 个清单项目。

3.4.4.1 清单项目特征描述和工程量计算规则

1. 附录 D.1 砖砌体（010401）

本节包括 14 个清单项目。

（1）砖基础（010401001）：工程量应按砖品种、规格、强度等级，基础类型，砂浆强度等级，防潮层材料种类，以体积 m³ 计算。

砖基础的体积，应包括附墙垛基础宽出部分的体积，扣除地梁（基础梁）、构造柱所占体积，不扣除基础大放脚 T 形接头处的重叠部分及嵌入基础内的钢筋、铁件、管道、基础砂浆防潮层和单个面积 ≤ $0.3m^2$ 的孔洞所占体积，靠墙暖气沟的挑檐亦不增加。

带型砖基础体积可按基础断面乘以砖基础长度计算。外墙砖基础按中心线长度计算，内墙砖基础按净长计算。

砖基础工程量按以下公式计算

$$V_{砖基}=S_{砖基}\times L_{砖基}-\sum V_{嵌混}-\sum V_{0.3基} \tag{3-7}$$

式中　　$V_{砖基}$——基础体积（m^3）；

　　　　$L_{砖基}$——基础长度，外墙基按中心线长 $L_{中}$，内墙基按内墙净长线长度 $L_{净}$（m）；

　　　　$\sum V_{嵌混}$——嵌入基础的混凝土构件体积；

　　　　$\sum V_{0.3基}$——单个面积大于 $0.3m^2$ 洞孔所占砖基础体积；

　　　　$S_{砖基}$——基础断面积（m^2），等于基础墙的断面面积与大放脚增加面积之和。

根据砖基础大放脚高度的不同，有等高式和不等高式两种形式，如图 3-30 所示。考虑大放脚增加面积，断面面积 S 可按以下公式计算

$$S_{砖基}=b\times H+\Delta S \tag{3-8}$$

或

$$S_{砖基}=b\times (H+\Delta h) \tag{3-9}$$

式中　　b——基础墙厚度；

　　　　H——基础高度；

　　　　ΔS——大放脚增加面积，直接查表 3-6；

　　　　Δh——大放脚增加面积的折加高度，直接查表 3-6。

（2）砖砌挖孔桩护壁（010401002）：按砖品种、规格、强度等级，砂浆强度等级，以设计图示尺寸 m^3 计算。

（3）实心砖墙（010401003）、多孔砖墙（010401004）和空心砖墙（010401005）：工程量按不同砖品种、规格、强度等级，墙体类型，砂浆强度等级、配合比，以体积 m^3 计算。

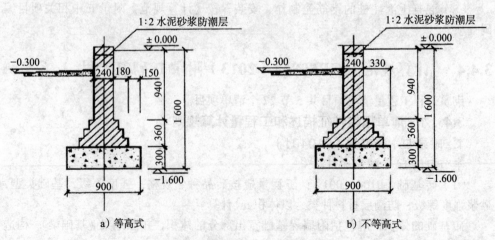

a）等高式　　　　　　　　　　　　　b）不等高式

图 3-30　砖基础大放脚高度

表 3-6　标准砖墙基础大放脚折加高度和增加断面面积

放脚层数	折加高度（m）												增加断面面积（m²）	
	1/2 砖		1 砖		1.5 砖		2 砖		2.5 砖		3 砖			
	等高	不等高	等高	不等高	等高	不等高	等高	不等高	等高	不等高	等高	不等高	等高	不等高
1	0.137	0.137	0.066	0.066	0.043	0.043	0.032	0.032	0.026	0.026	0.021	0.021	0.015 75	0.015 75
2	0.441	0.342	0.197	0.164	1.129	0.108	0.096	0.08	0.077	0.064	0.064	0.053	0.047 25	0.039 38
3			0.394	0.328	0.259	0.216	0.193	0.161	0.154	0.128	0.128	0.106	0.094 5	0.787 5
4			0.656	0.525	0.432	0.345	0.321	0.253	0.256	0.205	0.205	0.17	0.157 5	0.126
5			0.984	0.788	0.647	0.518	0.482	0.38	0.384	0.307	0.307	0.255	0.236 3	0.189
6			1.378	1.038	0.906	0.712	0.672	0.58	0.538	0.419	0.419	0.351	0.330 8	0.259 9
7			1.838	1.444	1.208	0.949	0.90	0.707	0.717	0.563	0.563	0.468	0.441	0.346 5
8			2.363	1.838	1.553	1.028	1.157	0.90	0.922	0.717	0.717	0.596	0.567	0.441 1
9			2.953	2.297	1.942	1.51	1.147	1.125	1.153	0.896	0.896	0.745	0.708 8	0.551 3
10			3.61	2.789	2.372	1.834	1.768	1.366	1.049	1.088	1.088	0.905	0.866 3	0.669 4

注：表中每层高度如下：等高式为 126mm，不等高为 63 ～ 126mm，而且最低台为 126mm，每层放脚宽 62.5mm。

　　实心砖墙体积中，应扣除门窗洞口、嵌入墙内的钢筋混凝土柱、梁、圈梁、挑梁、过梁及凹进墙内的壁龛，管槽、暖气槽、消火栓箱所占体积。不扣除梁头、板头、檩头、垫木、木楞头、沿缘木、木砖、门窗走头、砖墙内加固钢筋、木筋、铁件、钢管及单个面积 ≤ 0.3m² 的孔洞所占体积。凸出墙面的腰线、挑檐、压顶、窗台线、虎头砖、门窗套的体积亦不增加。凸出墙面的砖垛并入墙体体积内计算。腰线、虎头砖等具体形式如图 3-31 所示。

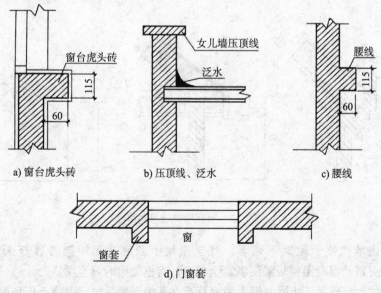

a) 窗台虎头砖　　b) 压顶线、泛水　　c) 腰线

d) 门窗套

图 3-31　腰线、虎头砖等示意图

砖墙工程量计算公式

$$V_{砖墙} = (L \times h) \times d - \sum (门窗等洞口面积) \times d - (+) \sum \Delta V \qquad (3\text{-}10)$$

式中　$V_{砖墙}$——砌筑砖墙工程量；

　　　L——墙长（m）；

　　　H——墙高（m）；

　　　D——墙厚（m）；

　$\sum \Delta V$——应扣除（加入）部分的折算体积之和。

墙长、墙高、墙厚应按下列规定计算。

1）墙长度：外墙长度按外墙中心线长度计算，内墙长度按净长线计算。

2）墙高度。

（a）外墙：斜（坡）屋面无檐口天棚者算至屋面板顶；有屋架且室内外均有天棚者算至屋架下弦底另加 200mm；无天棚者算至屋架下弦底另加 300mm；出檐宽超过 600mm 时应按实砌高度计算；有钢筋混凝土楼板隔层者算至板顶；平屋面算至钢筋混凝土板底，如图 3-32 所示。

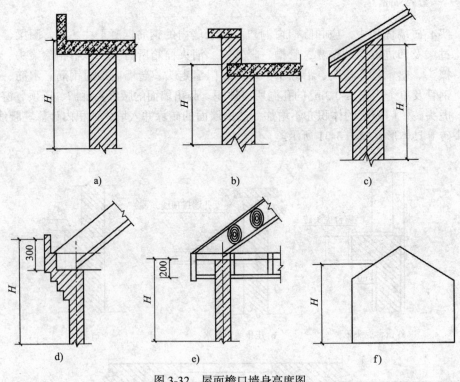

图 3-32　屋面檐口墙身高度图

（b）内墙：位于屋架下弦者，算至屋架下弦底；无屋架者算至天棚底另加 100mm；有钢筋混凝土楼板隔层者算至板底；有框架梁时算至梁底。

（c）女儿墙高度：从屋面板上表面算至女儿墙顶面（如有混凝土压顶时算至压顶

下表面）。

（d）内、外山墙：按其平均高度计算，如图 3-32（f）所示。

（e）围墙：高度算至压顶上表面（如有混凝土压顶时算至压顶下表面），围墙柱并入围墙体积内。

3）墙厚度：标准砖墙厚度，应按下表计算。图纸一般按习惯称呼来标注墙体厚度，如墙厚 1.5 砖，图纸往往标注厚度为 370mm，而实际应为 365mm（即 240+115+10），如表 3-7 所示。

表 3-7　标准砖墙计算厚度表

砖数（厚度）	1/4	1/2	3/4	1	1.5	2	2.5	3
计算厚度（mm）	53	115	180	240	365	490	615	740

4）实心砖墙工程量计算应注意：

（a）不论三皮砖以下或三皮砖以上的腰线、挑檐突出墙面部分均不计算体积。

（b）女儿墙的砖压顶、围墙的砖压顶突出墙面部分不计算体积，压顶顶面凸出墙面的部分也不扣除（包括一般围墙的抽屉檐、棱角檐、仿瓦砖檐等），如图 3-33 所示。

（c）墙内砖平碹、砖拱碹、砖砌过梁的体积不扣除，如图 3-34 所示。

（4）空斗墙（010401006）、空花墙（010401007）和填充墙（010401008）：按砖品种、规格、强度等级，墙体类型，砂浆强度等级配合比（填充材料种类），按设计图示尺寸以外形体积 m³ 计算。

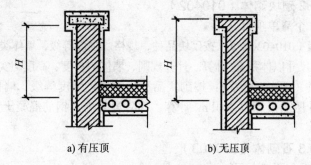

a) 有压顶　　　　　　　b) 无压顶

图 3-33　女儿墙高度示意图

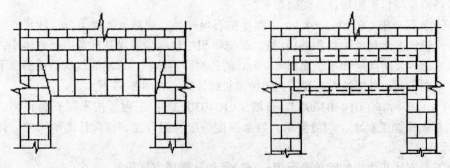

图 3-34　砖平碹、砖砌过梁示意图

（5）实心砖柱（010401009）和多孔砖柱（010401010）：按砖品种、规格、强度等级，柱类型，砂浆强度等级配合比，按设计图示尺寸以体积 m³ 计算，扣除混凝土及钢筋混凝土梁垫、梁头、板头所占体积。

（6）砖检查井（010401011）：按井截面、深度，砖品种、规格、强度等级，垫层材料种类、厚度，底板厚度，井盖安装，混凝土强度等级，砂浆强度等级，防潮层材料种类，按设计图示数量座计算。

（7）零星砌砖（010401012）：按零星砌砖名称、部位，砖品种、规格、强度等级，砂浆强度等级配合比（填充材料种类），按设计图示尺寸截面积乘以长度 m³ 计算，或按设计图示尺寸水平投影面积 m² 计算，或按设计图示尺寸长度 m 计算，或按设计图示数量个计算。

（8）地坪（010401013）：按砖品种、规格、强度等级，垫层材料种类、厚度，散水地坪厚度，面层种类、厚度，砂浆强度等级，按设计图示尺寸面积 m² 计算。

$$砖散水的工程量 S = L_{散水中} \times 散水宽 = (L_{外} + 4 \times 散水宽 - 台阶长) \times 散水宽 \quad (3-11)$$

（9）砖地沟、明沟（010401014）：按砖品种、规格、强度等级，沟截面尺寸，垫层材料种类、厚度，混凝土强度等级，砂浆强度等级，按设计图示尺寸以中心线长度 m 计算。

$$砖明沟的工程量 L = L_{外} + 8 \times 散水宽 + 4 \times 明沟宽 - 台阶长 \quad (3-12)$$

2. 附录 D.2 砌块砌体（010402）

本节包括 2 个清单项目。

（1）砌块墙（010402001）：按砌块品种、规格、强度等级，墙体类型，砂浆强度等级，按设计图示尺寸以体积 m³ 计算。计算规则、墙体的长度、高度与实心砖墙相同。

（2）砌块柱（010402002）：按砌块品种、规格、强度等级，墙体类型，砂浆强度等级，按设计图示尺寸以体积 m³ 计算，扣除混凝土及钢筋混凝土梁垫、梁头、板头所占体积。

3. 附录 D.3 石砌体（010403）

本节包括 10 个清单项目。

各清单项目工程量计算规则如下。

（1）石基础（010403001）：工程量按石料种类、规格，基础类型，砂浆强度等级，按设计图示尺寸以体积 m³ 计算。基础体积中包括附墙垛基础宽出部分体积，不扣除基础砂浆防潮层和单个面积 ≤ 0.3m² 的孔洞所占体积，靠墙暖气沟的挑檐也不增加。基础长度：外墙按中心线，内墙按净长线计算，如图 3-35 所示。

（2）石勒脚（010403002）、石墙（010403003）：工程量按不同石料种类、规格，石表面加工要求，勾缝要求，砂浆强度等级、配合比，按设计图示尺寸以体积 m³ 计算。

石勒脚体积中应扣除单个面积 > 0.3 m² 的孔洞所占体积。

石墙的长度、高度、厚度及其他的规定与实心砖墙相同。

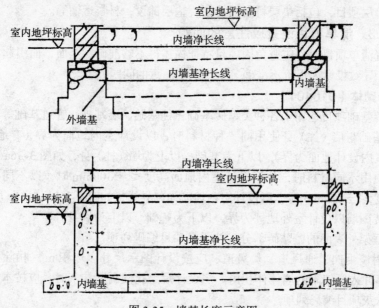

图 3-35　墙基长度示意图

（3）石挡土墙（010403004）：工程量按设计图示尺寸以体积 m³ 计算。

（4）石柱（010403005）：工程量按设计图示尺寸以体积 m³ 计算。

（5）石栏杆（010403006）：工程量按设计图示尺寸以长度 m 计算。

（6）石护坡（010403007）：工程量按设计图示尺寸以体积 m³ 计算。

（7）石台阶（010403008）：工程量按设计图示尺寸以体积 m³ 计算，

（8）石坡道（010403009）：工程量按设计图示尺寸以水平投影面积 m² 计算。

（9）石地沟、石明沟（010403010）：工程量按设计图示以中心线长度 m 计算。

4．附录 D.4 垫层（010404）

本节包括 1 个清单项目。

（1）垫层（010404001）：工程量按垫层材料种类、配合比、厚度，按设计图示尺寸以体积 m³ 计算。

3.4.4.2　附录 D 主要清单项目工作内容

砌筑工程中每个清单项目的工程内容是不完全一致的，本附录主要清单项目包括以下工程内容。

（1）砖基础项目，主要包括砂浆制作、运输，砌砖，防潮层铺设，材料运输等。

（2）砖砌体项目，主要包括砂浆制作、运输，砌砖，刮缝，砖压顶砌筑，材料运输等。

（3）石砌体项目，主要包括砂浆制作、运输，吊装，砌石，防潮层铺设，材料运输等。

（4）砖散水、地坪、地沟，主要包括土方挖、运填，地基找平、夯实，铺设垫层，砌砖散水、地坪，抹砂浆面层等。

（5）垫层项目，包括垫层材料的拌制，垫层铺设，材料运输等。

3.4.4.3　清单项目设置应注意的问题

在设置清单项目时，应避免因项目特征描述得不够准确、全面，而引起报价人理解的差异，导致投标人报价不准确。本附录应注意的问题如下。

1. 砖砌体（010401）

（1）砖基础项目适用于各种类型砖基础：柱基础、墙基础、管道基础等。

（2）基础与墙（柱）身使用同一种材料时，以设计室内地面为界（有地下室者，以地下室室内设计地面为界），以下为基础，以上为墙（柱）身，如图3-36a所示。基础与墙身使用不同材料时，位于设计室内地面高度≤±300mm时，以不同材料为分界线，高度＞±300mm时，以设计室内地面为分界线，如图3-36b、3-36c所示。

（3）砖围墙以设计室外地坪为界，以下为基础，以上为墙身。

（4）框架外表面的镶贴砖部分，按零星项目编码列项。

（5）附墙烟囱、通风道、垃圾道、应按设计图示尺寸以体积 m³（扣除孔洞所占体积）计算并入所依附的墙体体积内。当设计规定孔洞内需抹灰时，应按本规范附录L中零星抹灰项目编码列项。

（6）空斗墙的窗间墙、窗台下、楼板下、梁头下等的实砌部分，按零星砌砖项目编码列项。

（7）空花墙项目适用于各种类型的空花墙，使用混凝土花格砌筑的空花墙，实砌墙体与混凝土花格应分别计算，混凝土花格按混凝土及钢筋混凝土中预制构件相关项目编码列项。

（8）台阶、台阶挡墙、梯带、锅台、炉灶、蹲台、池槽、池槽腿、砖胎模、花台、花池、楼梯栏板、阳台栏板、地垄墙≤0.3m²的孔洞填塞等，应按零星砌砖项目编码列项。砖砌锅台与炉灶可按外形尺寸以个计算，砖砌台阶可按水平投影面积以m²计算，小便槽、地垄墙可按长度计算，其他工程按 m³ 计算。

（9）砖砌体内钢筋加固，应按本规范附录E中相关项目编码列项。

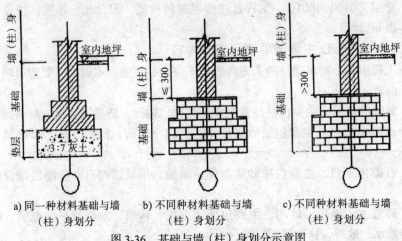

a) 同一种材料基础与墙　　b) 不同种材料基础与墙　　c) 不同种材料基础与墙
　（柱）身划分　　　　　　　（柱）身划分　　　　　　　（柱）身划分

图3-36　基础与墙（柱）身划分示意图

（10）砖砌体勾缝按本规范附录 L 中相关项目编码列项。

（11）检查井内的爬梯按本规范附录 E 中相关项目编码列项；井、池内的混凝土构件按附录 E 中混凝土及钢筋混凝土预制构件编码列项。

（12）如施工图设计标注做法见标准图集时，应注明标注图集的编码、页号及节点大样。

2. 砌块砌体（010402）

（1）砌体内加筋、墙体拉结的制作、安装，应按附录 E 中相关项目编码列项。

（2）砌块排列应上、下错缝搭砌，如果搭错缝长度满足不了规定的压搭要求，应采取压砌钢筋网片的措施，具体构造要求按设计规定。若设计无规定时，应注明由投标人根据工程实际情况自行考虑。

（3）砌体垂直灰缝宽 > 30mm 时，采用 C20 细石混凝土灌实。灌注的混凝土应按附录 E 相关项目编码列项。

3. 石砌体（010403）

（1）石基础、石勒脚、石墙的划分：基础与勒脚应以设计室外地坪为界。勒脚与墙身应以设计室内地面为界。石围墙内外地坪标高不同时，应以较低地坪标高为界，以下为基础；内外标高之差为挡土墙时，挡土墙以上为墙身。

（2）石基础项目适用于各种规格（粗料石、细料石等）、各种材质（砂石、青石等）和各种类型（柱基、墙基、直形、弧形等）基础。

（3）石勒脚、石墙项目适用于各种规格（粗料石、细料石等）、各种材质（砂石、青石、大理石、花岗石等）和各种类型（直形、弧形等）勒脚和墙体。

（4）石挡土墙项目适用于各种规格（粗料石、细料石、块石、毛石、卵石等）、各种材质（砂石、青石、石灰石等）和各种类型（直形、弧形、台阶形等）挡土墙。

（5）石柱项目适用于各种规格、各种石质、各种类型的石柱。

（6）石栏杆项目适用于无雕饰的一般石栏杆。

（7）石护坡项目适用于各种石质和各种石料（粗料石、细料石、片石、块石、毛石、卵石等）。

（8）石台阶项目包括石梯带（垂带），不包括石梯膀，石梯膀应按附录 C 石挡土墙项目编码列项。

（9）如施工图设计标注做法见标准图集时，应注明标注图集的编码、页号及节点大样。

4. 垫层（010404）

除混凝土垫层应按附录 E 中相关项目编码列项外，没有包括垫层要求的清单项目应按本节垫层项目编码列项。

3.4.4.4　砌筑工程清单工程量计算解析

砖基础工程量计算解析

【例 3-8】某建筑物外墙中心线的长度为 37.04m，其他尺寸如图 3-30a 所示，试计算砖基础的工程量。

分析：砖基础工程量应按不同垫层材料种类、厚度，砖品种、规格、强度等级，基础类型，基础深度，砂浆强度等级，以体积 m^3 计算。

如图 3-30a 所示，该基础为砖基础，其上部为砖墙，所以分界线为 ±0.000，基础的高度 H=1.60−0.3=1.30m，基础墙厚度 b=0.24m，大放脚层数是 3 层，直接查表 3-3 得到 ΔS=0.094 5 m^2，Δh=0.394m。根据式（3-7）可以计算出砖基础的体积。

解：根据式（3-7）有

$$V_{砖基}=S_{砖基} \times L_{砖基} - \sum V_{嵌混} - \sum V_{0.3基}$$
$$=[b \times (H+\Delta h)] \times L_{砖基} - \sum V_{嵌混} - \sum V_{0.3基}$$
$$=[0.24 \times (1.30+0.394)] \times 37.04-0-0$$
$$=15.06 \ (m^3)$$

砖墙体工程量计算解析

【例 3-9】如图 3-37 所示，某建筑物内墙、外墙厚度均为 240mm，层高 3.6m，板厚 120mm，内、外墙圈梁为 240 mm×300mm。门窗尺寸如下。M-1：900mm×2 000mm；M-2：1 200mm×2 000mm；M-3：1 000mm×2 000mm；C-1：1 500mm×1 500mm；C-2：1 800mm×1 500mm；C-3：3 000mm×1 500mm；试计算墙体砌筑清单工程量。

分析：计算砌筑工程清单工程量时，应按不同砖品种、规格、强度等级，墙体类型，墙体厚度，墙体高度，勾缝要求，砂浆强度等级、配合比，以体积 m^3 计算，扣除墙体埋件的体积。

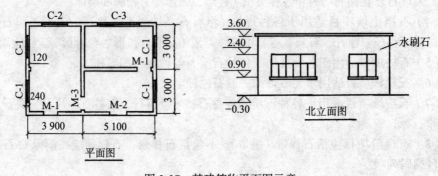

图 3-37　某建筑物平面图示意

解：$L_中=(3.9+5.1+3.0 \times 2) \times 2=30.0 \ (m)$

　　$L_内=(6.0-0.12 \times 2+5.1-0.12 \times 2)=10.62 \ (m)$

根据砌筑工程清单工程量计算规则有：

（1）外墙清单工程量

$V_1=(L_中 \times 层高 - 外墙门窗面积) \times 外墙厚度$

　　　$- 嵌入外墙埋件的体积（圈梁体积）$

　　$=[30 \times 3.6-(0.9 \times 2.0+1.2 \times 2.0+1.5 \times 1.5 \times 4+1.8 \times 1.5+3.0 \times 1.5)] \times 0.24-$

　　　$30 \times 0.24 \times 0.3=18.864 \ (m^3)$

（2）内墙清单工程量

$V_2 =（L_内 × 层高内墙门窗面积）× 内墙厚度 - 嵌入内墙埋件的体积$

$=[10.62×（3.6-0.12）-（0.9×2.0+1.0×2.0）]×0.24-10.62×0.24×0.3$

$=7.958-0.765=7.193（m^3）$

3.4.5 《计算规范》（GB50854—2013）附录 E 混凝土及 钢筋混凝土工程

混凝土及钢筋混凝土工程共 17 节 76 个清单项目，包括现浇混凝土、预制混凝土、钢筋三大部分。

3.4.5.1 清单项目特征描述和工程量计算规则

现浇混凝土工程量除另有规定外，均按设计图示尺寸以体积 m^3 计算，不扣除构件内钢筋、预埋铁件体积。预制混凝土除个别构件按数量计算外，均按设计图示尺寸以体积 m^3 计算，不扣除预埋铁件所占体积。现浇和预制钢筋按设计图示钢筋长度乘以单位理论质量计算。

1. 附录 E.1 现浇混凝土基础（010501）

现浇混凝土基础包括垫层、带形基础、独立基础、满堂基础、桩承台基础、设备基础 6 个清单项目。

（1）各清单项目适用范围。

1）垫层（010501001）：适用于各类基础下。

2）带形基础（010501002）：适用于各种带形基础，墙下的板式基础包括浇筑在一字排桩上面的带形基础。

3）独立基础（010501003）：适用于块体柱基、杯基、柱下的板式基础、无筋倒圆台基础、壳体基础、电梯井基础等。

4）满堂基础（010501004）：适用于地下室的箱式、筏式基础等。

5）桩承台基础（010501005）：适用于浇筑在组桩（如梅花桩）上的承台。工程量不扣除浇入承台体积内的桩头所占体积。

6）设备基础（010501006）：适用于设备的块体基础、框架基础等。

（2）现浇混凝土基础的工程量，按不同混凝土种类、混凝土强度等级，按设计图示尺寸以体积 m^3 计算，不扣除伸入承台基础的桩头所占体积。

（3）工程量计算应注意的问题。

1）带形基础体积可按基础断面乘以基础长度计算。外墙基础长度按外墙中心线长度计算，内墙基础长度按内墙净长计算。带形基础体积不扣除浇入带形基础体积内的桩头所占体积。

2）桩承台基础体积中不扣除伸入承台基础的桩头所占的体积。

2. 附录 E.2 现浇混凝土柱（010502）

现浇混凝土柱包括矩形柱（010502001）、构造柱（010502002）、异形柱（010502003）3 个清单项目。

（1）现浇混凝土柱的工程量，按混凝土种类、混凝土强度等级、柱形状，按设计图示尺寸以体积 m^3 计算。现浇混凝土柱体积可按柱截面积乘以柱高度计算，除无梁板柱的高度计算至柱帽下表面，其他柱都计算全高。

（2）柱高计算规定如图 3-38 所示。

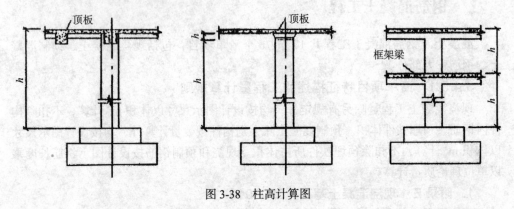

图 3-38　柱高计算图

1）有梁板的柱高，应自柱基上表面（或楼板上表面）至上一层楼板上表面之间的高度。

2）无梁板的柱高，应自柱基上表面（或楼板上表面）至柱帽下表面之间的高度。

3）框架柱的柱高，应自柱基上表面至柱顶之间的高度。

4）构造柱按全高计算，嵌接墙体部分（马牙槎）并入柱身体积。

（马牙槎的体积 $V_马$＝墙厚 ×0.06×1/2× 构造柱高度 × 马牙槎的个数，马牙槎的个数指单面的个数）。

5）依附柱上的牛腿和升板的柱帽，并入柱身体积计算。

3. 附录 E.3 现浇混凝土梁（010503）

现浇混凝土梁包括基础梁（010503001）、矩形梁（010503002）、异形梁（010503003）、圈梁（010503004）、过梁（010503005）、弧形、拱形梁（010503006）6 个清单项目。

（1）现浇混凝土梁的工程量：按不同混凝土种类、混凝土强度等级，按设计图示尺寸梁截面积乘以梁长以体积 m^3 计算。

（2）梁长计算规定如图 3-39 所示。

1）梁与柱连接时，梁长算至柱侧面。

2）主梁与次梁连接时，次梁长算至主梁侧面，截面小的梁长计算至截面大的梁侧面。

3）现浇单梁，其长度按实际长度计算。

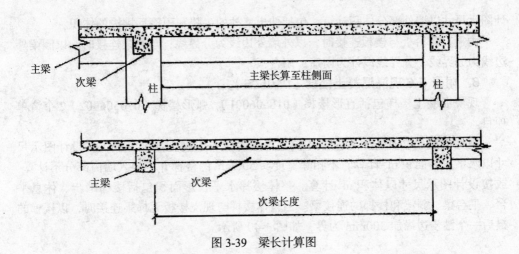

图 3-39 梁长计算图

4．附录 E.4 现浇混凝土墙（010504）

现浇混凝土墙包括直形墙（010504001）、弧形墙（010504002）、短肢剪力墙（010504003）、挡土墙（010504004）4 个清单项目。

现浇混凝土墙工程量，按不同混凝土种类、混凝土强度等级，按设计图示尺寸以体积 m³ 计算，应扣除门窗洞口及单个面积＞0.3 m² 的孔洞所占体积，墙垛及突出墙面部分并入墙体体积计算。

短肢剪力墙是指截面厚度≤300mm、各肢截面高度与厚度之比的最大值＞4、但≤8 的剪力墙；各肢截面高度与厚度之比的最大值≤4 的剪力墙按柱项目编码列项。

5．附录 E.5 现浇混凝土板（010505）

现浇混凝土板包括有梁板（010505001），无梁板（010505002），平板（010505003），拱板（010505004），薄壳板（010505005），栏板（010505006），天沟（檐沟）、挑檐板（010505007），雨篷、悬挑板、阳台板（010505008），空心板（010505009）及其他板（010505010）10 个清单项目。

现浇混凝土板工程量按下列规定计算。

（1）现浇混凝土有梁板、无梁板、平板、拱板、薄壳板、栏板：按不同混凝土种类、混凝土强度等级，按设计图示尺寸以体积 m³ 计算，不扣除单个面积≤0.3 m² 的孔洞所占体积。压形钢板混凝土楼板扣除构件内压形钢板所占体积。有梁板（包括主、次梁与板）按梁、板体积之和计算，无梁板按板和柱帽体积之和计算，各类板伸入墙内的板头并入板体积内，薄壳板的肋、基梁并入薄壳体积计算。

（2）现浇混凝土天沟（檐沟）、挑檐板及其他板：按不同混凝土种类、混凝土强度等级，按设计图示尺寸以体积 m³ 计算。

天沟、挑檐板与屋面连接时，以外墙外边线为分界线；与圈梁连接时，以圈梁外边线为分界线，分界线以外为天沟、挑檐板。

（3）雨篷、悬挑板、阳台板：工程量按不同混凝土种类、混凝土强度等级，按设计图示尺寸以墙外部分体积计算，包括伸出墙外的牛腿和雨篷反挑檐的体积。

雨篷、阳台板与楼板连接时，以外墙外边线为分界线；与圈梁连接时，以圈梁外边线为分界线，分界线以外为雨篷、阳台板。

6. 附录 E.6 现浇混凝土楼梯（010506）

现浇混凝土楼梯包括直形楼梯（010506001）、弧形楼梯（010506002）2 个清单项目。

现浇混凝土楼梯：工程量按不同混凝土种类、混凝土强度等级，按设计图示尺寸以水平投影面积 m² 计算。不扣除宽度 ≤ 500mm 的楼梯井，伸入墙内部分不计算，或按设计图示尺寸以体积 m³ 计算。整体楼梯水平投影面积包括楼梯踏步、休息平台、平台梁、斜梁和楼梯的连接梁。当整体楼梯与现浇楼板无梯梁连接时，以楼梯的最后一个踏步边缘加 300mm 为界，如图 3-40 所示。

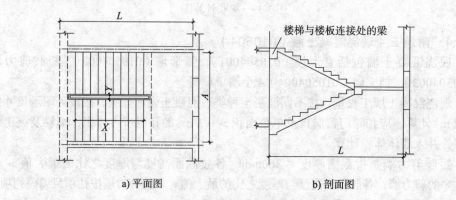

a) 平面图　　　　　　　　b) 剖面图

图 3-40　楼梯计算示意图

如图 3-40 所示，楼梯的面积计算式为

$Y \leqslant 500mm$，投影面积 $= AL$

$Y > 500mm$，投影面积 $= AL - XY$

式中　X——楼梯井长度；

Y——楼梯井宽度；

A——楼梯间净宽；

L——楼梯间长度。

7. 附录 E.7 现浇混凝土其他构件（010507）

现浇混凝土其他构件包括散水、坡道（010507001）、室外地坪（010507002）、电缆沟、地沟（010507003）、台阶（010507004）、扶手、压顶（010507005）、化粪池、检查井（010507006）及其他构件（010507007）7 个清单项目。

工程量计算有如下规则

（1）散水、坡道，室外地坪：工程量按不同垫层材料种类、厚度，面层厚度，地坪厚度，混凝土种类，混凝土强度等级，变形缝填塞材料种类，按设计图示尺寸以面积 m² 计算。不扣除单个 ≤ 0.3m² 的孔洞所占面积。

（2）电缆沟、地沟：工程量按土壤类别，沟截面净空尺寸，垫层材料种类、厚度，混凝土类别，混凝土强度等级，防护材料种类，按设计图示以中心线长度 m 计算。

（3）台阶、扶手、压顶：工程量按踏步高、宽，混凝土种类、混凝土强度等级，断面尺寸，按设计图示尺寸水平投影面积 m^2 计算；或按设计图示尺寸以体积 m^3 计算。

（4）化粪池、检查井及其他构件：工程量按部位，混凝土种类，混凝土强度等级，防水、抗渗要求，构件的类型，构件规格，按设计图示尺寸以体积 m^3 计算；或按设计图示数量座计算。

现浇混凝土小型池槽、垫块、门框等，应按 E.7 中其他构件项目编码列项。

架空式混凝土台阶，按现浇楼梯计算。

8. 附录 E.8 后浇带（010508）

后浇带（010508001）包括 1 个清单项目。它们适用于梁、墙、板的后浇带。后浇带项目工程量按混凝土种类、混凝土强度等级，按设计图示尺寸以体积 m^3 计算。

9. 附录 E.9 预制钢筋混凝土柱（010509）

预制钢筋混凝土柱包括矩形柱（010509001）、异形柱（010509002）2 个清单项目。

预制钢筋混凝土柱：工程量按图代号，单件体积，安装高度，混凝土强度等级，砂浆（细石混凝土）强度等级、配合比，按设计图示尺寸以体积 m^3 计算，或按设计图示尺寸以数量根计算。

以根计量，必须描述单件体积。

10. 附录 E.10 预制混凝土梁（010510）

预制混凝土梁包括矩形梁（010510001）、异形梁（010510002）、过梁（010510003）、拱形梁（010510004）、鱼腹式吊车梁（010510005）、风道梁（010510006）6 个清单项目。

预制混凝土梁：工程量按图代号，单件体积，安装高度，混凝土强度等级，砂浆（细石混凝土）强度等级、配合比，按设计图示尺寸以体积 m^3 计算，或按设计图示尺寸以数量根计算。

以根计量，必须描述单件体积。

11. 附录 E.11 预制混凝土屋架（010511）

预制混凝土屋架包括折线型屋架（010511001）、组合屋架（010511002）、薄腹屋架（010511003）、门式刚架屋架（010511004）、天窗架屋架（010511005）5 个清单项目。

预制混凝土屋架：工程量按图代号，单件体积，安装高度，混凝土强度等级，砂浆（细石混凝土）强度等级、配合比，按设计图示尺寸以体积 m^3 计算，或按设计图示尺寸以数量榀计算。

以榀计量，必须描述单件体积；三角形屋架应按 E.11 中折线型屋架项目编码列项。

12. 附录 E.12 预制混凝土板（010512）

预制混凝土板包括平板（010512001）、空心板（010512002）、槽形板（010512003）、网架板（010512004）、折线板（010512005）、带肋板（010512006）、大型板（010512007）、沟盖板、井盖板、井圈（010512008）8 个清单项目。

（1）平板、空心板、槽形板、网架板、折线板、带肋板、大型板：工程量按图代号，单件体积，安装高度，混凝土强度等级，砂浆（细石混凝土）强度等级、配合比，按设计图示尺寸以体积 m³ 计算。不扣除构件内钢筋、预埋铁件及单个尺寸 ≤ 300mm × 300mm 的孔洞所占体积，扣除空心板空洞体积，或按设计图示尺寸以数量块计算。

（2）沟盖板、井盖板、井圈：工程量按单件体积，安装高度，混凝土强度等级、砂浆强度等级、配合比，按设计图示尺寸以体积 m³ 计算，或按设计图示尺寸以数量块（套）计算。

以块、套计量，必须描述单件体积；不带肋的预制遮阳板、雨篷板、挑檐板、拦板等，应按 E.12 中平板项目编码列项；预制 F 形板、双 T 形板、单肋板和带反挑檐的雨篷板、挑檐板、遮阳板等，应按 E.12 中带肋板项目编码列项；预制大型墙板、大型楼板、大型屋面板等，应按 E.12 中大型板项目编码列项。

13. 附录 E.13 预制混凝土楼梯（010513）

预制混凝土楼梯包括楼梯（010513001）1 个清单项目。

预制混凝土楼梯：工程量按楼梯类型、单件体积，混凝土强度等级、砂浆（细石混凝土）强度等级，按设计图示尺寸以体积 m³ 计算，扣除空心踏步板空洞体积，或按设计图示数量段计算。

以段计量，必须描述单件体积。

14. 附录 E.14 其他预制构件（010514）

其他预制构件包括垃圾道、通风道、烟道（010514001）及其他构件（010514002）2 个清单项目。

垃圾道、通风道、烟道及其他构件：工程量按单件体积、构件类型、混凝土强度等级、砂浆强度等级，按设计图示尺寸以体积 m³ 计算。不扣除单个尺寸 ≤ 300mm × 300mm 的孔洞所占体积，应扣除烟道、垃圾道、通风道孔洞所占体积，或按设计图示尺寸以面积 m² 计算；不扣除单个面积 ≤ 300mm × 300mm 的孔洞所占面积，或按设计图示尺寸以数量根（块、套）计算。

以块、根计量，必须描述单件体积；预制钢筋混凝土小型池槽、压顶、扶手、垫块、隔热板、花格等，按本节中其他构件项目编码列项。

15. 附录 E.15 钢筋工程（010515）

钢筋工程包括现浇混凝土钢筋（010515001）、预制构件钢筋（010515002）、钢筋网片（010515003）、钢筋笼（010515004）、先张法预应力钢筋（010515005）、后张法预应力钢筋（010515006）、预应力钢丝（010515007）、预应力钢绞线（010515008）、支撑钢筋（铁马）（010515009）、声测管（010515010）10 个清单项目。

（1）工程量计算有如下规则。

1）现浇、预制混凝土钢筋、钢筋网片、钢筋笼：工程量按不同钢筋种类、规格，按设计图示钢筋（网）长度（面积）乘以单位理论质量以 t 计算。

2）先张法预应力钢筋、后张法预应力钢筋、预应力钢丝、预应力钢绞线、支撑钢筋（铁马）：工程量按钢筋种类、规格，钢丝种类、规格，钢绞线种类、规格，锚具种类，砂浆强度等级，按设计图示钢筋（丝束、绞线）长度乘单位理论质量以 t 计算。

先张法预应力钢筋，按构件外形尺寸计算长度；后张法预应力钢筋按设计规定的预应力预留孔道长度，并区别不同的锚具类型，分别按下列规定计算：

（a）低合金钢筋两端采用螺杆锚具时，钢筋长度按预留孔道减 0.35m，螺杆另行计算。

（b）低合金钢筋一端采用镦头插片，另一端为螺杆锚具时，钢筋长度按孔道长度计算，螺杆另行计算。

（c）低合金钢筋一端采用镦头插片，另一端采用帮条锚具时，钢筋增加 0.15m 计算；两端均采用帮条锚具时，钢筋长度按孔道长度按孔道长度增加 0.3m 计算。

（d）低合金钢筋采用后张混凝土自锚时，钢筋长度增加 0.35m 计算。

（e）低合金钢筋（钢绞线）采用 JM、XM、QM 型锚具，孔道长度 ≤ 20m 时，钢筋长度增加 1m 计算；孔道长度 > 20m 时，钢筋长度增加 1.8m 计算。

（f）碳素钢丝采用锥形锚具，孔道长度 ≤ 20m 时，钢丝束长度按孔道长度增加 1m 计算；孔道长度 > 20m 时，钢丝束长度按孔道长度增加 1.8m 计算。

（g）碳素钢丝两端采用镦头锚具时，钢丝束长度按孔道长度增加 0.35m 计算。

3）声测管。工程量按材质、规格型号，按设计图示尺寸以质量 t 计算。

现浇构件中伸出构件的锚固钢筋应并入钢筋工程量内。除设计（包括规范规定）标明的搭接外，其他施工搭接不计算工程量，在综合单价中综合考虑；现浇构件中固定位置的支撑钢筋、双层钢筋用的"铁马"在编制工程量清单时，其工程数量可为暂估量，结算时按现场签证数量计算。

$$钢筋质量 = 钢筋长度 × 钢筋单位理论质量 \tag{3-13}$$

$$钢筋长 = 构件长 - \sum 保护层厚度 + \sum 弯钩长 + \sum 弯起钢筋增值（\Delta L）$$
$$+ \sum 设计搭接（锚固）长度 \tag{3-14}$$

（2）钢筋的混凝土保护层最小厚度如表 3-8 所示。

混凝土结构的环境类别如表 3-9 所示。

（3）受力钢筋的弯钩增加长度如图 3-41 所示。板中上皮筋直钩长度一般为板厚减一个保护层。

1）钢筋末端做 180° 弯钩时，弯钩增加长度为钢筋直径 d 的 6.25 倍。

2）当设计要求钢筋末端需做 135° 弯钩时，弯钩增加长度为钢筋直径 d 的 4.9 倍。

3）钢筋末端做 90° 弯钩时，弯钩增加长度为钢筋直径 d 的 3.5 倍。

表 3-8　混凝土保护层的最小厚度　　　　（单位：mm）

环境类别		板、墙、壳	梁、柱、杆
一		15	20
二	a	20	25
	b	25	35
三	a	30	40
	b	40	50

注：1. 表中混凝土保护层厚度适用于设计使用年限为 50 年的混凝土结构。
　　2. 构件中受力钢筋的保护层厚度不应小于钢筋的公称直径。
　　3. 设计使用年限为 100 年的混凝土结构，一类环境中，最外层钢筋的保护层厚度不应小于表中数
　　　 值的 1.4 倍；二、三类环境中，应采取专门的有效措施。
　　4. 混凝土强度等级不大于 C25 时，表中保护层厚度数值应增加 5mm。
　　5. 基础底面钢筋的保护层厚度，有混凝土垫层时，应从垫层顶面算起，且不应小于 40mm；无垫层
　　　 时不应小于 70mm。

表 3-9　混凝土结构的环境类别表

环境类别		条　件
一		室内干燥环境、永久的无侵蚀性静水浸没环境
二	a	室内潮湿环境、非严寒和非寒冷地区的露天环境、与无侵蚀性的水或土壤直接接触的环境、寒冷和严寒地区的冰冻线以下无侵蚀性的水或土壤直接接触的环境
	b	干湿交替环境、水位频繁变动环境、严寒和寒冷地区的露天环境、严寒和寒冷地区冰冻线以上与无侵蚀性的水或土壤直接接触的环境
三	a	严寒和寒冷地区冬季水位冰冻区环境、受除冰盐影响环境、海风环境
	b	盐渍土环境、受除冰盐作用环境、海岸环境
四		海水环境
五		受人为或自然的侵蚀性物质影响的环境

注：严寒和寒冷地区的划分应符合国家现行标准《民用建筑热工设计规范》（GB50176）的有关规定。

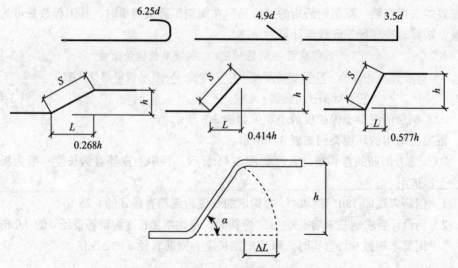

图 3-41　钢筋弯钩、弯起钢筋增加长度

（4）弯起钢筋的增加长度 ΔL。弯起钢筋的弯起角度，一般有 30°、45°、60° 三种，其弯起增加值是指斜长与水平投影长度之间的差值，如图 3-41 所示。

$$\Delta L = ih \qquad \alpha=30° \text{ 时，} i=0.268$$
$$\alpha=45° \text{ 时，} i=0.414$$
$$\alpha=60° \text{ 时，} i=0.577$$

（5）箍筋。除焊接封闭环式箍筋外，箍筋的末端应做弯钩，弯钩形式应符合设计要求；当设计无具体要求时，应符合下列规定。

1）箍筋弯钩的弯弧内直径除应满足上述规定外，尚应不小于受力钢筋的直径。

2）箍筋弯钩的弯折角度：一般结构，不应小于 90°；有抗震等级要求的结构，应为 135°。

单根箍筋长度 = 构件截面周长 −8× 保护层厚 −4× 箍筋直径 +2× 钩长　　　（3-15）

注意：单钩长度 =1.9d+max\{10d, 75\}。

$\qquad\qquad$ 箍筋根数 = 箍筋配置范围 ÷ 箍筋间距 +1+ 加密箍筋个数　　　（3-16）

（6）钢筋的锚固与搭接。

1）受拉钢筋的基本锚固长度 l_{ab}、l_{abE}（见表 3-10）。

2）受拉钢筋锚固长度 l_a、抗震锚固长度 l_{aE}（见表 3-11）。

3）受拉钢筋锚固长度修正系数 ζ_a（见表 3-12）。

4）纵向受拉钢筋绑扎搭接长度 l_l、l_{lE} 和纵向受拉钢筋搭接长度修正系数 ζ（见表 3-13）。

钢筋单位理论重量（kg/m）=0.006 17d^2（d− 以毫米为单位的钢筋直径）

钢筋网面积计量单位为 m²，钢筋网单位理论重量计量单位为 kg/m²。

钢筋笼重量可按钢筋笼长度乘以钢筋笼单位理论质量计算。也可按组成钢筋笼的各种钢筋质量之和计算。

表 3-10　受拉钢筋基本锚固长度 l_{ab}、l_{abE}

钢筋种类	抗震等级	混凝土强度等级								
		C20	C25	C30	C35	C40	C45	C50	C55	≥ C60
HPB300	一、二级（l_{abE}）	45d	39d	35d	32d	29d	28d	26d	25d	24d
	三级（l_{abE}）	41d	36d	32d	29d	26d	25d	24d	23d	22d
	四级（l_{abE}）非抗震（l_{ab}）	39d	34d	30d	28d	25d	24d	23d	22d	21d
HRB335 HRBF335	一、二级（l_{abE}）	44d	38d	33d	31d	29d	26d	25d	24d	24d
	三级（l_{abE}）	40d	35d	31d	28d	26d	24d	23d	22d	22d
	四级（l_{abE}）非抗震（l_{ab}）	38d	33d	29d	27d	25d	23d	22d	21d	21d
HRB400 HRBF400 RRB400	一、二级（l_{abE}）	—	46d	40d	37d	33d	32d	31d	30d	29d
	三级（l_{abE}）	—	42d	37d	34d	30d	29d	28d	27d	26d
	四级（l_{abE}）非抗震（l_{ab}）	—	40d	35d	32d	29d	28d	27d	26d	25d

(续)

钢筋种类	抗震等级	混凝土强度等级								
		C20	C25	C30	C35	C40	C45	C50	C55	≥ C60
HRB500 HRBF500	一、二级 (l_{abE})	—	55d	49d	45d	41d	39d	37d	36d	35d
	三级 (l_{abE})	—	50d	45d	41d	38d	36d	34d	33d	32d
	四级 (l_{abE}) 非抗震 (l_{ab})	—	48d	43d	39d	36d	34d	32d	31d	30d

表 3-11 受拉钢筋锚固长度 l_a、抗震锚固长度 l_{aE}

非抗震	抗震	注:
$l_a = \zeta_a l_{ab}$	$l_{aE} = \zeta_{aE} l_a$	（1）l_a 不应小于 200mm （2）锚固长度修正系数按下表取用，当多于一项时，可按连乘计算，但不应小于 0.6 （3）ζ_{aE} 为抗震锚固长度修正系数，对一、二级抗震等级取 1.15，对三级抗震等级取 1.05，对四级抗震等级取 1.00

表 3-12 受拉钢筋锚固长度修正系数 ζ_a

锚固条件		ζ_a	
带肋钢筋的公称直径大于 25		1.10	
环氧树脂涂层带肋钢筋		1.25	—
施工过程中易受扰动的钢筋		1.10	
锚固区保护层厚度	3d	0.80	注：中间时按内插值，d 为锚固钢筋直径
	5d	0.70	

表 3-13 纵向受拉钢筋绑扎搭接长度 l_l、l_{lE} 和纵向受拉钢筋搭接长度修正系数 ζ_l

纵向受拉钢筋绑扎搭接长度 l_l、l_{lE}			注:
抗震		非抗震	（1）当直径不同的钢筋搭接时，l_l、l_{lE} 按直径较小的钢筋计算 （2）任何情况下不应小于 300mm （3）式中 ζ_l 为纵向受拉钢筋搭接长度修正系数。当纵向钢筋搭接接头百分率为表的中间值时，可按内插取值
$l_{lE} = \zeta_l l_{aE}$		$l_l = \zeta_l l_a$	
纵向受拉钢筋搭接长度修正系数 ζ_l			
纵向钢筋搭接接头面积百分率（%）	≤ 25	50	100
ζ_l	1.2	1.4	1.6

钢筋工程量计算解析

【例 3-10】现浇 C20 钢筋混凝土矩形梁尺寸如图 3-42 所示，混凝土保护层厚度为 25mm，抗震等级二级，梁底标高 2.65m，编制该项目的混凝土、钢筋工程量清单。

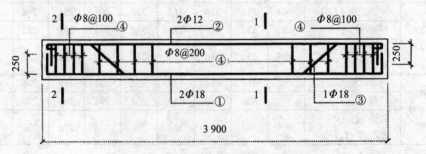

图 3-42 现浇 C20 钢筋混凝土矩形梁

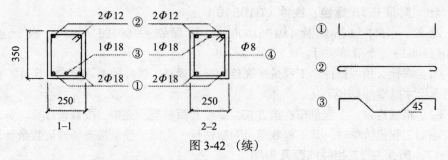

图 3-42（续）

分析：现浇、预制混凝土钢筋、钢筋网片、钢筋笼工程量：按不同钢筋种类、规格，以钢筋的质量 t 计算。

解：（1）混凝土工程量计算

$$V=3.9 \times 0.25 \times 0.35=0.34 \ (\text{m}^3)$$

（2）列表计算钢筋长度（见表 3-14）

钢筋质量 = 钢筋长度 × 钢筋单位理论重量

钢筋长 = 构件长 − ∑保护层厚度 + ∑弯钩长 + ∑弯起钢筋增值（ΔL）
+ ∑设计搭接（锚固）长度

表 3-14

钢筋号	直径	计算长度（m/根）	一个构件根数	构件数量	总根数	总长度（m）	备注
①	$\Phi18$	4.35	2	1	2	8.70	$l=3.9-0.025 \times 2+0.25 \times 2$
②	$\Phi12$	4.00	2	1	2	8.00	$l=3.9-0.025 \times 2+6.25 \times 0.012 \times 2$
③	$\Phi18$	4.60	1	1	1	4.60	$l=3.9-0.025 \times 2+0.25 \times 2+(0.35-0.025 \times 2) \times 0.414 \times 2$
④	$\Phi8$	1.16	24	1	24	27.84	$l=(0.35+0.25) \times 2-8 \times 0.025-4 \times 0.008+2 \times (1.9 \times 0.008+10 \times 0.008)$ $g=(3.9-0.025 \times 2-0.1 \times 3 \times 2)/0.2+1+3 \times 2$

（3）统计钢筋重量

$\Phi18$：（8.70+4.60）×1.999=26.59（kg）=0.027（t）

$\Phi12$：8.00×0.888=7.104（kg）=0.007（t）

$\Phi8$：27.84×0.395=11.00（kg）=0.011（t）

（4）分部分项工程量清单编制（见表 3-15，标准表格见第 4 章，此表右半部分省略）。

表 3-15

序号	项目编码	项目名称	项目特征	计量单位	工程量
1	010503002001	现浇混凝土矩形梁	C20；梁底标高 2.65m，梁截面 250m × 350mm；混凝土制作、运输、浇捣、养护	m³	0.34
2	010515001001	现浇混凝土钢筋	钢筋 $\Phi18$ 制作、运输、安装	t	0.027
3	010515001002	现浇混凝土钢筋	钢筋 $\Phi12$ 制作、运输、安装	t	0.007
4	010515001003	现浇混凝土钢筋	箍筋 $\Phi8$ 制作、运输、安装	t	0.011

16. 附录 E.16 螺栓、铁件（010516）

螺栓、铁件包括螺栓（010516001）、预埋铁件（010516002）、机械连接（010516003）3 个清单项目。

（1）螺栓、预埋铁件：工程量按螺栓种类、规格，铁件种类、规格、尺寸，按设计图示尺寸以质量 t 计算。

（2）机械连接：工程量按连接方式，螺纹套筒种类、规格，按数量计算。

编制工程量清单时，其工程数量可为暂估量，实际工程量按现场签证数量计算。

17. 附录 E.17 相关问题及说明

（1）附录 E.17.1 预制混凝土构件或预制钢筋混凝土构件，如施工图设计标注做法见标准图集时，项目特征注明标准图集的编码、页号及节点大样即可。

（2）附录 E.17.2 现浇或预制混凝土和钢筋混凝土构件，不扣除构件内钢筋、螺栓、预埋铁件、张拉孔道所占体积，但应扣除劲性骨架的型钢所占体积。

3.4.5.2　附录 E 清单项目的工程内容

（1）现浇混凝土基础，包括模板及支撑制作、安装、拆除、堆放、运输及清理模内杂物、刷隔离剂等；混凝土制作、运输、浇筑、振捣、养护。

（2）现浇混凝土构件，包括模板及支撑制作、安装、拆除、堆放、运输及清理模内杂物、刷隔离剂等；混凝土制作、运输、浇筑、振捣、养护；散水、坡道需增加地基夯实、铺设垫层、变形缝填塞；电缆沟、地沟需增加挖运土方、铺设垫层、刷防护材料。

（3）预制混凝土构件，包括模板及支撑制作、安装、拆除、堆放、运输及清理模内杂物、刷隔离剂等；混凝土制作、运输、浇筑、振捣、养护；构件运输、安装；砂浆制作、运输；接头灌缝、养护。

（4）钢筋工程，包括钢筋制作、运输；安装；焊接。

3.4.6　《计算规范》（GB50854—2013）附录 F 金属结构工程

3.4.6.1　金属结构工程项目的划分

金属结构工程共 7 节 31 个清单项目，包括钢网架（010601），钢屋架、钢托架、钢桁架、钢架桥（010602），钢柱（010603），钢梁（010604），钢板楼板、墙板（010605），钢构件（010606），金属制品（010607）和 F.8 相关问题及说明。适用于建筑物和构筑物的钢结构工程。

3.4.6.2　金属结构工程工程量计算规则

（1）除钢板楼板、墙板和金属制品外，其他项目的工程量计算规则均为：按设计图示尺寸以质量 t 计算，焊条、铆钉、螺栓等不另增加质量，不规则或多边形钢板以其外接矩形面积乘以厚度乘以单位理论质量以 t 计算。

（2）钢板楼板：按设计图示尺寸以铺设水平投影面积 m^2 计算，不扣除单个面积 $\leqslant 0.3m^2$ 的柱、垛及孔洞所占面积。

（3）钢板墙板：按设计图示尺寸以铺挂展开面积 m² 计算，不扣除单个面积 ≤ 0.3m² 的梁、孔洞所占面积，包角、包边、窗台泛水等不另加面积。

（4）金属制品：工程量按设计图示尺寸以展开面积 m² 计算；或按设计图示接触边以 m 计算。

（5）附录 F.8：金属构件的切边、不规则及多边形型钢发生的损耗在综合单价中考虑；防火要求指耐火极限。

3.4.6.3　附录 F 清单项目主要工作内容

附录 F 清单项目主要工作内容包括制作、运输、拼装、安装、探伤、刷油漆等。

3.4.6.4　金属结构工程清单项目设置应注意的问题

金属结构工程清单项目设置必须按设计图纸注明的钢材的品种、规格、单件的重量、油漆的种类、刷漆的遍数、特殊施工工艺要求等，根据每个项目可能包含的工程内容、区分做法和安装位置等分别列项。本章清单项目设置时还应注意以下几点。

（1）钢混凝土柱、梁浇筑混凝土和压型钢板楼板上浇筑钢筋混凝土，混凝土和钢筋应按附录 E 中相关项目编码列项。

（2）钢墙架项目包括墙架柱、墙架梁和连接杆件。

（3）加工铁件等小型构件，应按附录 F.6 中零星钢构件项目编码列项。

金属结构工程清单工程量计算解析

【例 3-11】如图 3-43 所示的不规则多边形，分别求其钢板面积。

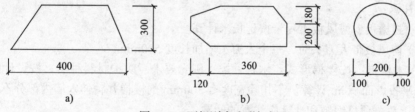

图 3-43　不规则多边形钢板

分析：不规则或多边形钢板以其外接矩形面积乘以厚度乘以单位理论质量计算。

解：钢板 a 面积：$0.4 \times 0.3 = 0.12$（m²）

钢板 b 面积：$0.48 \times 0.38 = 0.182$（m²）

钢板 c 面积：$0.4 \times 0.4 = 0.16$（m²）

3.4.7　《计算规范》（GB50854—2013）附录 G 木结构工程

本附录共 3 节 8 个清单项目，包括木屋架、木构件和屋面木基层等工程。

3.4.7.1　清单项目特征描述和工程量计算规则

1. 附录 G.1 木屋架（010701）

木屋架包括木屋架（010701001）、钢木屋架（010701002）共 2 个清单项目。

（1）工程量计算规则。

1）木屋架：按跨度，材料品种、规格，刨光要求，拉杆及夹板种类，防护材料种类，按设计图示数量榀计算；或按设计图示的规格尺寸以体积 m³ 计算。

2）钢木屋架：按跨度，材料品种、规格，刨光要求，钢材品种、规格，防护材料种类，按设计图示数量榀计算。

（2）清单项目编制和计算应注意的问题。

1）屋架的跨度应以上、下弦中心线两交点之间的距离计算。

2）带气楼的屋架和马尾、折角以及正交部分的半屋架，按相关屋架项目编码列项。

3）以榀计量，按标准图设计的应注明标准图代号，按非标准图设计的项目特征必须按本节要求予以描述。

2. 附录 G.2 木构件（010702）

木构件包括木柱（010702001）、木梁（010702002）、木檩（010702003）、木楼梯（010702004）和其他木构件（010702005）共 5 个清单项目。

（1）工程量计算规则。

1）木柱、木梁：按构件规格尺寸、木材种类、刨光要求、防护材料种类，按设计图示尺寸以体积 m³ 计算。

2）木檩、其他木构件：按构件名称、规格尺寸、木材种类、刨光要求、防护材料种类，按设计图示尺寸以体积 m³ 计算，或按设计图示尺寸以长度 m 计算。计算工程量应注意：

（a）封檐板、博风板工程量按延长米计算。

（b）博风板带大刀头时，每个大刀头增加长度 500mm。

3）木楼梯：按楼梯形式、木材种类、刨光要求、防护材料种类，按设计图示尺寸以水平投影面积 m² 计算。不扣除宽度 ≤ 300mm 的楼梯井，伸入墙内部分不计算。

（2）清单项目编制和计算应注意的问题。

1）木楼梯的栏杆（栏板）、扶手，应按本规范附录 Q 中的相关项目编码列项。

2）以米计量，项目特征必须描述构件规格尺寸。

3. 附录 G.3 屋面木基层（010703）

屋面木基层包括屋面木基层（010703001）1 个清单项目。

屋面木基层：工程量按椽子断面尺寸及椽距，望板材料种类、厚度，防护材料种类，按设计图示尺寸以斜面积 m² 计算。不扣除房上烟囱、风帽底座、风道、小气窗、斜沟等所占面积。小气窗的出檐部分不增加面积。

3.4.7.2　附录 G 清单项目的工作内容

（1）木屋架、木构件，包括制作、运输、安装、刷防护材料。

（2）屋面木基层，包括椽子、望板、顺水条和挂瓦条的制作、安装、刷防护材料。

3.4.8 《计算规范》(GB50854—2013) 附录 H 门窗工程

本附录共 10 节 55 个清单项目，包括：各种类型的门、窗；厂库房大门、特种门；门窗套；窗台板；窗帘、窗帘盒、窗帘轨等工程。

3.4.8.1 清单项目特征描述和工程量计算规则

1. 附录 H.1 木门 (010801)

木门包括木质门 (010801001)、木质门带套 (010801002)、木质连窗门 (010801003)、木质防火门 (010801004)、木门框 (010801005)、门锁安装 (010801006) 共 6 个清单项目。

(1) 工程量计算规则。

1) 木质门、木质门带套、木质连窗门、木质防火门：工程量按门代号及洞口尺寸，镶嵌玻璃品种、厚度，按设计图示数量樘计算；或按设计图示洞口尺寸以面积 m^2 计算。

2) 木门框：工程量按门代号及洞口尺寸，框截面尺寸，防护材料种类，按设计图示数量樘计算；或按设计图示洞口尺寸以面积 m^2 计算。

3) 门锁安装：工程量按锁品种、锁规格，按设计图示数量个 (套) 计算。

(2) 清单项目编制和计算应注意的问题。

1) 木质门应区分镶板木门、企口木板门、实木装饰门、胶合板门、夹板装饰门、木纱门、全玻门 (带木质扇框)、木质半玻门 (带木质扇框) 等项目，分别编码列项。

2) 木门五金应包括：折页、插销、门碰珠、弓背拉手、搭机、木螺丝、弹簧折页 (自动门)、管子拉手 (自由门、地弹门)、地弹簧 (地弹门)、角铁、门轧头 (地弹门、自由门) 等。

3) 木质门带套计量按洞口尺寸以面积计算，不包括门套的面积。

4) 以樘计量，项目特征必须描述洞口尺寸，以平方米计量，项目特征可不描述洞口尺寸。

5) 单独制作安装木门框按木门框项目编码列项。

2. 附录 H.2 金属门 (010802)

金属门包括金属 (塑钢) 门 (010802001)、彩板门 (010802002)、钢质防火门 (010802003)、防盗门 (010802004) 共 4 个清单项目。

(1) 工程量按门代号及洞口尺寸、门框或扇外围尺寸、门框、扇材质、玻璃品种、厚度，按设计图示数量樘计算，或按设计图示洞口尺寸以面积 m^2 计算。

(2) 清单项目编制和计算应注意的问题。

1) 金属门应区分金属平开门、金属推拉门、金属地弹门、全玻门 (带金属扇框)、金属半玻门 (带扇框) 等项目，分别编码列项。

2) 铝合金门五金包括：地弹簧、门锁、拉手、门插、门铰、螺丝等。

3) 其他金属门五金包括：L 形执手插锁 (双舌)、执手锁 (单舌)、门轧头、地锁、防盗门机、门眼 (猫眼)、门碰珠、电子锁 (磁卡锁)、闭门器、装饰拉手等。

4）以樘计量，项目特征必须描述洞口尺寸，没有洞口尺寸必须描述门框或扇外围尺寸，以 m² 计量，项目特征可不描述洞口尺寸及框、扇的外围尺寸。

5）以 m² 计量，无设计图示洞口尺寸，按门框、扇外围以面积计算。

3. 附录 H.3 金属卷帘（闸）门（010803）

金属卷帘（闸）门包括金属卷帘（闸）门（010803001）和防火卷帘（闸）门（010803002）共 2 个清单项目。

工程量按门代号及洞口尺寸，门材质，启动装置品种、规格，按设计图示数量樘计算；或按设计图示洞口尺寸以面积 m² 计算。

注意：以樘计量，项目特征必须描述洞口尺寸，以平方米计量，项目特征可不描述洞口尺寸。

4. 附录 H.4 厂库房大门、特种门（010804）

厂库房大门、特种门包括木板大门（010804001）、钢木大门（010804002）、全钢板大门（010804003）、防护铁丝门（010804004）、金属格栅门（010804005）、钢质花饰大门（010804006）、特种门（010804007）共 7 个清单项目。

（1）清单项目工程量。按门代号及洞口尺寸，门框或扇外围尺寸，门框、扇材质，按设计图示数量樘计算，或按设计图示洞口尺寸以面积 m² 计算；或按设计图示门框或扇以面积 m² 计算。

（2）清单项目编制和计算应注意的问题。

1）特种门应区分冷藏门、冷冻间门、保温门、变电室门、隔音门、防射电门、人防门、金库门等项目，分别编码列项。

2）以樘计量，项目特征必须描述洞口尺寸，没有洞口尺寸必须描述门框或扇外围尺寸，以 m² 计量，项目特征可不描述洞口尺寸及框、扇的外围尺寸。

3）以 m² 计量，无设计图示洞口尺寸，按门框、扇外围以面积计算。

5. 附录 H.5 其他门（010805）

其他门包括平开电子感应门（010805001）、旋转门（010805002）、电子对讲门（010805003）、电动伸缩门（010805004）、全玻自由门（010805005）、镜面不锈钢饰面门（010805006）、复合材料门（010805007）共 7 个项目。

（1）清单项目工程量。按门代号及洞口尺寸，门框或扇外围尺寸，门材质，玻璃品种、厚度，启动装置的品种、规格，电子配件品种、规格，按设计图示数量樘计算；或按设计图示洞口尺寸以面积 m² 计算。

（2）清单项目编制和计算应注意的问题。

1）以樘计量，项目特征必须描述洞口尺寸，没有洞口尺寸必须描述门框或扇外围尺寸，以 m² 计量，项目特征可不描述洞口尺寸及框、扇的外围尺寸。

2）以 m² 计量，无设计图示洞口尺寸，按门框、扇外围以面积计算。

6. 附录 H.6 木窗（010806）

木窗包括木质窗（010806001）、木飘（凸）窗（010806002）、木橱窗（010806003）、木纱窗（010806004）共 4 个清单项目。

（1）清单项目工程量。按窗代号，框截面及外围展开面积，玻璃品种、厚度，防护材料种类，按设计图示数量樘计算；或按设计图示洞口尺寸以面积 m^2 计算；或按设计图示尺寸以框外围展开面积 m^2 计算。

（2）清单项目编制和计算应注意的问题。

1）木质窗应区分木百叶窗、木组合窗、木天窗、木固定窗、木装饰空花窗等项目，分别编码列项。

2）以樘计量，项目特征必须描述洞口尺寸，没有洞口尺寸必须描述窗框外围尺寸，以 m^2 计量，项目特征可不描述洞口尺寸及框的外围尺寸。

3）以 m^2 计量，无设计图示洞口尺寸，按窗框外围以面积计算。

4）木橱窗、木飘（凸）窗以樘计量，项目特征必须描述框截面及外围展开面积。

5）木窗五金包括：折页、插销、风钩、木螺丝、滑楞滑轨（推拉窗）等。

7. 附录 H.7 金属窗（010807）

金属窗包括金属（塑钢、断桥）窗（010807001）、金属防火窗（010807002）、金属百叶窗（010807003）、金属纱窗（010807004）、金属格栅窗（010807005）、金属（塑钢、断桥）橱窗（010807006）、金属（塑钢、断桥）飘（凸）窗（010807007）、彩板窗（010807008）、复合材料窗（010807009）共 9 个清单项目。

（1）清单项目工程量。按窗代号，框外围展开面积，框、扇材质，玻璃品种、厚度，防护材料种类，窗纱材料品种、规格，按设计图示数量樘计算；或按设计图示洞口尺寸以面积 m^2 计算；或按设计图示尺寸以框外围展开面积 m^2 计算。

（2）清单项目编制和计算应注意的问题。

1）金属窗应区分金属组合窗、防盗窗等项目，分别编码列项。

2）以樘计量，项目特征必须描述洞口尺寸，没有洞口尺寸必须描述窗框外围尺寸，以 m^2 计量，项目特征可不描述洞口尺寸及框的外围尺寸。

3）以 m^2 计量，无设计图示洞口尺寸，按窗框外围以面积计算。

4）金属橱窗、飘（凸）窗以樘计量，项目特征必须描述框外围展开面积。

5）金属窗中铝合金窗五金应包括：卡锁、滑轮、铰拉、执手、拉把、拉手、风撑、角码、牛角制等。

8. 附录 H.8 门窗套（010808）

门窗套包括木门窗套（010808001）、木筒子板（010808002）、饰面夹板筒子板（010808003）、金属门窗套（010808004）、石材门窗套（010808005）、门窗木贴脸（010808006）、成品木门窗套（010808007）共 7 个清单项目。

（1）清单项目工程量。按窗代号及洞口尺寸，门窗套展开宽度，基层材料种类，面层材料品种、规格，线条品种、规格，防护材料种类，按设计图示数量樘；或按设计图示尺寸以展开面积 m^2；或按设计图示中心以延长米 m 计算。其中门窗木贴脸按数量樘或延长米 m 计算。

门窗套、门窗贴脸、筒子板如图 3-44 所示，门窗套包括 A 面和 B 面，其中 A 面为筒子板，B 面为贴脸。

（2）清单项目编制和计算应注意的问题。

1）以樘计量，项目特征必须描述洞口尺寸、门窗套展开宽度。

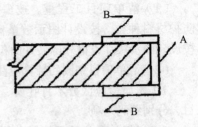

图3-44　门窗套示意图

2）以 m² 计量，项目特征可不描述洞口尺寸、门窗套展开宽度。

3）以米计量，项目特征必须描述门窗套展开宽度、筒子板及贴脸宽度。

4）木门窗套适用于单独门窗套的制作、安装。

9. 附录 H.9 窗台板（010809）

窗台板包括木窗台板（010809001）、铝塑窗台板（010809002）、金属窗台板（010809003）、石材窗台板（010809004）共 4 个清单项目。

清单项目工程量计算按基层材料种类，窗台面板材质、规格、颜色，防护材料种类，黏层度、砂浆配合比，按设计图示尺寸以展开面积 m² 计算。

10. 附录 H.10 窗帘、窗帘盒、轨（010810）

窗帘、窗帘盒、轨包括窗帘（010810001），木窗帘盒（010810002），饰面夹板、塑料窗帘盒（010810003），铝合金窗帘盒（010810004），窗帘轨（010810005）共 5 个清单项目。

工程量计算规则如下。

（1）窗帘：工程量按窗帘材质，窗帘高度、宽度，窗帘层数，带幔要求，按设计图示尺寸以长度 m；或按图示尺寸以展开面积 m² 计算。

（2）其他清单项目：按窗帘盒材质、规格，防护材料种类，轨的数量，按设计图示尺寸以长度 m 计算。

注意：窗帘若是双层，项目特征必须描述每层材质；窗帘以米计量，项目特征必须描述窗帘高度和宽。

3.4.8.2　附录 H 清单项目的工作内容

（1）门、窗项目，包括门、窗制作安装（运输）、五金（启动装置）安装、玻璃安装、刷防护材料。

（2）门窗套项目，包括清理基层，立筋制作、安装，基层板安装，面层铺贴，线条安装，刷防护材料。

（3）窗台板项目，包括基层清理，基层制作、安装，窗台板制作、安装，刷防护材料。

（4）窗帘、窗帘盒、轨项目，包括制作、运输、安装、刷防护材料。

3.4.9　《计算规范》（GB50854—2013）附录 J 屋面及防水工程

本附录包括共 4 节 21 个清单项目。

3.4.9.1　清单项目特征描述和工程量计算规则

1. 附录 J.1 瓦、型材及其他屋面（010901）

瓦、型材及其他屋面包括瓦屋面（010901001）、型材屋面（010901002）、阳光板屋面（010901003）、玻璃钢屋面（010901004）、膜结构屋面（010901005）共 5 个清单项目。

（1）工程量计算规则。

1）瓦屋面、型材屋面：按瓦（型材）品种、规格，黏结层砂浆的配合比，金属檩条材料品种、规格，接缝、嵌缝材料种类，按设计图示尺寸以斜面积 m² 计算。不扣除房上烟囱、风帽底座、风道、小气窗、斜沟等所占面积，小气窗的出檐部分不增加面积。

2）阳光板屋面、玻璃钢屋面：按阳光板（玻璃钢）品种、规格，骨架材料品种、规格，玻璃钢固定方式，接缝、嵌缝材料种类，油漆品种、刷漆遍数，按设计图示尺寸以斜面积 m² 计算，不扣除屋面面积 ≤ 0.3m² 孔洞所占面积。

3）膜结构屋面：按膜布品种、规格，支柱（网架）钢材品种、规格，钢丝绳品种、规格，锚固基座做法，油漆品种、刷漆遍数，按设计图示尺寸以需要覆盖的水平投影面积 m² 计算，如图 3-45 所示。

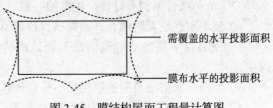

图 3-45　膜结构屋面工程量计算图

（2）清单项目编制和计算应注意的问题。

1）瓦屋面，若是在木基层上铺瓦，项目特征不必描述粘结层砂浆的配合比，瓦屋面铺防水层，按 J.2 屋面防水及其他中相关项目编码列项。

2）型材屋面、阳光板屋面、玻璃钢屋面的柱、梁、屋架，按本规范附录 F 金属结构工程、附录 G 木结构工程中相关项目编码列项。

2. 附录 J.2 屋面防水及其他（010902）

屋面防水包括屋面卷材防水（010902001），屋面涂膜防水（010902002），屋面刚性防水（010902003），屋面排水管（010902004），屋面排（透）气管（010902005），屋面（廊、阳台）泄（吐）水管（010902006），屋面天沟、檐沟（010902007），屋面变形缝（010902008）共 8 个清单项目。

（1）工程量计算规则。

1）屋面卷材防水、屋面涂膜防水：按卷材品种、规格、厚度，防水层数，防水层做法；防水膜品种，涂膜厚度、遍数，增强材料种类，按设计图示尺寸以面积 m² 计算。

（a）斜屋顶（不包括平屋顶找坡）按斜面积 m² 计算，平屋顶按水平投影面积 m² 计算。

（b）不扣除房上烟囱、风帽底座、风道、屋面小气窗和斜沟所占的面积。

（c）屋面的女儿墙、伸缩缝和天窗等处的弯起部分，并入屋面工程量内。

2）屋面刚性层：按刚性层厚度，混凝土种类，混凝土强度等级，嵌缝材料种类，钢筋规格、型号，按设计图示尺寸以面积 m² 计算。不扣除房上烟囱、风帽底座、风道等所占面积。

3）屋面排水管、屋面排（透）气管：按排水管（透气管）品种、规格，雨水斗、山墙出水口品种、规格，接缝、嵌缝材料种类，油漆品种、刷漆遍数，按设计图示尺寸以长度 m 计算（屋面排水管：如设计未标注尺寸，以檐口至设计室外散水上表面垂直距离计算）。

4）屋面（廊、阳台）泄（吐）水管：按吐水管品种、规格，接缝、嵌缝材料种类，吐水管长度，油漆品种、刷漆遍数，按设计图示数量根（个）计算。

5）屋面天沟、沿沟：按材料品种、规格，接缝、嵌缝材料种类，按设计图示尺寸以展开面积 m² 计算。

6）屋面变形缝：按嵌缝材料种类，止水带材料种类，盖缝材料，防护材料种类，按设计图示以长度 m 计算。

（2）清单项目编制和计算应注意的问题。

1）屋面刚性层无钢筋，其钢筋项目特征不必描述。

2）屋面找平层按本规范附录 L 楼地面装饰工程"平面砂浆找平层"项目编码列项。

3）屋面防水搭接及附加层用量不另行计算，在综合单价中考虑。

4）屋面保温找坡层按本规范附录 K 保温、隔热、防腐工程"保温隔热层面"项目编码列项。

3．附录 J.3 墙面防水、防潮（010903）

墙面防水、防潮包括墙面卷材防水（010903001）、墙面涂膜防水（010903002）、墙面砂浆防水（防潮）（010903003）、墙面变形缝（010703004）共 4 个清单项目。

（1）工程量计算规则。

1）墙面卷材防水、墙面涂膜防水、墙面砂浆防水（防潮）：按卷材品种、规格、厚度，防水层数，防水层做法，防水膜品种，涂膜厚度、遍数，增强材料种类，砂浆厚度、配合比，钢丝网规格，按设计图示尺寸以面积 m² 计算。

2）墙面变形缝：按嵌缝材料种类，止水带材料种类，盖缝材料，防护材料种类，按设计图示以长度 m 计算。

（2）清单项目编制和计算应注意的问题。

1）墙面防水搭接及附加层用量不另行计算，在综合单价中考虑。

2）墙面变形缝，若做双面，工程量乘系数 2。

3）墙面找平层按本规范附录 M 墙、柱面装饰与隔断、幕墙工程"立面砂浆找平层"项目编码列项。

4．附录 J.4 楼（地）面防水、防潮（010904）

楼（地）面防水、防潮包括楼（地）面卷材防水（010904001）、楼（地）面涂膜防水（010904002）、楼（地）面砂浆防水（防潮）（010904003）、楼（地）面变形缝

（010904004）共 4 个清单项目。

（1）各清单项目工程量计算规则。

1）楼（地）面卷材防水、涂膜防水、砂浆防水（防潮）：按卷材品种、规格、厚度，防水层数，防水层做法，防水膜品种，涂膜厚度、遍数，增强材料种类，防水层做法，砂浆厚度、配合比，按设计图示尺寸以面积 m^2 计算。

（a）楼（地）面防水：按主墙间净空面积计算，扣除凸出地面的构筑物、设备基础等所占面积，不扣除间壁墙及单个面积 $\leqslant 0.3m^2$ 柱、垛、烟囱和孔洞所占面积。

（b）楼（地）面防水反边高度 $\leqslant 300mm$ 算做地面防水，反边高度 $> 300mm$ 算作墙面防水。

2）楼（地）面变形缝：按嵌缝材料种类，止水带材料种类，盖缝材料，防护材料种类，按设计图示以长度 m 计算。

（2）清单项目编制和计算应注意的问题。

1）楼（地）面防水找平层按本规范附录 L 楼地面装饰工程"平面砂浆找平层"项目编码列项。

2）楼（地）面防水搭接及附加层用量不另行计算，在综合单价中考虑。

3.4.9.2　附录 J 主要清单项目工作内容

（1）瓦屋面，包括檩条、椽子安装、安顺水条和挂瓦条，基层铺设，铺防水层，安瓦，刷防护材料。

（2）型材屋面，包括骨架制作、运输、安装、屋面型材安装，接缝、嵌缝。

（3）膜结构屋面，包括膜布热压胶接，支桩（网架）制作、安装、膜布安装，穿钢丝绳、锚头锚固，刷油漆。

（4）屋面防水，主要包括基层处理、刷底油、铺油毡卷材、接缝、嵌缝，铺保护层。

（5）屋面排水管，包括排水管及配件安装、固定，雨水斗、雨水箅子安装，接缝、嵌缝。

（6）屋面天沟、檐沟，包括砂浆制作、运输、砂浆找坡、养护，天沟材料铺设，天沟配件安装，接缝、嵌缝，刷防护材料。

3.4.10　《计算规范》（GB50854—2013）附录 K 保温、隔热、防腐工程

本附录包括共 3 节 16 个清单项目。

3.4.10.1　清单项目特征描述和工程量计算规则

1. 附录 K.1 保温、隔热（011001）

保温、隔热包括保温隔热屋面（011001001），保温隔热天棚（011001002），保温隔热墙面（011001003），保温柱、梁（011001004），保温隔热楼地面（011001005），其他保温隔热（011001006）共 6 个清单项目。

（1）工程量计算规则。

1）保温隔热屋面、保温隔热天棚：工程量按保温隔热材料品种、规格、厚度，隔气层材料品种、厚度，粘结材料种类、做法，防护材料种类、做法，按设计图示尺寸以面积 m^2 计算。扣除面积 > 0.3 m^2 孔洞及占位面积。

2）保温隔热墙面，保温柱、梁：按保温隔热部位，保温隔热方式，踢脚线、勒脚线保温做法，龙骨材料品种、规格，保温隔热面层材料品种、规格、性能，保温隔热材料品种、规格及厚度，增强网及抗裂防水砂浆种类，粘结材料种类及做法，防护材料种类及做法，按设计图示尺寸以面积 m^2 计算。扣除门窗洞口以及面积 > 0.3 m^2 梁、孔洞所占面积；门窗洞口侧壁需做保温时，并入保温墙体工程量内；柱按设计图示柱断面保温层中心线展开长度乘保温层高度以面积 m^2 计算，扣除面积 > 0.3 m^2 梁所占面积；梁按设计图示梁断面保温层中心线展开长度乘以保温层长度以面积 m^2 计算。

3）保温隔热楼地面：工程量按保温隔热部位，保温隔热材料品种、规格、厚度，隔气层材料品种、厚度，粘结材料种类、做法，防护材料种类、做法，按设计图示尺寸以面积 m^2 计算。扣除面积 > 0.3 m^2 柱、垛、孔洞所占面积。

4）其他保温隔热：工程量按保温隔热部位，保温隔热方式，隔气层材料品种、厚度，保温隔热面层材料品种、规格、性能，保温隔热材料品种、规格及厚度，粘结材料种类及做法，增强网及抗裂防水砂浆种类，防护材料种类及做法，按设计图示尺寸以展开面积 m^2 计算。扣除面积 > 0.3 m^2 孔洞及占位面积。

（2）清单项目编制和计算应注意的问题。

1）保温隔热装饰面层，按本规范附录 L、M、N、P、Q 中相关项目编码列项；仅做找平层按本规范附录 L 中"平面砂浆找平层"或附录 M 墙、柱面装饰与隔断、幕墙工程"立面砂浆找平层"项目编码列项。

2）柱帽保温隔热应并入天棚保温隔热工程量内。

3）池槽保温隔热应按其他保温隔热项目编码列项。

4）保温隔热方式，指内保温、外保温、夹心保温。

5）保温柱、梁适用于不与墙、天棚相连的独立柱、梁。

2. 附录 K.2 防腐面层（011002）

防腐面层包括防腐混凝土面层（011002001），防腐砂浆面层（011002002），防腐胶泥面层（011002003），玻璃钢防腐面层（011002004），聚氯乙烯板面层（011002005），块料防腐面层（011002006），池、槽块料防腐面层（011002007）共 7 个清单项目。

工程量计算规则如下。

1）防腐混凝土面层、防腐砂浆面层、防腐胶泥面层、玻璃钢防腐面层、聚氯乙烯板面层、块料防腐面层：工程量按防腐部位，面层厚度，混凝土种类，砂浆、胶泥种类、配合比，按设计图示尺寸以面积 m^2 计算。平面防腐：扣除凸出地面的构筑物、设备基础等以及面积 > 0.3m^2 孔洞、柱、垛所占面积。立面防腐：扣除门、窗、洞口以及面积＞ 0.3m² 孔洞、梁所占面积，门、窗、洞口侧壁、垛突出部分按展开面积并入墙面积内。

2）池、槽块料防腐面层：工程量按防腐池、槽名称、代号，块料品种、规格，黏结材料种类，勾缝材料种类，按设计图示尺寸以展开面积 m² 计算。

注意：防腐踢脚线应按本规范附录 L 中"踢脚线"项目编码列项。

3. 附录 K.3 其他防腐（011003）

其他防腐包括隔离层（011003001）、砌筑沥青浸渍砖（011003002）、防腐涂料（011003003）共 3 个清单项目。

（1）工程量计算规则。

1）隔离层、防腐涂料：工程量按不同隔离层部位（涂刷部位），隔离层（基层）材料品种，隔离层做法，粘贴材料种类，刮腻子的种类、遍数，涂料品种、刷涂遍数，按设计图示尺寸以面积 m² 计算。平面防腐：扣除凸出地面的构筑物、设备基础等以及面积＞ 0.3 m² 孔洞、柱、垛所占面积。立面防腐：扣除门、窗、洞口以及面积＞ 0.3 m² 孔洞、梁所占面积，门、窗、洞口侧壁、垛突出部分按展开面积并入墙面积内。

2）砌筑沥青浸渍砖：工程量按砌筑部位、浸渍砖规格、胶泥种类、浸渍砖砌法（平砌、立砌），按设计图示尺寸以体积 m³ 计算，立砌按厚度 115mm 计算；平砌以 53mm 计算。

3.4.10.2　附录 K 清单项目工作内容

（1）保温、隔热项目，包括基层清理、铺设粘贴材料、铺贴保温层、刷防护材料。

（2）防腐项目，主要包括基层清理，基层刷稀胶泥，砂浆制作、运输、摊铺、养护，混凝土制作、运输、摊铺、养护。

3.4.11　《计算规范》（GB50854—2013）附录 L 楼地面装饰工程

本附录包括共 8 节 43 个清单项目。

3.4.11.1　清单项目特征描述和工程量计算规则

1. 附录 L.1 整体面层及找平层（011101）

整体面层及找平层包括水泥砂浆楼地面（011101001）、现浇水磨石楼地面（011101002）、细石混凝土楼地面（011101003）、菱苦土楼地面（011101004）、自流坪楼地面（011101005）、平面砂浆找平层（011101006）共 6 个清单项目。

（1）工程量计算规则。

工程量：按垫层材料种类、厚度，找平层厚度、砂浆配合比，素水泥浆遍数，面层厚度、砂浆配合比，面层做法要求，按设计图示尺寸以面积 m² 计算。扣除凸出地面构筑物、设备基础、室内铁道、地沟等所占面积，不扣除间壁墙及 ≤ 0.3m² 柱、垛、附墙烟囱及孔洞所占面积，门洞、空圈、暖气包槽、壁龛的开口部分不增加面积。

（2）清单项目编制和计算应注意的问题。

1）水泥砂浆面层处理是拉毛还是提浆压光应在面层做法要求中描述。

2）平面砂浆找平层只适用于仅做找平层的平面抹灰。

3）间壁墙指墙厚≤120mm的墙。

4）楼地面混凝土垫层另按附录E.1垫层项目编码，除混凝土外的其他材料垫层按本规范D.4垫层项目编码列项。

2. 附录L.2 块料面层（011102）

块料面层包括石材楼地面（011102001）、碎石材楼地面（011102002）、块料楼地面（011102003）共3个清单项目。

（1）工程量计算规则。工程量按找平层厚度、砂浆配合比，结合层厚度、砂浆配合比，面层材料品种、规格、颜色，嵌缝材料种类，防护层材料种类，酸洗、打蜡要求，按设计图示尺寸以面积m²计算。门洞、空圈、暖气包槽、壁龛的开口部分并入相应的工程量内。

（2）清单项目编制和计算应注意的问题。

1）在描述碎石材项目的面层材料特征时可不用描述规格、品牌、颜色。

2）石材、块料与粘结材料的结合面刷防渗材料的种类在防护层材料种类中描述。

3. 附录L.3 橡塑面层（011103）

橡塑面层包括橡胶板楼地面（011103001）、橡胶板卷材楼地面（011103002）、塑料板楼地面（011103003）、塑料卷材楼地面（011103004）共4个清单项目。

工程量计算规则：工程量按粘结层厚度、材料种类，面层材料品种、规格、颜色，压线条种类，按设计图示尺寸以面积m²计算。门洞、空圈、暖气包槽、壁龛的开口部分并入相应的工程量内。

注意：本节项目中如涉及找平层，另按本附录L.1找平层项目编码列项。

4. 附录L.4 其他材料面层（011104）

其他材料面层包括地毯楼地面（011104001）、竹木地板（011104002）、金属复合地板（011104003）、防静电活动地板（011104004）共4个清单项目。

工程量计算规则：工程量按面层材料品种、规格、颜色，防护材料种类，粘结材料种类，压线条种类，按设计图示尺寸以面积m²计算。门洞、空圈、暖气包槽、壁龛的开口部分并入相应的工程量内。

5. 附录L.5 踢脚线（011105）

踢脚线包括水泥砂浆踢脚线（011105001）、石材踢脚线（011105002）、块料踢脚线（011105003）、塑料板踢脚线（011105004）、木质踢脚线（011105005）、金属踢脚线（011105006）、防静电踢脚线（011105007）共7个清单项目。

工程量计算规则：工程量按踢脚线高度，底层厚度、砂浆配合比，粘贴层厚度、材料种类，面层材料品种、规格、颜色，面层厚度、砂浆配合比，按设计图示长度乘以高度以面积m²计算；或按延长米计算。

注意：石材、块料与粘结材料的结合面刷防渗材料的种类在防护材料种类中描述。

6. 附录 L.6 楼梯面层（011106）

楼梯面层包括石材楼梯面层（011106001）、块料楼梯面层（011106002）、拼碎块料面层（011106003）、水泥砂浆楼梯面层（011106004）、现浇水磨石楼梯面层（011106005）、地毯楼梯面层（011106006）、木板楼梯面层（011106007）、橡胶板楼梯面层（011106008）、塑料板楼梯面层（011106009）共 9 个清单项目。

（1）工程量计算规则。工程量按找平层厚度、砂浆配合比，粘结层厚度、材料种类，面层材料品种、规格、颜色，勾缝材料种类，防滑条材料种类、规格，防护材料种类，按设计图示尺寸以楼梯（包括踏步、休息平台及不大于 500mm 的楼梯井）水平投影面积 m^2 计算。楼梯与楼地面相连时，算至梯口梁内侧边沿；无梯口梁者，算至最上一层踏步边沿加 300mm。

（2）清单项目编制和计算应注意的问题。

1）在描述碎石材项目的面层材料特征时可不用描述规格、品牌、颜色。

2）石材、块料与粘结材料的结合面刷防渗材料的种类在防护层材料种类中描述。

7. 附录 L.7 台阶装饰（011107）

台阶装饰包括石材台阶面（011107001）、块料台阶面（011107002）、拼碎块料台阶面（011107003）、水泥砂浆台阶面（011107004）、现浇水磨石台阶面（011107005）、剁假石台阶面（011107006）共 6 个清单项目。

（1）工程量计算规则。工程量按找平层厚度、砂浆配合比，粘结层材料种类，面层材料品种、规格、颜色，面层厚度、砂浆配合比，勾缝材料种类，防滑条材料种类、规格，防护材料种类，按设计图示尺寸以台阶（包括最上层踏步边沿加 300mm）水平投影面积 m^2 计算。

（2）清单项目编制和计算应注意的问题。

1）在描述碎石材项目的面层材料特征时可不用描述规格、品牌、颜色。

2）石材、块料与粘结材料的结合面刷防渗材料的种类在防护层材料种类中描述。

8. 附录 L.8 零星装饰项目（011108）

零星装饰项目包括石材零星项目（011108001）、拼碎石材零星项目（011108002）、块料零星项目（011108003）、水泥砂浆零星项目（011108004）共 4 个清单项目。

（1）各清单项目工程量计算规则。工程量按工程部位，找平层厚度、砂浆配合比，找平层厚度、砂浆配合比，面层厚度、砂浆厚度，贴结合层厚度、材料种类，面层材料品种、规格、颜色，勾缝材料种类，防护材料种类，酸洗、打蜡要求，按设计图示尺寸以面积 m^2 计算。

（2）清单项目编制和计算应注意的问题。

1）楼梯、台阶牵边和侧面镶贴块料面层，不大于 0.5m^2 的少量分散的楼地面镶贴块料面层，在清单项目中进行描述。

2）石材、块料与粘结材料的结合面刷防渗材料的种类在防护层材料种类中描述。

3.4.11.2 附录L清单项目工作内容

（1）整体面层及找平层，主要包括基层清理、垫层铺设、抹找平层、抹面层、材料运输。

（2）块料面层，包括基层清理，抹找平层，面层铺设、磨边、嵌缝、刷防护材料，酸洗、打蜡，材料运输。

（3）橡塑面层，包括基层清理、面层铺贴、压缝条装钉、材料运输。

（4）其他材料面层，包括基层清理、龙骨铺设、基层铺设、面层铺贴、刷防护材料、材料运输。

（5）踢脚线，包括基层清理、基层铺设、面层铺贴、材料运输。

（6）楼梯面层，包括基层清理、基层铺设、面层铺贴、刷防护材料、材料运输。

（7）台阶装饰，包括基层清理、抹找平层、面层铺贴、贴嵌防滑条、勾缝、刷防护材料材料运输。

（8）零星装饰项目，包括基层清理，抹找平层，面层铺设、磨边，勾缝，刷防护材料，酸洗、打蜡，材料运输。

楼地面装饰工程清单工程量计算解析

【例3-12】某建筑物平面尺寸如图3-46所示，如果水泥砂浆踢脚线的高度为150mm，试计算水泥砂浆面层和水泥砂浆踢脚线的清单工程量。

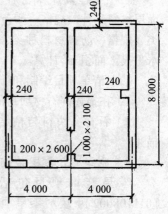

分析：整体面层均按设计图示尺寸以面积计算。扣除凸出地面构筑物、设备基础、室内铁道、地沟等所占面积，不扣除间壁墙和 ≤ $0.3m^2$ 柱、垛、附墙烟囱及孔洞所占面积，门洞的开口部分不增加面积。

踢脚线，均按设计图示长度乘以高度以面积计算。

解：水泥砂浆面层的清单工程量＝主墙间的净面积

$$= （4.0-0.24）\times（8.0-0.24）\times 2$$

$$=58.36（m^2）$$

水泥砂浆踢脚线的清单工程量 S= 长度 × 高度

$$= [（4.0-0.24+8.0-0.24）\times 2 \times 2-1.0 \times 2$$

$$-1.2+0.24 \times 4+0.12 \times 2] \times 0.15$$

$$=6.612（m^2）$$

图3-46 某建筑物平面尺寸

注：图示单位为mm。

【例3-13】某建筑物6层，楼梯贴花岗岩面层，如图3-47所示，计算楼梯面层清单工程量。

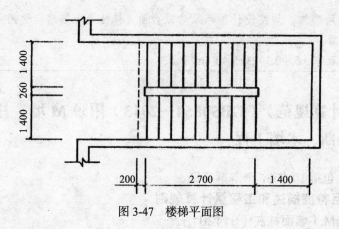

图 3-47　楼梯平面图

注：图示单位为 mm。

　　分析：楼梯装饰，均按设计图示尺寸以楼梯（包括踏步、休息平台及 500mm 以内的楼梯井）水平投影面积计算。

　　解：楼梯贴花岗岩面积 =（2×1.4+0.26）×（0.2+2.7+1.4）×5=65.79（m²）

　　【例 3-14】水泥砂浆台阶如图 3-48、图 3-49 所示，台阶长 6 000mm，踏步宽 300mm，共两步，计算此台阶面层的清单工程量。

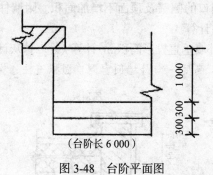

（台阶长 6 000）

图 3-48　台阶平面图

注：图示单位为 mm。

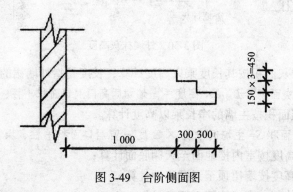

图 3-49　台阶侧面图

注：图示单位为 mm。

分析：台阶装饰，均按设计图示尺寸以台阶（包括最上层踏步边沿加300mm）水平投影面积计算。

解：台阶面积 $=6×0.3×3=5.40$（m^2）

3.4.12 《计算规范》（GB50854—2013）附录M墙、柱面装饰与隔断、木墙工程

本附录共包括10节35个清单项目。

清单项目特征描述和工程量计算规则

1. 附录M.1 墙面抹灰（011201）

墙面抹灰包括墙面一般抹灰（011201001）、墙面装饰抹灰（011201002）、墙面勾缝（011201003）、立面砂浆找平层（011201004）共4个清单项目。

（1）工程量计算规则。工程量按墙体类型、底层厚度、砂浆配合比，面层厚度、砂浆配合比，装饰面材料种类，分格缝宽度、材料种类，墙体类型，找平的砂浆厚度、配合比，勾缝类型，勾缝材料种类，按设计图示尺寸以面积 m^2 计算。扣除墙裙、门窗洞口及单个 $>0.3m^2$ 的孔洞面积，不扣除踢脚线、挂镜线和墙与构件交接处的面积，门窗洞口和孔洞口的侧壁及顶面不增加面积。附墙柱、梁、垛、烟囱侧壁面积并入相应的墙面面积内计算。

1）外墙抹灰面积按外墙垂直投影面积 m^2 计算（外墙抹灰计算高度如图3-50所示）。

外墙抹灰 $S=L_外×$ 高度 $-$ 与外墙门窗洞口面积 $+$ 柱、垛侧壁面积 　　（3-17）

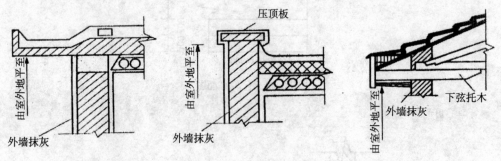

图3-50　外墙抹灰高度

2）外墙裙抹灰面积按其长度乘以高度计算，长度是指外墙裙的长度。

外墙裙抹灰面积 $S=L_{墙裙}×$ 高度 $-$ 与墙裙同高门洞口面积 $+$ 柱、垛侧壁面积（3-18）

3）内墙抹灰面积按主墙的净长乘以高度计算。

内墙抹灰面积 $S=$ 主墙间净长 $×$ 高度 $-$ 窗洞口面积 $+$ 柱、垛侧壁面积　　（3-19）

无墙裙的，高度按室内楼地面至天棚底面计算；

有墙裙的，高度按墙裙顶至天棚底面计算。

有吊顶天棚抹灰，高度算至天棚底另加100mm。

4）内墙裙抹灰面积按内墙净长乘以高度计算。

内墙裙抹灰面积 $S=L_{墙裙} \times$ 高度 $-$ 与墙裙同高门洞口面积 $+$ 柱、垛侧壁面积

$$(3-20)$$

（2）清单项目编制和计算应注意的问题。

1）立面砂浆找平项目适用于仅做找平层的立面抹灰。

2）抹石灰砂浆、水泥砂浆、混合砂浆、聚合物水泥砂浆、麻刀石灰浆、石膏灰浆等按墙面一般抹灰列项，水刷石、斩假石、干粘石、假面砖等按墙面装饰抹灰列项。

3）飘窗凸出外墙面增加的抹灰并入外墙工程量内。

4）有吊顶天棚的内墙面抹灰，抹至吊顶以上部分在综合单价中考虑。

2. 附录 M.2 柱（梁）面抹灰（011202）

柱（梁）面抹灰包括柱、梁面一般抹灰（011202001），柱、梁面装饰抹灰（011202002），柱、梁面砂浆找平（011202003），柱面勾缝（011202004）共 4 个清单项目。

（1）工程量计算规则。工程量按柱体类型、底层厚度、砂浆配合比，面层厚度、砂浆配合比，装饰面材料种类，分格缝宽度、材料种类，找平的砂浆厚度、配合比，勾缝类型，勾缝材料种类。柱面抹灰（勾缝）：按设计图示柱断面周长乘以高度以面积 m^2 计算；梁面抹灰：按设计图示梁断面周高乘以高度以面积 m^2 计算。

（2）清单项目编制和计算应注意的问题。

1）砂浆找平项目适用于仅做找平层的柱（梁）面抹灰。

2）柱（梁）面抹石灰砂浆、水泥砂浆、混合砂浆、聚合物水泥砂浆、麻刀石灰浆、石膏灰浆等按本节中柱（梁）面一般抹灰编码列项；柱（梁）面水刷石、斩假石、干粘石、假面砖等按柱（梁）面装饰抹灰编码列项。

3. 附录 M.3 零星抹灰（011203）

零星抹灰包括零星项目一般抹灰（011203001）、零星项目装饰抹灰（011203002）、零星项目砂浆找平（011203003）共 3 个清单项目。

（1）工程量计算规则。工程量按墙体类型，底层厚度、砂浆配合比，面层厚度、砂浆配合比，装饰面材料种类，分格缝宽度、材料种类，按设计图示尺寸以面积 m^2 计算。

（2）清单项目编制和计算应注意的问题。

1）零星项目抹石灰砂浆、水泥砂浆、混合砂浆、聚合物水泥砂浆、麻刀石灰浆、石膏灰浆等按本节中零星项目一般抹灰编码列项，水刷石、斩假石、干粘石、假面砖等按本节零星项目装饰抹灰编码列项。

2）墙、柱（梁）面 $\leqslant 0.5m^2$ 的少量分散的抹灰按本节零星抹灰项目编码列项。

4. 附录 M.4 墙面块料面层（011204）

墙面材料面层包括石材墙面（011204001）、拼碎石材墙面（011204002）、块料墙面（011204003）、干挂石材钢骨架（011204004）共 4 个清单项目。

（1）工程量计算规则。工程量按墙体类型，安装方式，面层材料品种、规格、颜色、缝宽、嵌缝材料种类，防护材料种类，磨光、酸洗、打蜡要求，按镶贴表面积 m^2 计算，其中干挂石材钢骨架按骨架种类、规格，防锈漆品种遍数，按设计图示以质量 t 计算。

（2）清单项目编制和计算应注意的问题。

1）在描述碎块项目的面层材料特征时可不用描述规格、颜色。

2）石材、块料与粘结材料的结合面刷防渗材料的种类在防护层材料种类中描述。

3）安装方式可描述为砂浆或粘结剂粘贴、挂贴、干挂等，不论哪种安装方式，都要详细描述与组价相关的内容。

5. 附录 M.5 柱（梁）面镶贴块料（011205）

柱（梁）面镶贴块料包括石材柱面（011205001）、块料柱面（011205002）、拼碎块柱面（011205003）、石材梁面（011205004）、块料梁面（011205005）共5个清单项目。

（1）工程量计算规则。工程量按柱截面类型、尺寸，安装方式，面层材料品种、规格、颜色，缝宽、嵌缝材料种类，防护材料种类，磨光、酸洗、打蜡要求，按镶贴表面积 m^2 计算。

图3-51中柱的镶贴面积 $S=2(a_3+b_3)h$

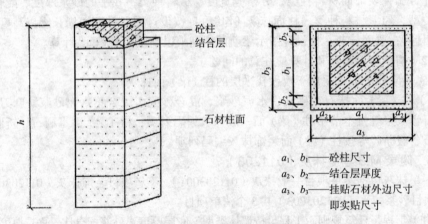

a_1、b_1——砼柱尺寸

a_2、b_2——结合层厚度

a_3、b_3——挂贴石材外边尺寸即实贴尺寸

图 3-51　柱面镶贴石材图

（2）清单项目编制和计算应注意的问题。

1）在描述碎块项目的面层材料特征时可不用描述规格、颜色。

2）石材、块料与粘结材料的结合面刷防渗材料的种类在防护层材料种类中描述。

3）柱梁面干挂石材的钢骨架按表 M4 相应项目编码列项。

6. 附录 M.6 镶贴零星块料（011206）

镶贴零星块料包括石材零星项目（011206001）、块料零星项目（011206002）、拼碎块零星项目（011206003）共3个清单项目。

（1）工程量计算规则。工程量按基层类型、部位，安装方式，面层材料品种、规格、颜色，缝宽、嵌缝材料种类，防护材料种类，磨光、酸洗、打蜡要求，按镶贴表面积 m^2 计算。

（2）清单项目编制和计算应注意的问题。

1）在描述碎块项目的面层材料特征时可不用描述规格、颜色。

2）石材、块料与粘结材料的结合面刷防渗材料的种类在防护层材料种类中描述。

3）零星项目干挂石材的钢骨架按表 M.4 相应项目编码列项。

4）墙柱面 ≤ 0.5m² 的少量分散的镶贴块料面层应按零星项目执行。

7.　附录 M.7 墙饰面（011207）

墙饰面包括墙面装饰板（011207001）、墙面装饰浮雕（011207002）共 2 个清单项目。

工程量按浮雕材料种类、浮雕样式，按设计图示墙净长乘净高（按设计图示尺寸）以面积 m² 计算。扣除门窗洞口及单个 > 0.3m² 的孔洞所占面积。

8.　附录 M.8 柱（梁）饰面（011208）

柱（梁）饰面包括柱（梁）面装饰（011208001）、成品装饰柱（011208002）共 2 个清单项目。

工程量计算规则如下。

（1）柱（梁）面装饰：工程量按龙骨材料种类、规格、中距，隔离层材料种类、规格，基层材料种类、规格，面层材料品种、规格、颜色，压条材料种类、规格，按设计图示饰面外围尺寸以面积 m² 计算。柱帽、柱墩并入相应柱饰面工程量。

（2）成品装饰柱：工程量按柱截面、高度尺寸，柱材质，按设计数量根计算；或按设计长度 m 计算。

9.　附录 M.9 幕墙工程（011209）

幕墙工程包括带骨架幕墙（011209001）、全玻（无框玻璃）幕墙（011209002）共 2 个清单项目。

工程量计算规则如下。

（1）带骨架幕墙：工程量按骨架材料种类、规格、中距，面层材料品种、规格、颜色，面层固定方式，隔离带、框边封闭材料品种、规格，嵌缝、塞口材料种类，按设计图示框外围尺寸以面积 m² 计算。与幕墙同种材质的窗所占面积不扣除。

（2）全玻（无框玻璃）幕墙：工程量按玻璃品种、规格、颜色，粘结塞口材料种类，固定方式，按设计图示尺寸以面积 m² 计算。带肋全玻幕墙按展开面积计算。

注意：幕墙钢骨架按本附录表 M.4 干挂石材钢骨架编码列项。

10.　附录 M.10 隔断（011210）

隔断包括木隔断（011210001）、金属隔断（011210002）、玻璃隔断（011210003）、塑料隔断（011210004）、成品隔断（011210005）、其他隔断（011210006）共 6 个清单项目。

工程量计算规则如下。

（1）木隔断、金属隔断：工程量按骨架、边框材料种类、规格，隔板材料品种、规格、颜色，嵌缝、塞口材料品种，压条材料种类，按设计图示框外围尺寸以面积 m² 计算。不扣除单个 ≤ 0.3m² 的孔洞所占面积；浴厕门的材质与隔断相同时，门的面积并入隔断面积。

（2）玻璃隔断、塑料隔断：工程量按边框材料种类、规格，玻璃（隔板材料）品种、规格、颜色，嵌缝、塞口材料品种，按设计图示框外围尺寸以面积 m^2 计算。不扣除单个 ≤ 0.3m^2 的孔洞所占面积。

（3）成品隔断：工程量按隔断材料品种、规格、颜色，配件品种、规格，按设计图示框外围尺寸以面积 m^2 计算；或按设计间的数量以间计算。

（4）其他隔断：工程量按骨架、边框材料种类、规格，隔板材料品种、规格、颜色，嵌缝、塞口材料品种，按设计图示框外围尺寸以面积 m^2 计算。不扣除单个 ≤ 0.3m^2 的孔洞所占面积。

墙、柱面装饰与隔断、木墙工程清单工程量计算解析

【例 3-15】如图 3-52 所示，某建筑物内墙面为 1∶2 水泥砂浆，外墙面为普通水泥白石子水刷石，层高 3.6m，板厚 120mm，外墙、内墙厚度均为 240mm，门窗尺寸分别为：M-1∶900mm×2 000mm；M-2∶1 200mm×2 000mm；M-3∶1 000mm× 2 000mm；C-1∶1 500mm×1 500mm；C-2∶1 800mm×1 500mm；C-3∶3 000mm×1 500mm。试计算内墙面抹水泥砂浆、外墙面水刷石的清单工程量。

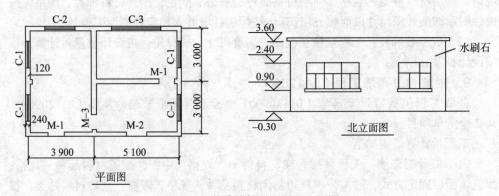

图 3-52　某建筑物平面图、立面图

分析：墙面抹灰按设计图示尺寸以面积 m^2 计算。计算时，应扣除墙裙、门窗洞口及单个大于 0.3m^2 的孔洞面积，门窗洞口和孔洞口的侧壁及顶面不增加面积。附墙柱、梁、垛、烟囱侧壁面积并入相应的墙面面积内计算。

解：外墙外边线 $L_{外}$ =（3.9+5.1+0.24+3.0×2+0.24）×2=30.96（m）

外墙面水刷石的清单工程量 S = 墙面工程量 – 门窗洞口面积

=30.96×（3.6+0.3）–（1.5×1.5×4+1.8×1.5+3.0×1.5+0.9×2.0+1.2×2.0）

=100.34（m^2）

内墙面水泥砂浆的清单工程量 S = 墙面工程量 – 门窗洞口面积

=[（3.9-0.24）+（6.0-0.24）]×2×（3.6-0.12）–（1.5×1.5×2+1.8×1.5+0.9×2.0+1.0×2.0）+[（5.1-0.24）+（3.0-0.24）]×2×（3.6-0.12）–（0.9×2.0+1.2×2.0+1.0×2.0+1.5×1.5）+[（5.1-0.24）+（3.0-0.24）]×2×（3.6-0.12）–（0.9×2.0+1.5×1.5+3.0×1.5）=54.56+44.59+44.49=143.64（m^2）

【例 3-16】如图 3-53 所示，方柱装饰成不锈钢板圆形面，计算不锈钢板圆柱清单工程量。

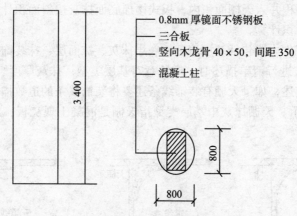

图 3-53　不锈钢包柱图

分析：柱饰面，按设计图示外围饰面尺寸以面积计算。柱帽、柱墩并入相应柱饰面工程量内。外围饰面尺寸是饰面的表面尺寸。

解：不锈钢板圆柱面积 $=3.14 \times 0.8 \times 3.4 = 8.54$（$m^2$）

【例 3-17】如图 3-54 所示，带肋全玻幕墙，玻璃肋的间距为 850mm，计算清单工程量。

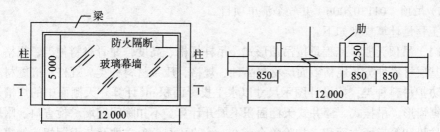

图 3-54　带肋全玻幕墙图

分析：全玻幕墙，按设计图示尺寸以面积计算。带肋全玻幕墙按展开面积计算。

解：带肋全玻幕墙面积 $=12 \times 5 + 0.25 \times 5 \times （12 \div 0.85 - 1）= 60 + 1.25 \times 14 = 77.50$（$m^2$）

注：玻璃肋个数 $=12 \div 0.85 - 1 = 13.12$，取整数计算，为 14。

3.4.13 《计算规范》（GB50854—2013）附录 N 天棚工程

本附录共 4 节 10 个清单项目。

3.4.13.1　清单项目特征描述和工程量计算规则

1. 附录 N.1 天棚抹灰（011301）

天棚抹灰包括天棚抹灰（011301001）1 个清单项目。

工程量按基层类型、抹灰厚度、材料种类，砂浆配合比，按设计尺寸以水平投影面积 m² 计算。不扣除间壁墙、垛、柱、附墙烟囱、检查口和管道所占面积，带梁天棚、梁两侧抹灰面积并入天棚面积内，板式楼梯底面抹灰按斜面积计算，锯齿形楼梯底板抹灰按展开面积计算。

天棚抹灰的工作内容包括基层清理、底层抹灰、抹面层、抹装饰线条。

在对天棚抹灰进行清单描述时，应注意对基层类型、抹灰厚度、抹灰材料种类、砂浆配合比进行描述，如果天棚有装饰线条还要将装饰线条的道数描述清楚，线条的区别如图 3-55 所示。天棚抹灰中基层类型指天棚是混凝土现浇板、预制混凝土板还是木板条等。

图 3-55　装饰线条图

2. 附录 N.2 天棚吊顶（011302）

天棚吊顶包括吊顶天棚（011302001）、格栅吊顶（011302002）、吊筒吊顶（011302003）、藤条造型悬挂吊顶（011302004）、织物软雕吊顶（011302005）、网架（装饰）吊顶（011302006）共 6 个清单项目。

工程量计算规则如下。

（1）吊顶天棚：工程量按吊顶形式、吊杆规格、高度，龙骨材料种类、规格、中距，基层材料种类、规格，面层材料品种、规格，压条材料种类、规格，嵌缝材料种类，防护材料种类，按设计图示尺寸以水平投影面积 m² 计算。天棚面中的灯槽及跌级、锯齿形、吊挂式、藻井式天棚面积不展开计算。不扣除间壁墙、检查口、附墙烟囱、柱垛和管道所占面积，扣除单个 > 0.3m² 的孔洞、独立柱及与天棚相连的窗帘盒所占的面积。其他类型吊顶的区分如图 3-56 所示。

（2）其他清单项目：工程量按龙骨材料种类、规格、中距，基层材料种类、规格，面层材料品种、规格，防护材料种类，按设计图示尺寸以水平投影面积 m² 计算。

3. 附录 N.3 采光天棚（011303）

采光天棚包括采光天棚（011303001）1 个清单项目。

工程量计算规则：工程量按骨架类型，固定类型、固定材料品种、规格，面层材料品种、规格，嵌缝、塞口材料种类，按框外围展开面积 m² 计算。

注意：采光天棚骨架不包括在本节中，应单独按附录 F 相关项目编码列项。

4. 附录 N.4 天棚其他装饰（011304）

天棚其他装饰包括灯带（槽）（011304001）、送风口、回风口（011304002）共 2 个清单项目。

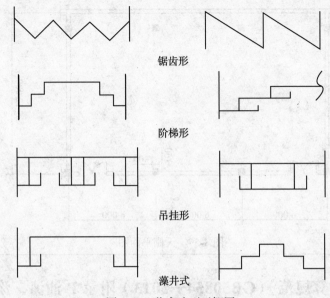

图 3-56 艺术造型天棚图

工程量计算规则如下。

（1）灯带（槽）：工程量按灯带形式、尺寸，格栅片材料品种、规格，安装固定方式，按设计图示尺寸以框外围面积 m² 计算。

（2）送风口、回风口：工程量按风口材料品种、规格，安装固定方式，防护材料种类，按设计图示数量以个计算。

3.4.13.2　附录 N 各清单项目的工作内容

（1）天棚抹灰：基层清理，底层抹灰，抹面层。

（2）天棚吊顶：基层清理、吊杆安装，龙骨安装，基层板铺贴，面层铺贴，嵌缝，刷防护材料。

（3）采光天棚：清理基层，面层装饰，嵌缝、塞口，清洗。

（4）天棚其他装饰：安装、固定，刷防护材料。

天棚工程量计算解析

【例 3-18】如图 3-57 所示，试求天棚抹灰及天棚吊顶的清单工程量。

分析：天棚抹灰按设计尺寸以水平投影面积 m² 计算。不扣除间壁墙、垛、柱、附墙烟囱、检查口和管道所占面积。天棚吊顶按设计图示尺寸以水平投影面积计算。不扣除间壁墙、检查口、附墙烟囱、柱垛和管道所占的面积，扣除单个大于 0.3m² 的孔洞、独立柱及与天棚相连的窗帘盒所占的面积。

解：天棚抹灰的面积 S_1=（6.0×3-0.24）×（12.0-0.24）=208.86（m²）

天棚吊顶面积 S_2= 天棚抹灰的面积 - 独立柱的工程量

=208.86-0.4×0.4×2=208.54（m²）

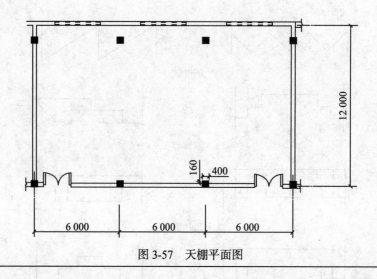

图 3-57　天棚平面图

3.4.14 《计算规范》(GB50854—2013) 附录 P 油漆、涂料、裱糊工程

本附录共 8 节 36 个清单项目。

3.4.14.1 清单项目特征描述和工程量计算规则

1. 附录 P.1 门油漆（011401）

门油漆包括木门油漆（011401001）、金属门油漆（011401002）共 2 个清单项目。

2. 附录 P.2 窗油漆（011402）

窗油漆包括木窗油漆（011402001）、金属窗油漆（011402002）共 2 个清单项目。

（1）以上两节各清单项目工程量计算规则。工程量按门（窗）类型，门（窗）代号及洞口尺寸，腻子种类，刮腻子遍数，防护材料种类，油漆品种、刷漆遍数，按设计图示数量樘计量；或按设计图示洞口尺寸以面积 m^2 计算。

（2）清单项目编制和计算应注意的问题。

1）门油漆应注意以下几点。

（a）木门油漆应区分木大门、单层木门、双层（一玻一纱）木门、双层（单裁口）木门、全玻自由门、半玻自由门、装饰门及有框门或无框门等项目，分别编码列项。

（b）金属门油漆应区分平开门、推拉门、钢制防火门列项。

（c）以 m^2 计量，项目特征可不必描述洞口尺寸。

2）窗油漆应注意以下几点。

（a）木窗油漆应区分单层木门、双层（一玻一纱）木窗、双层框扇（单裁口）木窗、双层框三层（二玻一纱）木窗、单层组合窗、双层组合窗、木百叶窗、木推拉窗等项目，分别编码列项。

（b）金属窗油漆应区分平开窗、推拉窗、固定窗、组合窗、金属隔栅窗分别列项。

（c）以 m² 计量，项目特征可不必描述洞口尺寸。

3. 附录 P.3 木扶手及其他板条、线条油漆（011403）

木扶手及其他板条、线条油漆包括木扶手油漆（011403001），窗帘盒油漆（011403002），封檐板、顺水板油漆（011403003），挂衣板、黑板框油漆（011403004），挂镜线、窗帘棍、单独木线油漆（011403005）共 5 个清单项目。

工程量计算规则：工程量按断面尺寸，腻子种类，刮腻子遍数，防护材料种类，油漆品种、刷漆遍数，按设计图示尺寸以长度 m 计算。

注意：木扶手应区分带托板与不带托板，分别编码列项，若是木栏杆代扶手，木扶手不应单独列项，应包含在木栏杆油漆中。

4. 附录 P.4 木材面油漆（011404）

木材面油漆包括木护墙、木墙裙油漆（011404001），窗台板、筒子板、盖板、门窗套、踢脚线油漆（011404002），清水板条天棚、檐口油漆（011404003），木方格吊顶天棚油漆（011404004），吸音板墙面、天棚面油漆（011404005），暖气罩油漆（011404006），其他木材料（011404007），木间壁、木隔断油漆（011404008），玻璃间壁露明墙筋油漆（011404009），木栅栏、木栏杆（带扶手）油漆（011404010），衣柜、壁柜油漆（011404011），梁柱饰面油漆（011404012），零星木装修油漆（011404013），木地板油漆（011404014），木地板烫硬蜡面（011404015）共 15 个清单项目。

工程量计算规则如下。

（1）木护墙、木墙裙油漆，窗台板、筒子板、盖板、门窗套、踢脚线油漆，清水板条天棚、檐口油漆，木方格吊顶天棚油漆，吸音板墙面、天棚面油漆，暖气罩油漆，其他木材料：工程量按腻子种类，刮腻子遍数，防护材料种类，油漆品种、刷漆遍数，按设计图示尺寸以面积 m² 计算。

（2）木间壁、木隔断油漆，玻璃间壁露明墙筋油漆，木栅栏、木栏杆（带扶手）油漆，衣柜、壁柜油漆，梁柱饰面油漆，零星木装修油漆，木地板油漆，木地板烫硬蜡面：工程量按腻子种类，刮腻子遍数，防护材料种类，油漆品种、刷漆遍数，按设计图示尺寸以单面外围面积 m² 计算，或按设计图示尺寸以油漆部分展开面积 m² 计算。

（3）木地板烫硬蜡面：工程量按硬蜡品种，面层处理要求，设计图示尺寸以面积 m² 计算。空洞、空圈、暖气包槽、壁龛的开口部分并入相应的工程量内。

5. 附录 P.5 金属面油漆（011405）

金属面油漆包括金属面油漆（011405001）1 个清单项目。

工程量计算规则：工程量按构件名称，腻子种类，刮腻子要求，防护材料种类，油漆品种、刷漆遍数，按设计图示尺寸以质量 t 计算；或按设计展开面积 m² 计算。

6. 附录 P.6 抹灰面油漆（011406）

抹灰面油漆包括抹灰面油漆（011406001）、抹灰线条油漆（011406002）、满刮腻子（011406003）共 3 个清单项目。工程量计算规则如下。

（1）抹灰面油漆、满刮腻子：工程量按基层类型，腻子种类，刮腻子遍数，防护材料种类，油漆品种、刷漆遍数，部位，按设计图示尺寸以面积 m² 计算。

（2）抹灰线条油漆：工程量按线条宽度、道数，腻子种类，刮腻子遍数，防护材料种类，油漆品种、刷漆遍数，按设计图示尺寸以长度 m 计算。

7．附录 P.7 喷刷涂料（011407）

喷刷涂料包括墙面喷刷涂料（011407001），天棚喷刷涂料（011407002），空花格、栏杆刷涂料（011407003），线条刷涂料（011407004），金属构件刷防火涂料（011407005），木材构件喷刷防火涂料（011407006）共 6 个清单项目。

工程量计算规则如下。

（1）墙面喷刷涂料，天棚喷刷涂料，空花格、栏杆刷涂料，木材构件喷刷防火涂料：工程量按基层类型，喷刷涂料部位，腻子种类，刮腻子要求，涂料品种、喷刷遍数，按设计图示尺寸以面积 m² 计算。其中空花格、栏杆刷涂料，按设计图示尺寸以单面外围面积 m² 计算。

（2）线条刷涂料：工程量按基层清理，线条宽度，刮腻子遍数，刷防护材料、油漆，按设计图示尺寸以长度 m 计算。

（3）金属构件刷防火涂料：工程量按喷刷防火涂料构件名称，防火等级要求，涂料品种、喷刷遍数，按设计图示尺寸以质量 t 计算，或按设计展开面积 m² 计算。

注意：喷刷墙面涂料部位要注明内墙或外墙。

8．附录 P.8 裱糊（011408）

裱糊包括墙纸裱糊（011408001）、织锦缎裱糊（011408002）共 2 个清单项目。

工程量按基层类型，裱糊部位，腻子种类，刮腻子遍数，黏结材料种类，防护材料种类，面层材料品种、规格、颜色，按设计图示尺寸以面积 m² 计算。

3.4.14.2　附录 P 各清单项目的工作内容

（1）附录 P.1 ～ P.7：包括基层清理，刮腻子，刷防护材料、油漆，刷、喷涂料，刷防火材料。

（2）附录 P.8：包括基层清理，刮腻子，面层铺粘，刷防护材料。

3.4.15　《计算规范》（GB50854—2013）附录 Q 其他装饰工程

本附录共 8 节 62 个清单项目。

3.4.15.1　清单项目特征描述和工程量计算规则

1．附录 Q.1 柜类、货架（011501）

柜类、货架（011501）包括 20 个清单项目。

工程量按台柜规格，材料种类、规格，五金种类、规格，防护材料种类，油漆品种、刷漆遍数，按设计图示数量个计量，或按设计图示尺寸以延长米计算，或按设计图示尺寸以体积 m³ 计算。

注意：台柜的规格是以能分离的成品单体长、宽、高来表示的，如一个组合书柜分上下两部分，下部为独立的矮柜、上部为敞开式的书柜，可以上下两部分标注尺寸。

2. 附录 Q.2 压条、装饰线（011502）

压条、装饰线（011502）包括 8 个清单项目。工程量计算规则如下。

（1）本节前 7 个清单项目：工程量按基层类型，线条材料品种、规格、颜色，防护材料种类，按设计图示尺寸以长度 m 计算。

（2）GRC 装饰线条（011502008）：工程量按基层类型，线条材料规格，线条安装部位，填充材料种类，按设计图示尺寸以长度 m 计算。

3. 附录 Q.3 扶手、栏杆、栏板装饰（011503）

扶手、栏杆、栏板装饰（011503）共包括 8 个清单项目。

（1）工程量按扶手材料种类、规格，栏杆材料种类、规格，栏板材料种类、规格、颜色，固定配件种类，防护材料种类，按设计图示以扶手中心线长度（包括弯头长度）m 计算。

（2）GRC 栏杆、扶手（011503004）：工程量按栏杆的规格，安装间距，扶手类型规格，填充材料种类，按设计图示以扶手中心线长度（包括弯头长度）m 计算。

4. 附录 Q.4 暖气罩（011504）

暖气罩（011504）包括 3 个清单项目。

工程量按暖气罩材质、防护材料种类，按设计图示尺寸以垂直投影面积（不展开）m^2 计算。

5. 附录 Q.5 浴厕配件（011505）

浴厕配件（011505）包括 11 个清单项目。

（1）洗漱台：工程量按材料品种、规格、品牌、颜色，支架、配件品种、规格、品牌，按设计图示尺寸以台面外接矩形面积 m^2 计算，不扣除孔洞、挖弯、削角所占面积，挡板、吊沿板面积并入台面面积内，或按设计图示数量个计算。

（2）晒衣架，帘子杆，浴缸拉手，卫生间扶手，卫生纸盒，肥皂盒：工程量按材料品种、规格、颜色，支架、配件品种、规格，按设计图示数量个计算。

（3）毛巾杆（架）、毛巾环：工程量按材料品种、规格、颜色，支架、配件品种、规格，按计图示数量套、副计算。

（4）镜面玻璃：镜面玻璃品种、规格，框材质、断面尺寸，基层材料种类，防护材料种类，按设计图示尺寸以边框外围面积 m^2 计算。

（5）镜箱：箱材质、规格，玻璃品种、规格，基层材料种类，防护材料种类，油漆品种、刷漆遍数，设计图示数量个计算。

6. 附录 Q.6 雨篷、旗杆（011506）

雨篷、旗杆（011506）包括 3 个清单项目。

（1）雨篷吊挂饰面（011506001）、玻璃雨篷（011506003）：工程量按基层类型（玻璃雨篷固定方式），龙骨材料种类、规格、中距，面层材料品种、规格、品牌，吊顶（天棚）材料（玻璃材料）品种、规格、品牌，嵌缝材料种类，防护材料种类，按设计图示尺寸以水平投影面积 m^2 计算。

（2）金属旗杆（011506002）：工程量按旗杆材料、种类、规格，旗杆高度，基础材料种类，基座材料种类，基座面层材料、种类、规格，按设计图示数量根计算。

注意：旗杆的高度是指旗杆台座至杆顶的尺寸（包括球珠）。

7. 附录 Q.7 招牌、灯箱（011507）

招牌、灯箱（011507）包括 4 个清单项目。

（1）平面、箱式招牌（011507001），竖式标箱（011507002），灯箱（011507003）：工程量按箱体规格，基层材料种类，面层材料种类，防护材料种类，按设计图示尺寸以正立面边框外围面积 m^2 计算，复杂形的凸凹造型部分不增加面积。竖式标箱、灯箱按设计图示数量以个计算。

（2）信报箱（011507004）：工程量按箱体规格、基层材料种类、面层材料种类、保护材料种类、户数，按设计图示数量以个计算。

8. 附录 Q.8 美术字（011508）

美术字（011508）包括 5 个清单项目。

工程量按基层类型，镂字材料品种、颜色，字体规格，固定方式，油漆品种、刷漆遍数，按设计图示数量以个计算。

3.4.15.2　附录 Q 各清单项目的工作内容

（1）柜类、货架：台柜制作、运输、安装（安放），刷防护材料、油漆，五金件安装。

（2）压条、装饰线：线条制作、安装，刷防护材料。

（3）扶手、栏杆、栏板装饰：制作，运输，安装，刷防护材料。

（4）暖气罩：暖气罩制作、运输、安装，刷防护材料。

（5）浴厕配件：台面及支架、运输、安装，杆、环、盒、配件安装，刷油漆。

（6）雨篷、旗杆：底层抹灰，龙骨基层安装，面层安装，刷防护材料、油漆；土石挖、填、运，基础混凝土浇筑，旗杆制作、安装，旗杆台座制作、饰面。

（7）招牌、灯箱：基层安装，箱体及支架制作、运输、安装，面层制作、安装，刷防护材料、油漆。

（8）美术字：字制作、运输、安装，刷油漆。

3.4.16　《计算规范》（GB50854—2013）附录 R 拆除工程

本附录共 15 节 37 个清单项目。

3.4.16.1　清单项目特征描述和工程量计算规则

1. 附录 R.1 砖砌体拆除（011601）

砖砌体拆除包括 1 个清单项目。

砖砌体拆除（011601001）：按砌体名称、砌体材质、拆除高度、拆除砌体的截面尺寸、砌体表面的附着物种类，按拆除的体积 m^3 计算；或按拆除的延长米计算。

2. 附录 R.2 混凝土及钢筋混凝土构件拆除（011602）

混凝土及钢筋混凝土构件拆除包括 2 个清单项目。

混凝土构件拆除（011602001）、钢筋混凝土构件拆除（011602002）：按构件名称、拆除构件的厚度或规格尺寸、构件表面的附着物种类，按拆除构件的混凝土体积 m^3 计算；或按拆除部位的面积 m^2 计算；或按拆除部位的延长米计算。

3. 附录 R.3 木构件拆除（011603）

木构件拆除包括 1 个清单项目。

木构件拆除（011603001）：按砌体名称、砌体构件的厚度或规格尺寸、构件表面的附着物种类，按拆除构件的体积 m^3 计算；或按拆除面积 m^2 计算；或按拆除延长米计算。

4. 附录 R.4 抹灰层拆除（011604）

抹灰层拆除包括 3 个清单项目。工程量计算规则如下。

平面抹灰层拆除（011604001）、立面抹灰层拆除（011604002）和天棚抹灰面拆除（011604003）：按拆除部位、抹灰层种类，按拆除部位的面积 m^2 计算。

5. 附录 R.5 块料面层拆除（011605）

块料面层拆除包括 2 个清单项目。

平面块料拆除（011605001）、立面块料拆除（011605002）：按拆除的基层类型、饰面材料种类，按拆除面积 m^2 计算。

6. 附录 R.6 龙骨及饰面拆除（011606）

龙骨及饰面拆除包括 3 个清单项目。

楼地面龙骨及饰面拆除（011606001）、墙柱面龙骨及饰面拆除（011606002）和天棚面龙骨及饰面拆除（011606003）：按拆除的基层类型、龙骨及饰面种类，按拆除面积 m^2 计算。

7. 附录 R.7 屋面拆除（011607）

屋面拆除包括 2 个清单项目。

（1）刚性层拆除（011607001）：按刚性层厚度，按铲除部位的面积 m^2 计算。

（2）防水层拆除（011607002）：按防水层种类，按铲除部位的面积 m^2 计算。

8. 附录 R.8 铲除油漆涂料裱糊面（011608）

铲除油漆涂料裱糊面包括 3 个清单项目。

铲除油漆面（011608001）、铲除涂料面（011608002）和铲除裱糊面（011608003）：按铲除部位名称、铲除部位的截面尺寸，按铲除部位的面积 m^2 计算；或按铲除部位的延长米计算。

9. 附录 R.9 栏杆栏板、轻质隔断隔墙拆除（011609）

栏杆栏板、轻质隔断隔墙拆除包括 2 个清单项目。

（1）栏杆、栏板拆除（011609001）：按栏杆（板）的高度，栏杆、栏板种类，按拆除部位的面积 m^2 计算；或按拆除部位的延长米计算。

（2）隔断隔墙拆除（011609002）：按拆除隔墙的骨架种类、拆除隔墙的饰面种类，按拆除部位的面积 m^2 计算。

10. 附录 R.10 门窗拆除（011610）

门窗拆除包括 2 个清单项目。

木门窗拆除（011610001）、金属门窗拆除（011610002）：按室内高度、门窗洞口尺寸，按拆除面积 m² 计算；或按拆除樘数计算。

11. 附录 R.11 金属构件拆除（011611）

金属构件拆除包括 5 个清单项目。

钢梁拆除（011611001）、钢柱拆除（011611002）、钢网架拆除（011611003）、钢支撑、钢墙架拆除（011611004）、其他金属构件拆除（011611005）：按构件名称、拆除构件的规格尺寸，按拆除构件的质量 t 计算，或按拆除延长米计算。

12. 附录 R.12 管道及卫生洁具拆除（011612）

管道及卫生洁具拆除包括 2 个清单项目。

（1）管道拆除（011612001）：按管道种类、材质，管道上的附着物种类，按拆除管道的延长米计算。

（2）卫生洁具拆除（011612002）：按卫生洁具种类，按拆除的数量以套、个计算。

13. 附录 R.13 灯具、玻璃拆除（011613）

灯具、玻璃拆除包括 2 个清单项目。

（1）灯具拆除（011613001）：按拆除灯具高度、灯具种类，按拆除的数量套计算。

（2）玻璃拆除（011613002）：按玻璃厚度、拆除部位，按拆除的面积 m² 计算。

14. 附录 R.14 其他构件拆除（011614）

其他构件拆除包括 6 个清单项目。

（1）暖气罩拆除（011614001）：按暖气罩材质，按拆除个数计算；或按拆除延长米计算。

（2）柜体拆除（011614002）：按柜体材质，柜体尺寸长、宽、高，按拆除个数计算；或按拆除延长米计算。

（3）窗台板拆除（011614003）：按窗台板平面尺寸，按拆除数量块计算；或按拆除延长米计算。

（4）筒子板拆除（011614004）：按筒子板的平面尺寸，按拆除数量块计算；或按拆除延长米计算。

（5）窗帘盒拆除（011614005）：按窗帘盒的平面尺寸，按拆除延长米计算。

（6）窗帘轨拆除（011614006）：按窗帘轨的材质，按拆除延长米计算。

15. 附录 R.15 开孔（打洞）（011615）

开孔（打洞）包括 1 个清单项目。

开孔（打洞）（011615001）：按部位、打洞部位材质、洞尺寸，按数量以个计算。

3.4.16.2　工程量计算应注意的问题

1. 砌砖体拆除

（1）砌体名称指墙、柱、水池等。

（2）砌体表面的附着物中指抹灰层、块料层、龙骨及装饰面层等。

（3）以 m 计量，如砖地沟、砖明沟等必须描述拆除部位的截面尺寸；以 m³ 计量，截面尺寸则不必描述。

2．混凝土及钢筋混凝土构件拆除

（1）以 m³ 作为计量单位时，可不描述构件的规格尺寸；以 m² 作为计量单位时，则应描述构件的厚度；以 m 作为计量单位时，则必须描述构件的规格尺寸。

（2）构件表面的附着物种类指抹灰层、块料层、龙骨及装饰面层等。

3．木构件拆除

（1）拆除木构件应按木梁、木柱、木楼梯、木屋架、承重木楼板等分别在构件名称中描述。

（2）以 m³ 作为计量单位时，可不描述构件的规格尺寸；以 m² 作为计量单位时，则应描述构件的厚度；以 m 作为计量单位时，则必须描述构件的规格尺寸。

（3）构件表面的附着物种类指抹灰层、块料层、龙骨及装饰面层等。

4．抹灰面拆除

（1）单独拆除抹灰层应按本节中的项目编码列项。

（2）抹灰层种类可描述为一般抹灰或装饰抹灰。

5．块料面层拆除

（1）如仅拆除块料层，拆除的基层类型不用描述。

（2）拆除的基层类型的描述指砂浆层、防水层、干挂或挂贴采用的钢骨架层等。

6．龙骨及饰面拆除

（1）基层类型的描述指砂浆层、防水层等。

（2）如仅拆除龙骨及饰面，拆除的基层类型不用描述。

（3）如只拆除饰面，不用描述龙骨材料种类。

7．铲除油漆涂料裱糊面

（1）单独铲除油漆涂料裱糊面的工程按本节中的项目编码列项。

（2）铲除部位名称的描述指墙面、柱面、天棚、门窗等。

（3）按 m 计量，必须描述铲除部位的截面尺寸；以 m² 计量时，则不用描述铲除部位的截面尺寸。

8．栏杆栏板、轻质隔断隔墙拆除

以 m² 计量，不用描述栏杆（板）的高度。

9．门窗拆除

门窗拆除以 m² 计量，不用描述门窗的洞口尺寸。室内高度指室内楼地面至门窗的上边框。

10．灯具、玻璃拆除

拆除部位的描述指门窗玻璃、隔断玻璃、墙玻璃、夹具玻璃等。

11．其他构件拆除

双轨窗帘轨拆除按双轨长度 m 分别计算工程量。

12．开孔（打洞）

（1）部位可描述为墙面或楼板。

（2）打洞部位材质可描述为页岩砖或空心砖或钢筋混凝土等。

3.4.16.3 附录 R 各清单项目的工作内容

工作内容包括：拆除，控制扬尘，清理，建渣场内、外运输。

3.4.17 《计算规范》(GB50854—2013) 附录 S 措施项目

本附录共划分为 7 节 52 个清单项目。

3.4.17.1 清单项目特征描述和工程量计算规则

1. 附录 S.1 脚手架工程（011701）

脚手架工程包括 8 个清单项目。

（1）综合脚手架（011701001）：按建筑结构形式、檐口高度，按建筑面积 m² 计算。

（2）外脚手架（011701002）。

（3）里脚手架（011701003）：按搭设方式、搭设高度、脚手架材质，按所服务对象的垂直投影面积 m² 计算。

（4）悬空脚手架（011701004）：按搭设方式、悬挑宽度、脚手架材质，按搭设的水平投影面积 m² 计算。

（5）挑脚手架（011701005）：按搭设方式、悬挑宽度、脚手架材质，按搭设长度乘以搭设层数以延长米 m 计算。

（6）满堂脚手架（011701006）：按搭设方式、搭设高度、脚手架材质，按所搭设的水平投影面积 m² 计算。

（7）整体提升架（011701007）：按搭设方式及启动装置、搭设高度，按所服务对象的垂直投影面积 m² 计算。工作内容包括：场内、场外材料搬运，选择附墙点与主体连接，搭、拆脚手架、斜道、上料平台，安全网的铺设，测试电动装置、安全锁等，拆除脚手架后材料的堆放。

（8）外装饰吊篮（011701008）：按升降方式及启动装置，搭设高度及吊篮型号，按所服务对象的垂直投影面积 m² 计算。工作内容包括：场内、场外材料搬运，吊篮的安装，测试电动装置、安全锁、平衡控制器等，吊篮的拆卸。

2. 附录 S.2 混凝土模板及支架（撑）（011702）

混凝土模板及支架（撑）包括 32 个清单项目。

（1）基础（011702001），矩形柱（011702002），构造柱（011702003），异形柱（011702004），基础梁（011702005），矩形梁（011702006），异形梁（011702007），圈梁（011702008），过梁（011702009），弧形、拱形梁（011702010），直形墙（011702011），弧形墙（011702012），短肢剪力墙、电梯井壁（011702013），有梁板（011702014），无梁板（011702015），平板（011702016），拱板（011702017），薄壳板（011702018），空心板（011702019），其他板（011702020），栏板（011702021）。工程量按基础类型、柱截面形状、梁截面形状、支撑高度，按模板与现浇混凝土构件的接触面积 m² 计算：①现浇钢筋混凝土墙、板单孔面积 ≤ 0.3m² 的孔洞不予扣除，洞侧壁模板亦不增加；单孔面积 > 0.3m² 时应予扣除，洞侧壁模板面积并入墙、板工程量内计算。②现浇框架分别按梁、板、柱有关规定计算；附墙柱、暗梁、暗柱并入墙内工程量内计算。③柱、梁、墙、板相互连接的重叠部分，均不计算模板面积。④构造柱按图示外露部分计算模板面积。

（2）天沟、檐沟（011702022）：按构件类型，按模板与现浇混凝土构件的接触面积 m^2 计算。

（3）雨篷、悬挑板、阳台板（011702023）：按构件类型、板厚度，按图示外挑部分尺寸的水平投影面积 m^2 计算，挑出墙外的悬臂梁及板边不另计算。

（4）楼梯（011702024）：按类型，按楼梯（包括休息平台、平台梁、斜梁和楼层板的连接梁）的水平投影面积 m^2 计算，不扣除宽度 ≤ 500mm 的楼梯井所占面积，楼梯踏步、踏步板、平台梁等侧面模板不另计算，伸入墙内部分亦不增加。

（5）其他现浇构件（011702025）：按构件类型、模板与现浇混凝土构件的接触面积 m^2 计算。

（6）电缆沟、地沟（011702026）：按沟类型、沟截面，按模板与电缆沟、地沟接触的面积 m^2 计算。

（7）台阶（011702027）：按台阶踏步宽，按图示台阶水平投影面积 m^2 计算，台阶端头两侧不另计算模板面积。架空式混凝土台阶，按现浇楼梯计算。

（8）扶手（011702028）：按扶手断面尺寸，按模板与扶手的接触面积 m^2 计算。

（9）散水（011702029）：按模板与散水的接触面积 m^2 计算。

（10）后浇带（011702030）：按后浇带部位，按模板与后浇带的接触面积 m^2 计算。

（11）化粪池（011702031）和检查井（011702032）：按池或井的部位和规格，按模板与混凝土接触面积 m^2 计算。

混凝土模板及支架（撑）工程量计算解析

【例 3-19】如图 3-58 所示，梁、板、柱均采用 C30 混凝土，板厚 100 mm，柱基础顶面标高 −0.5m，柱顶标高 6.0m；柱截面尺寸为：$Z_1=300mm×500mm$，$Z_2=400mm×500mm$，$Z_3=300mm×400mm$，试计算现浇钢筋混凝土构件模板的工程量。

分析：柱、梁、板模板的工程量区分柱截面形状、梁截面形状、支撑高度，按模板与现浇混凝土构件的接触面积 m^2 计算：

解：（1）柱模板 $S=$ 柱断面周长 × 柱高 − 梁与柱交接处面积 − 板与柱交接处面积

Z_1 模板 $S_1=[（0.3+0.5）×2×（6.0+0.5）−0.2×（0.5−0.1）×2−0.1 \\ ×0.5−0.1×0.3]×4=40.64（m^2）$

Z_2 模板 $S_2=[（0.4+0.5）×2×（6.0+0.5）−0.2×（0.5−0.1）×3−0.1×0.5 \\ ×2−0.1×0.4]×4=45.28（m^2）$

Z_3 模板 $S_3=[（0.3+0.4）×2×（6.0+0.5）−0.2×（0.5−0.1）×3−0.1×0.3 \\ ×2−0.1×0.4]×4=35.04（m^2）$

柱模板 $S=S_1+S_2+S_3=40.64+45.28+35.04=120.96（m^2）$

（2）梁模板 $S=$ 梁长 × 梁展开宽

WKL1（边跨Ⓐ、Ⓓ轴）$S_1=（5.0×2+6.0−0.15×2−0.4×2）×[0.5+0.2+（0.5−0.1）] \\ ×2 =32.78（m^2）$

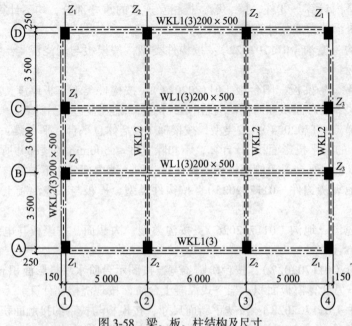

图 3-58　梁、板、柱结构及尺寸

WKL2（边跨①、④轴）S_2=（3.5×2+3.0−0.25×2−0.4×2）×[0.5+0.2+（0.5−0.1）]
　　　　　　　　　　×2 =19.14（m²）

WKL2（边跨②、③轴）S_3=（3.5×2+3.0−0.25×2−0.2×2）×[0.2+（0.5−0.1）×2]
　　　　　　　　　　×2 =19.00（m²）

WKL3（中跨⑧、⑥轴）S_4=（5.0×2+6.0−0.15×2−0.2×2）×[0.2+（0.5−0.1）×2]
　　　　　　　　　　×2 =30.60（m²）

梁模板 S=S_1+S_2+S_3+S_4=32.78+19.14+19.00+30.60=101.52（m²）

（3）板模板 S= 屋面面积 − 柱断面面积 − 梁底所占面积

　　　　=（5.0×2+6.0+0.15×2）×（3.5×2+3.0+0.25×2）−0.3×0.5×4−0.4
　　　　　×0.5×4−0.3×0.4×4−（5.0×2+6.0−0.15×2−0.4×2）×0.2×2
　　　　　−（5.0×2+6.0−0.15×2−0.2×2）×0.2×2−（3.5×2+3.0−0.25×2
　　　　　−0.4×2）×0.2×2−（3.5×2+3.0−0.25×2）×0.2×2
　　　　=171.15−0.6−0.8−0.48−5.96−6.12−3.48−3.80=149.91（m²）

3. 附录 S.3 垂直运输（011703）

垂直运输包括 1 个清单项目。

垂直运输（011703001）：按建筑物建筑类型及结构形式，地下室建筑面积，建筑物檐口高度、层数，按建筑面积 m² 计算；或按施工工期日历天数计算。工作内容包括：垂直运输机械的固定装置、基础制作、安装，行走式垂直运输机械轨道的铺设、拆除、摊销。

4．附录 S.4 超高施工增加（011704）

超高施工增加包括 1 个清单项目。

超高施工增加（011704001）：按建筑物建筑类型及结构形式，建筑物檐口高度、层数，单层建筑物檐口高度超过 20m，多层建筑物超过 6 层部分的建筑面积，按建筑物超过部分的建筑面积 m^2 计算。工作内容包括：建筑物超高引起的人工工效降低以及由于人工工效降低引起的机械降效，高层施工用水加压水泵的安装、拆除及工作台班，通信联络设备的使用及摊销。

5．附录 S.5 大型机械设备进出场及安拆（011705）

大型机械设备进出场及安拆包括 1 个清单项目。

大型机械设备进出场及安拆（011705001）：按机械设备名称，机械设备规格型号，按使用机械设备的数量以台计算。工作内容包括：安拆费包括施工机械、设备在现场进行安装拆卸所需人工、材料、机械和试运转费用以及机械辅助设施的折旧、搭设、拆除等费用，进出场费包括施工机械、设备整体或分体自停放地点运至施工现场或由一施工地点运至另一施工地点所发生的运输、装卸、辅助材料等费用。

6．附录 S.6 施工排水、降水（011706）

施工排水、降水包括 2 个清单项目。

（1）成井（011706001）：按成井方式，地层情况，成井直径，井（滤）管类型、直径，按设计图示尺寸以钻孔深度 m 计算。工作内容包括：准备钻孔机械、埋设护筒、钻机就位；泥浆制作、固壁；成孔、出渣、清孔等，对接上、下井管（滤管），焊接、安放、下滤料，洗井，连接试抽等。

（2）排水、降水（011706002）：按机械规格型号，降排水管规格，按排、降水日历天数昼夜计算。工作内容包括：管道安装、拆除、场内搬运等，抽水、值班、降水设备维修等。

7．附录 S.7 安全文明施工及其他措施项目（011707）

安全文明施工及其他措施项目包括 7 个清单项目。工作内容及包含范围如下。

（1）安全文明施工（011707001）：①环境保护：现场施工机械设备降低噪声、防扰民措施；水泥和其他易飞扬细颗粒建筑材料密闭存放或采取覆盖措施等；工程防扬尘洒水；土石方、建渣外运车辆防护措施等；现场污染的控制、生活垃圾清理外运、场地排水排污措施；其他环境保护措施。②文明施工："五牌一图"；现场围挡的墙面美化（包括内外粉刷、刷白、标语等）、压顶装饰；现场厕所便槽刷白、贴面砖，水泥砂浆地面或地砖，建筑物内临时便溺设施；其他施工现场临时设施的装饰装修、美化措施；现场生活卫生设施；符合卫生要求的饮水设备、沐浴、消毒等设施；生活用洁净燃料；防煤气中毒、防蚊虫叮咬等措施；施工现场操作场地的硬化；现场绿化、治安综合治理；现场配备医药保健器材、物品和急救人员培训；现场工人的防暑降温、电风扇、空调等设备及用电；其他文明施工措施。③安全施工包含范围：安全资料、特殊作业专项方案的编制，安全施工标志的购置及安全宣传的费用；"三宝"（安全帽、安全带、安全网）、"四口"（楼梯口、电梯井口、通道口、预留洞口），

"五临边"（阳台围边、楼板围边、屋面围边、槽坑围边、卸料平台两侧）水平防护架、垂直防护架、外架封闭等防护的费用；施工安全用电的费用，包括配电箱三级配电、两级保护装置要求、外电防护措施；起重机、塔吊等起重设备（含井架、门架）及外用电梯的安全防护措施（含警示标志）费用及卸料平台的临边防护、层间安全门、防护棚等设施费用；建筑工地起重机械的检验检测费用；施工机具防护棚及其围栏的安全保护设施费用；施工安全防护通道的费用；工人的安全防护用品、用具购置费用；消防设施与消防器材的配置费用；电气保护、安全照明设施费；其他安全防护措施费用。④临时设施包含范围：施工现场采用彩色、定型钢板，砖、砼砌块等围挡的安砌、维修、拆除费或摊销费；施工现场临时建筑物、构筑物的搭设、维修、拆除或摊销的费用，如临时宿舍、办公室、食堂、厨房、厕所、诊疗所、临时文化福利用房、临时仓库、加工厂、搅拌台、临时简易水塔、水池等。施工现场临时设施的搭设、维修、拆除或摊销的费用，如临时供水管道、临时供电管线小型临时设施等；施工现场规定范围内临时简易道路铺设，临时排水沟、排水设施安砌、维修、拆除的费用；其他临时设施搭设、维修、拆除。

（2）夜间施工（011707002）：①夜间固定照明灯具和临时可移动照明灯具的设置、拆除；②夜间施工时，施工现场交通标志、安全标牌、警示灯等的设置、移动、拆除；③夜间照明设备及照明用电、施工人员夜班补助、夜间施工劳动效率降低等。

（3）非夜间施工照明（011707003）：为保证工程施工正常进行，在地下室等特殊施工部位施工时所采用的照明设备的安拆、维护及照明用电等费用。

（4）二次搬运（011707004）：由于施工场地条件限制而发生的材料、成品、半成品等一次运输不能到达堆放地点，必须进行二次或多次搬运。

（5）冬雨季施工（011707005）：①冬雨（风）季施工时增加的临时设施（防寒保温、防雨、防风设施）的搭设、拆除；②冬雨（风）季施工时，对砌体、混凝土等采用的特殊加温、保温和养护措施；③冬雨（风）季施工时，施工现场的防滑处理、对影响施工的雨雪的清除；④包括冬雨（风）季施工时增加的临时设施、施工人员的劳动保护用品、冬雨（风）季施工劳动效率降低等。

（6）地上、地下设施、建筑物的临时保护设施（011707006）：在工程施工过程中，对已建成的地上、地下设施和建筑物进行的遮盖、封闭、隔离等必要保护措施。

（7）已完工程及设备保护（011707007）：对已完工程及设备采取的覆盖、包裹、封闭、隔离等必要保护措施。

3.4.17.2　工程量计算应注意的问题

1.　脚手架工程（011701）

（1）使用综合脚手架时，不再使用外脚手架、里脚手架等单项脚手架；综合脚手架适用于能够按"建筑面积计算规则"计算建筑面积的建筑工程脚手架，不适用于房屋加层、构筑物及附属工程脚手架。

（2）同一建筑物有不同檐高时，按建筑物竖向切面分别按不同檐高编列清单项目。

（3）整体提升架已包括2m高的防护架体设施。

（4）脚手架材质可以不描述，但应注明由投标人根据工程实际情况按照国家现行标准《建筑施工扣件式钢管脚手架安全技术规范》（JGJ130—2001）、《建筑施工附着升降脚手架管理暂行规定》(建建 [2000]230 号) 等规范自行确定。

2. 混凝土模板及支架（撑）（011702）

（1）原槽浇灌的混凝土基础，不计算模板。

（2）混凝土模板及支撑（架）项目，只适用于以平方米计量，按模板与混凝土构件的接触面积计算。以 m^3 计量的模板及支撑（支架），按混凝土实体项目执行，其综合单价中应包含模板及支撑（支架）。

（3）采用清水模板时，应在特征中注明。

（4）当现浇混凝土梁、板支撑高度超过 3.6m 时，项目特征应描述支撑高度。

3. 垂直运输（011703）

（1）建筑物的檐口高度是指设计室外地坪至檐口滴水的高度（平屋顶系指屋面板底高度），突出主体建筑物屋顶的电梯机房、楼梯出口间、水箱间、瞭望塔、排烟机房等不计入檐口高度。

（2）垂直运输指施工工程在合理工期内所需垂直运输机械。

（3）同一建筑物有不同檐高时，按建筑物的不同檐高做纵向分割，分别计算建筑面积，以不同檐高分别编码列项。

4. 超高施工增加（011704）

（1）单层建筑物檐口高度超过 20m，多层建筑物超过 6 层时，可按超高部分的建筑面积计算超高施工增加。计算层数时，地下室不计入层数。

（2）同一建筑物有不同檐高时，可按不同高度的建筑面积分别计算建筑面积，以不同檐高分别编码列项。

5. 施工排水、降水（011706）

相应专项设计不具备时，可按暂估量计算。

3.4.17.3　附录 S 各主要清单项目的工作内容

（1）综合脚手架：场内、场外材料搬运，搭、拆脚手架、斜道、上料平台，安全网的铺设，选择附墙点与主体连接、测试电动装置、安全锁等，拆除脚手架后材料的堆放。

（2）混凝土模板及支架（撑）：模板制作，模板安装、拆除、整理堆放及场内外运输，清理模板黏结物及模内杂物、刷隔离剂等。

（3）垂直运输：垂直运输机械的固定装置、基础制作、安装；行走式垂直运输机械的铺设、拆除、摊销。

3.5　房屋建筑与装饰工程清单工程量计算实例

3.5.1　施工图样：某厂新建食堂宿舍楼施工图

3.5.1.1　建筑施工图 9 张。

3.5.1.2　结构施工图 11 张。

门窗表

编号	洞口尺寸 b×h(mm)	备注
M1527	1500×2700	成品门
M1227	1200×2700	成品门
M0921	900×2100	成品门
C1823	1800×2300	单框双玻璃塑钢窗
C1523	1500×2300	单框双玻璃塑钢窗
C1519	1500×1900	单框双玻璃塑钢窗
C1527	1500×2700	单框双玻璃塑钢窗
C1214	1200×1400	单框双玻璃塑钢窗
C1514	1500×1400	单框双玻璃塑钢窗
C1814	1800×1400	单框双玻璃塑钢窗
C3023	3000×2300	单框双玻璃塑钢窗
MC2727	2700×2700	成品门

设 计 说 明

一、工程名称：某厂新建食堂宿舍

二、建筑概况：本工程主体部分为三层框架结构 屋面为平屋面 建筑高度为11.25m
使用功能 食堂宿舍
建筑面积 1 239.75m²
设计中一层住宅室内地面面标高为±0.000m，室内外高差为0.80m

三、装饰工程：
外墙 外立面贴外墙砖详见材料做法表和立面图外墙立面砖规格、材质由甲方确定
内墙 一层楼梯间墙面为褐色墙光岩材料做法
天棚 天棚均刮白防水大白
地面 楼梯踏步面层为磨光花岗岩板及门前斜角防滑清条
护栏 本工程所有扶手及护栏均采用白钢护栏 由建设单位向厂家定做防盗栅栏
认一二层防盗间墙 由建设单位向厂家定做防盗栅栏

四、构造设计：1. 内外墙体
a 外围护墙体 室外地坪上采用300mm厚M3.5粉煤灰小型空心砌块，M5水泥砂浆砌筑外围分采用370mm厚MU10粉煤灰小型空心砌块，M5混合砂浆砌筑
b 240mm、180mm、120mm厚内墙为MU10粉煤灰砖，M10水泥砂浆砌筑
c 60mm厚内隔墙（外）设C20混凝土导墙高120mm，与墙体同宽
d 卫生间 厨房四周墙体（门洞口除外）设C20混凝土导墙120mm，与墙体同宽

2. 门窗
a 外门窗采用彩色塑钢中空玻璃门窗，具体由建设单位定厂家
b 窗台小于900mm时，加设防护栏杆至可靠墙1 050mm高
c 下列部位应按规定必须使用安全玻璃
面积大于1.5m²的玻璃 玻璃底边最终装修面小于500mm的门窗
d 门窗框与墙体上下结构面层间的缝隙用发泡材料分层填塞
缝隙外表面宜留5~8mm深的槽口，填嵌建筑密封膏

3. 油漆、防腐、防锈
a 所有预埋件均做防腐处理，所有明露铁件在除锈后刷防锈漆一遍，再做面层处理，凡地面设地漏表，均以
b 卫生间楼地面均做防水处理，具体做法详见材料做法表，凡地面设地漏的，均以小于1.0%的坡度向地漏

4. 其他
a 设备管道井待管道敷设后，须用C30钢筋混凝土上层封堵
管道井封堵为60mm厚的，井壁内侧贴30mm厚聚苯乙烯保温板
b 设备横向管道和厂房用管道连接通过孔洞待试后，其孔隙用建筑密封胶填实
c 填充墙与框架梁，柱交接部位加250宽玻纤网格布防开裂
d 本工程所用聚苯乙烯板密度≥18kg/m³

五、防水设计：a 屋面采用SBS改性沥青卷材防水及高聚物改性防水涂膜双层防水，防水耐久年限10年
b 卫生间地面增加一层高分子增强复合防水卷材防水，迎水面墙面防水抹灰防潮
其余墙端翻起300mm，防水耐久年限10年

材料做法表

名称	图例	材料做法	适用部位
屋面（一）		15厚1:3水泥砂浆保护层 4m宽设分割缝 4厚SBS改性沥青防水卷材防水层 20厚1:3水泥砂浆找平层 100厚呆系表水面锅丝网隔墙层 1:8水泥珍珠岩找坡2%最薄处30厚 20厚1:3水泥砂浆找平层 钢筋混凝土结构层	不上人屋面
楼面（一）		40厚C20细石混凝土，表面撒1:1水泥子随打随抹光 刷水泥浆一道（内掺建筑胶） 钢筋混凝土结构层	楼层房间
楼面（二）		磨光花岗岩石板20厚，水泥浆素嵌缝 1:3干硬水泥砂浆结合层20厚，表面撒素水泥粉 刷水泥浆一道（内掺建筑胶） 钢筋混凝土结构层	楼梯间 随步设防滑条
楼面（三）		8～10厚防滑地面砖干水泥擦缝 高分子增强复合防水材料防水层1:800两 20厚1:3水泥砂浆找平层 水泥浆一道（内掺建筑胶） 钢筋混凝土结构层	卫生间、洗漱间
地面（一）		40厚C20细石混凝土，表面撒1:1水泥子随打随抹光 刷水泥浆一道（内掺建筑胶） 60厚C15混凝土垫层 素土夯实	除卫生间、洗漱间以外的房间
地面（二）		8～10厚防滑地面砖干水泥擦缝 30厚1:3干硬性水泥砂浆结合层表面撒素水泥粉 高分子增强复合防水材料防水层膜厚300两 20厚1:3水泥砂浆找平层 水泥浆一道（内掺建筑胶） 60厚C15碎石垫层 素土夯实	卫生间、洗漱间

名称	图例	材料做法	适用部位
地面（三）		磨光花岗岩石板20厚，水泥浆素嵌缝 1:3干硬水泥砂浆结合层20厚，表面撒素水泥粉 150厚碎石灌砂垫层 素土夯实	楼梯间
雨篷		20厚1:3水泥砂浆找平层 4厚SBS改性沥青防水卷材防水层 20厚1:3水泥砂浆找平层 钢筋混凝土结构层	雨篷
天棚（一）		素水泥浆一道（内掺建筑胶） 5厚1:3水泥砂浆找平层 刮腻子大白三遍	除卫生间、洗漱间以外的房间
天棚（二）		素水泥浆一道（内掺建筑胶） 3厚1:2水泥砂浆找平层 白色水泥砂浆涂料面层 三遍刮活	卫生间、洗漱间 150两
踢脚		20厚黑色花岗岩板材面层 15厚1:3水泥砂浆打底扫毛	
墙体（一）		外墙饰具瓦面砖 镀锌钢丝网尼龙膨胀螺钉固定（水平） 70厚苯乙烯泡沫塑料 300厚M10砂浆小型空心砌块墙体 20厚1:0.5:3水泥石灰膏砂浆找平 内墙面粉面	外墙

名称	图例	材料做法	适用部位
墙体（一）		刮防水大白三遍找活 20厚1:3水泥石灰膏砂浆找平 粉刷水小型空心砌块墙体 20厚1:0.5:3水泥石灰膏砂浆找平 刮防水大白三遍找活	除厨房、卫生间、洗漱间外的房间
墙体（一）		20厚1:0.5:3水泥石灰膏砂浆找平 粉刷水小型空心砌块墙体 20厚1:3水泥砂浆找平 素水泥浆一道 5厚1:3建筑胶水泥砂浆找坡层 5厚磁砖面层（用刷胶水泥小针以上）	厨房、卫生间、洗漱间
墙体（一）		磨光花岗岩石板20厚，水泥浆素嵌缝 1:3干硬水泥砂浆结合层20厚，表面撒素水泥粉 100厚C20细石混凝土 150厚碎石灌砂垫层 300厚灰土或碎石垫层 素土夯实	室外台阶
墙体（一）		60厚C20细石混凝土随打随抹光 4厚一道分格缝 150厚碎石垫层 200厚3:7灰土或碎石垫层 素土夯实	散水

工程名称：某厂新建食堂宿舍
图名：材料做法表
比例：1:100
图号：建施-02
日期：2013.04

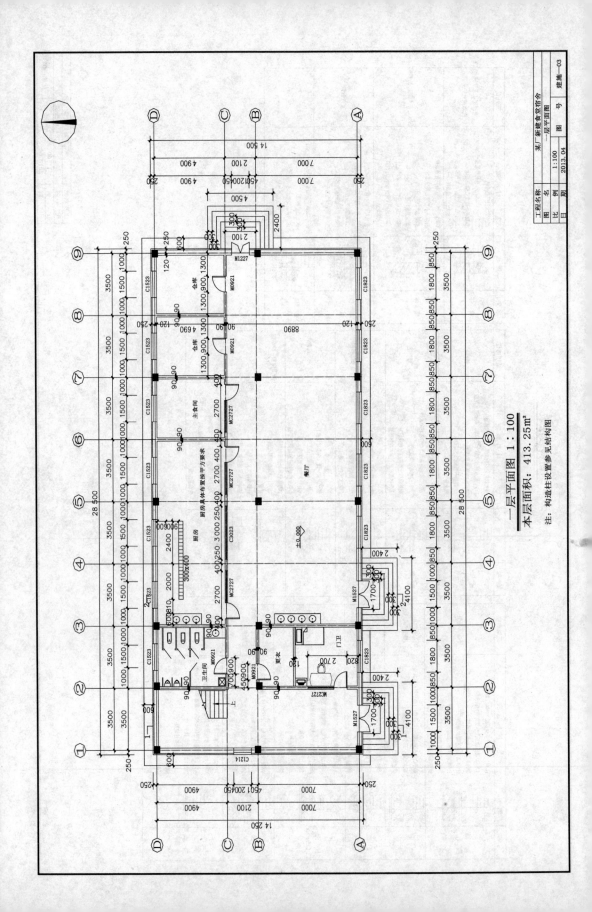

一层平面图 1：100
本层面积：413.25m²

注：构造柱设置参见结构图

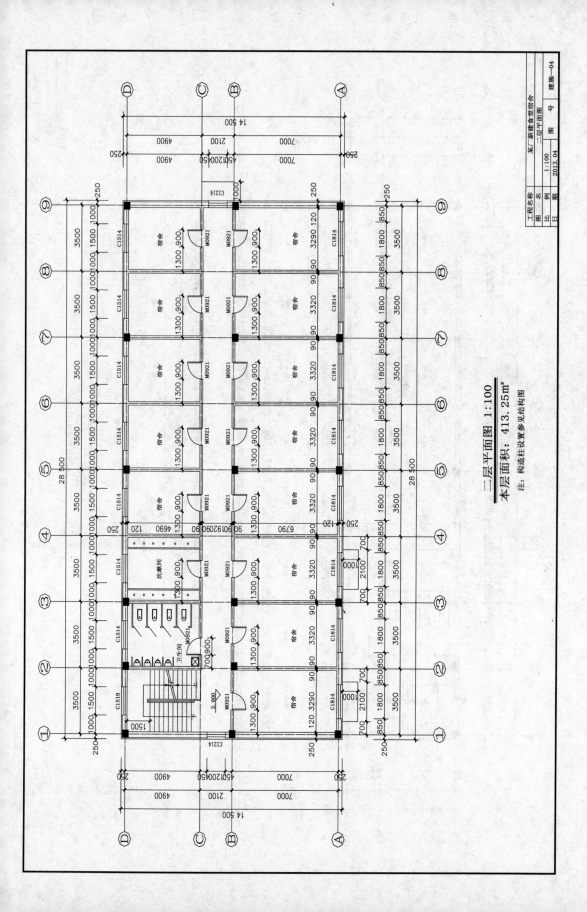

二层平面图 1:100

本层面积: 413.25㎡

注: 构造柱设置参见结构图

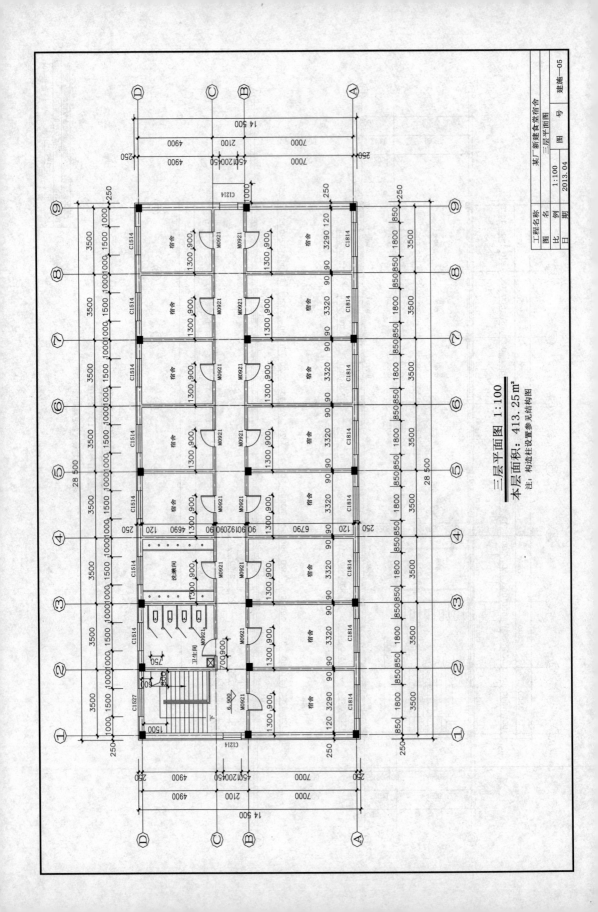

三层平面图 1:100

本层面积: 413.25 m²

注: 构造柱设置参见结构图

工程名称	某厂新建食堂宿舍		
图 名	三层平面图	图 号	建施-05
比 例	1:100		
日 期	2013.04		

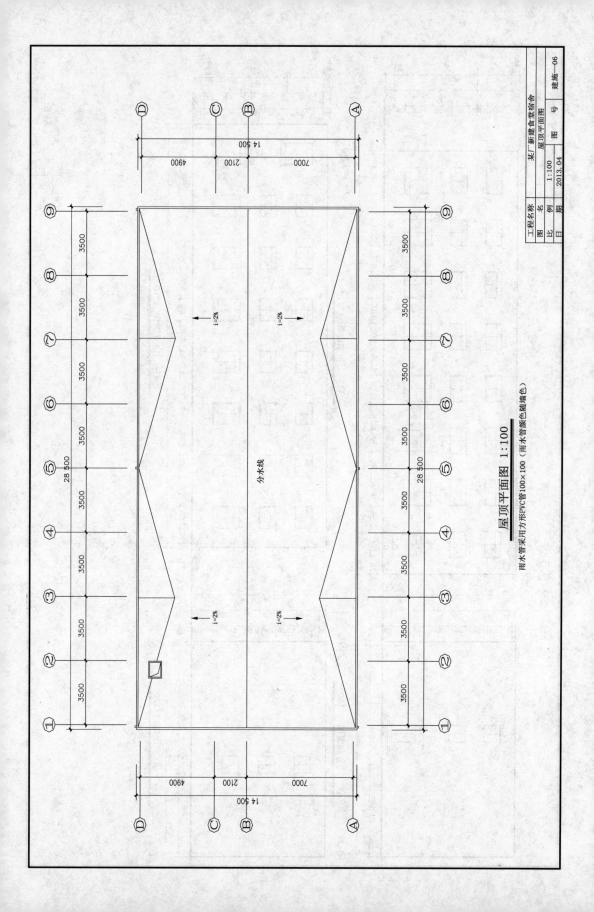

屋顶平面图 1:100

雨水管采用方形PVC管100×100（雨水管颜色随墙色）

分水线

i=2% i=2%

i=2% i=2%

28 500

3500 3500 3500 3500 3500 3500 3500 3500

⑨ ⑧ ⑦ ⑥ ⑤ ④ ③ ② ①

14 500

4900 2100 7000

Ⓓ Ⓒ Ⓑ Ⓐ

工程名称	某厂新建食堂宿舍
图 名	屋顶平面图
比 例	1:100
日 期	2013.04

建施—06

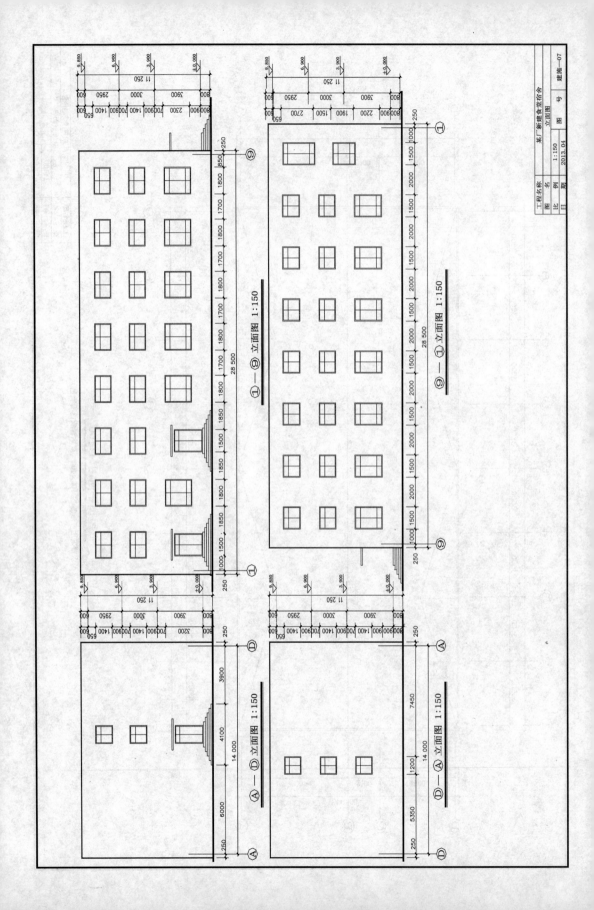

① — ⑨ 立面图 1:150

⑨ — ① 立面图 1:150

④ — Ⓓ 立面图 1:150

Ⓓ — ④ 立面图 1:150

工程名称　某厂新建食堂宿舍
图　名　立面图
比　例　1:150
日　期　2013.04
图　号　建施—07

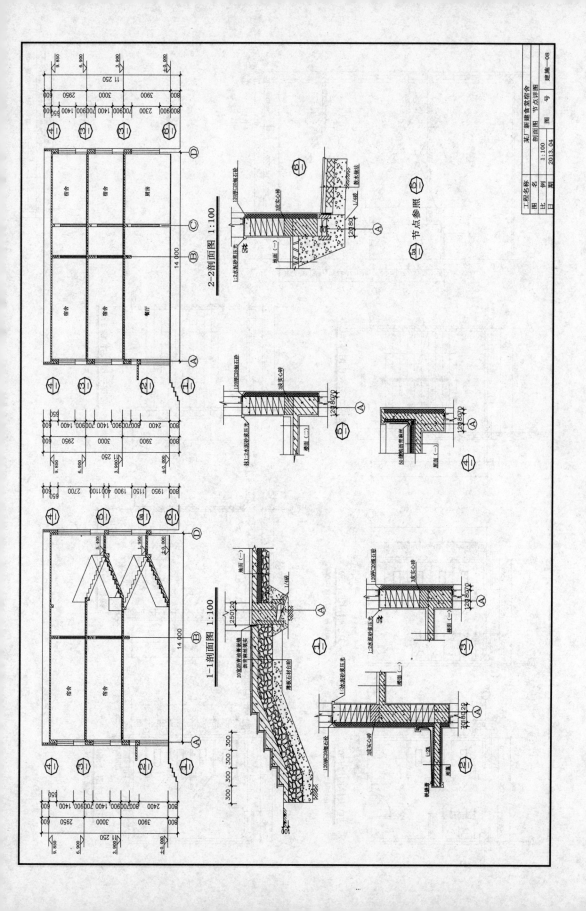

工程名称 某厂新建食堂宿舍
图　名 剖面图 节点详图
比　例 1:100
日　期 2013.04
图　号 建施—08

2-2剖面图 1:100

1-1剖面图 1:100

节点参照

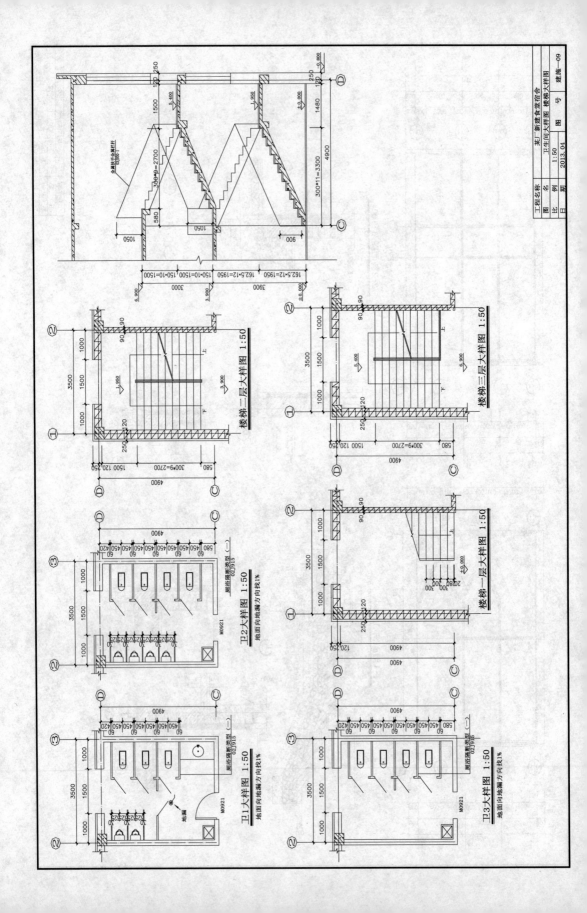

全钢防盗栏杆

300*9=2700

300*11=3300

4900

162.5×12=1950 162.5×12=1950 150×10=1500 150×10=1500

3000 3900

楼梯三层大样图 1:50

楼梯三层大样图 1:50

300×9=2700

4900

楼梯二层大样图 1:50

楼梯一层大样图 1:50

4900

卫2大样图 1:50
地面向地漏方向找1%
厕浴隔断类型 02J915

卫1大样图 1:50
地面向地漏方向找1%
厕浴隔断类型 02J915

卫3大样图 1:50
地面向地漏方向找1%
厕浴隔断类型 02J915

结构设计总说明

一 工程概况

1. 本工程为三层框架结构。
2. 本工程±0.000相当绝对高程见建筑总平面图。
3. 本工程按7度（0.15g）抗震设防烈度设计，场地类别Ⅱ类；设计特征周期：0.35S；抗震设防类别为丙类，框架抗震等级二级。
4. 结构安全等级为二级，设计使用年限50年。
5. 场地土标准冻结深度为0.95m。
6. 基本风压0.5kN/m²，基本雪压0.3kN/m²。地面粗糙度类别C类。

二 材料选用

1. 混凝土：柱见各层说明，梁、板：C25，其他构件除注明外均为C25。
2. 钢筋：HPB235级钢用 Φ 表示 f_y=210N/mm²
   HRB335级钢用 Φ 表示 f_y=300N/mm²
   CRB550级冷轧带肋钢筋用 Φ^R 表示 f_y=360N/mm²
3. 砌体：埋在土中砌体采用MU10蒸压粉煤灰砖，
   其余填充墙采用MU5粉煤灰小型空心砌块（砌块容重≤10kN/m³）。
   土中砌体采用M7.5水泥砂浆砌筑，其余砌体采用M5混合砂浆砌筑。
4. 焊条：E43xx型用于焊接HPB235级钢及Q235级钢
   E50xx型用于焊接HRB335级钢及16Mn级钢
   E55xx型用于焊接HRB400级钢。

三 基础

本工程基础采用独立柱造基础。表示方法及构造详图按06G101-6图集。

四 钢筋混凝土结构构造

1. 构件主筋的混凝土保护层厚度见表二。
2. 纵向受拉钢筋的最小锚固长度 L_a 及 L_{aE} 见图集03G101-1第33、34页。
3. 纵向钢筋优先采用机械连接接头或焊接接头，当采用绑扎搭接接头时，纵向受拉钢筋的最小搭接长度 L_l 及 L_{lE} 见图集03G101-1第34页。受力钢筋的接头位置应设在受力较小处，接头应相互错开。
4. 梁柱：梁柱采用混凝土平面整体表示。
   a 除注明外主次梁相交处处设吊筋及箍筋加密按图一。
   b 除注明外悬挑梁设弯起筋按图一。
5. 现浇板：
   a 板内未注明的分布钢筋为：6@200
   b 现浇板按设备管道位置预留孔洞，洞口长边或直径小于或等于300时，洞边钢筋做法按图三。洞口长边或直径大于300小于等于1 000时按图四施工。
   c 板上隔墙应按建筑施工图所示位置砌筑，墙下未设梁时在板内加设钢筋并锚入支座中，如图五所示。
   d 外露悬挑板及女儿墙等混凝土构件每隔12m左右设一道20宽的缝，缝内用防水弹性密封膏嵌填。
   e 楼板支座面筋长度标注尺寸界线，边跨面筋下方的标注数值为自梁（混凝土墙或柱）外边起算的直段长度；中跨面筋的直段长度为至梁中长度。对于板底钢筋，短跨钢筋放在下面。

工程名称　某厂新建食堂宿舍
图名　结构设计总说明
比例　1:100
日期　2013.04
图号　结施—01

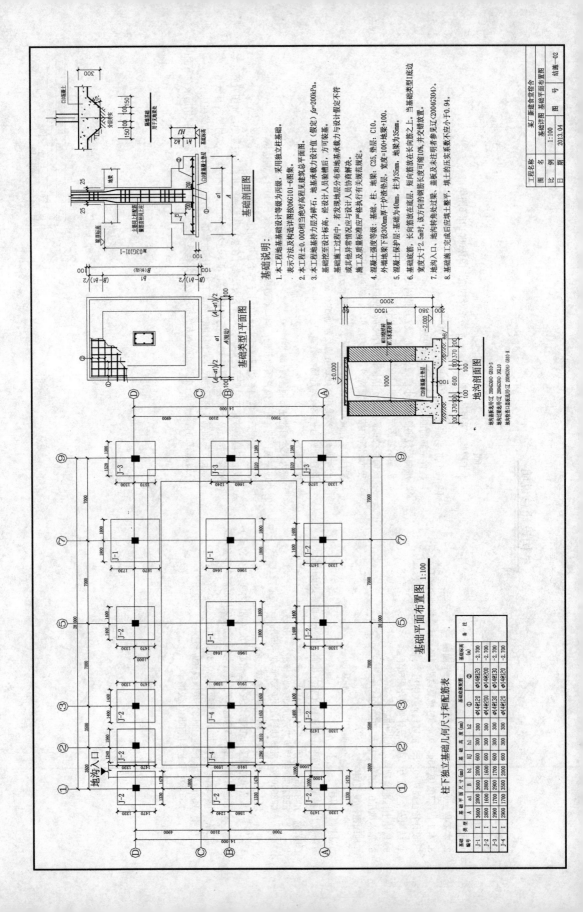

基础说明：
1. 本工程地基基础设计等级为丙级，采用独立柱基础。
2. 本工程室土0.000相当绝对高程见建筑总平面图。
3. 本工程地基持力层为碎石，地基承载力特征值（假定）f_a=200kPa。
4. 基础挖至设计标高，经设计人员验槽后，方可浇筑。基础施工过程中，若发现地质分布和地基承载力与设计假定不符或其他质量标准应严格执行有关规定处理。
5. 混凝土强度等级：基础、柱：C25；垫层：C10。
6. 外墙垫层下设300mm厚干铺灰层，宽度=100+地梁+100。
7. 混凝土保护层：基础底为40mm，柱为35mm，地基为35mm。
8. 基础底筋，长向放在短向筋之上。当基础类型切底边宽度大于2.5m时，该方向的钢筋长度可按0.9，并交错放置。
9. 地沟入口，地构转角处立皮，当板及某主注明参见见辽《2004G304》。
10. 基础施工完成后回填土整平，填土的压实系数不应小于0.94。

基础平面布置图 1:100

柱下独立基础几何尺寸和配筋表

基础编号	类型	基础平面尺寸(mm)				基础高度(mm)			基础底板配筋		基础标高(m)	备注
		A	B	a1	b1	h1	h2				
J-1	I	3600	2000	3600	2000	600	300	300	Φ14@120	Φ14@120	-2.700	
J-2	I	2800	1600	2800	1600	600	300	300	Φ14@200	Φ14@200	-2.700	
J-3	I	2900	1700	2900	1700	600	300	300	Φ14@130	Φ14@130	-2.700	
J-4	I	2900	3500	2900	2000	600	300	300	Φ14@120	Φ14@120	-2.700	

基础类型I平面图

基础剖面图

地沟剖面图

工程名称	某厂新建食堂宿舍
图 名	基础详图 基础平面布置图
图 号	结施-02
比 例	1:100
日 期	2013.04

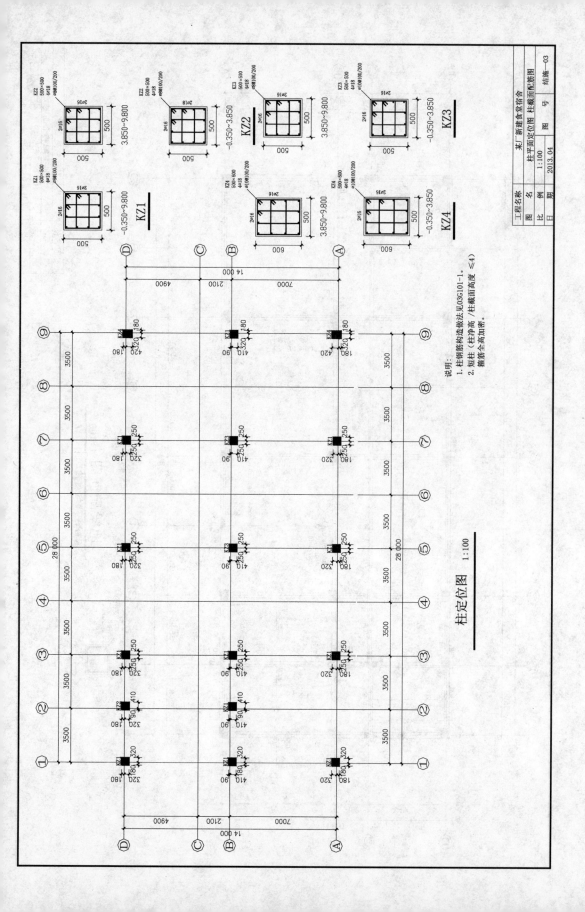

柱定位图 1:100

说明:
1. 柱钢筋构造做法见03G101-1。
2. 短柱(柱净高/柱载面高度 ≤4)
   箍筋全高加密。

工程名称	某厂新建食堂宿舍		
图 名	柱平面定位图 柱截面配筋图		
比 例	1:100	图 号	结施—03
日 期	2013.04		

KZ1
KZ2
KZ3
KZ4

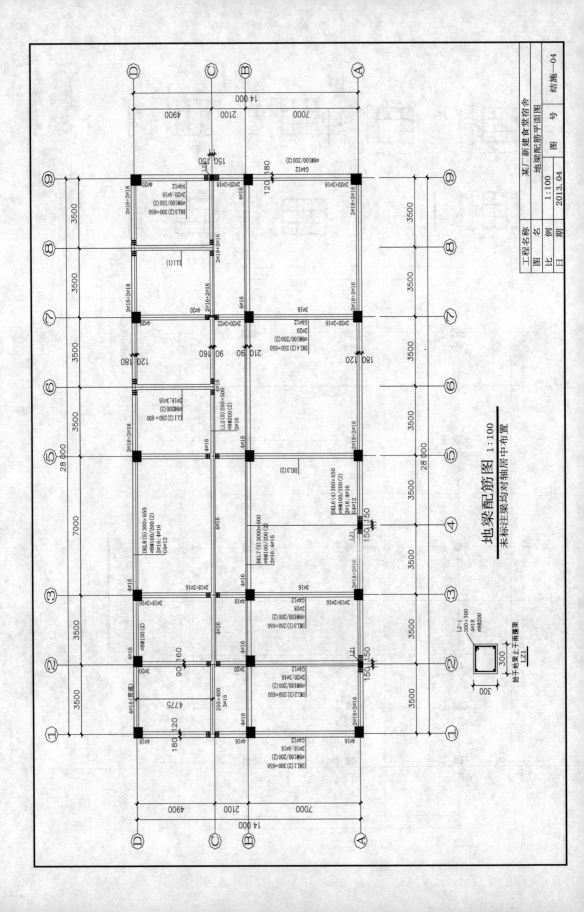

地梁配筋图 1:100
未标注梁均对轴居中布置

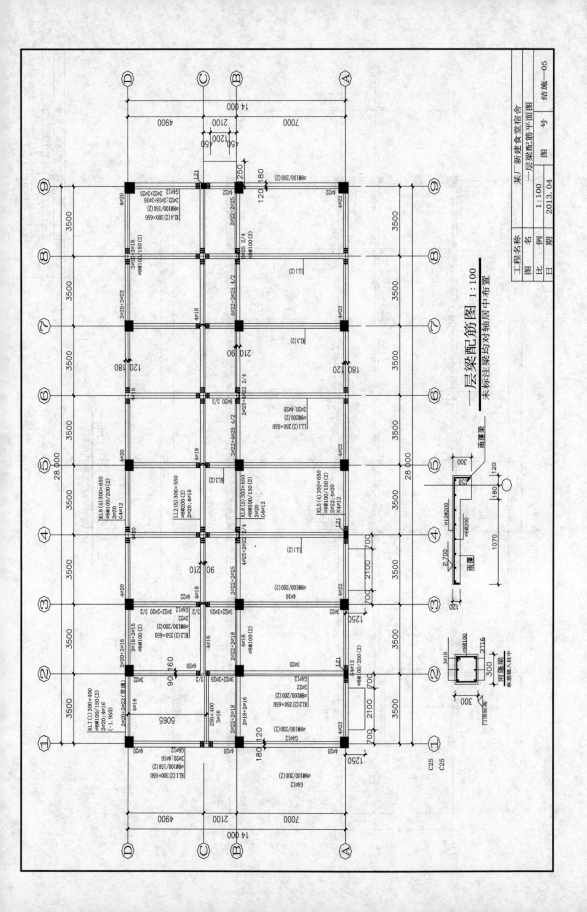

一层梁配筋图 1:100
未标注梁均对轴居中布置

工程名称	某厂新建食堂宿舍		
图 名	一层梁配筋平面图		结施—05
比 例	1:100	图 号	
日 期	2013.04		

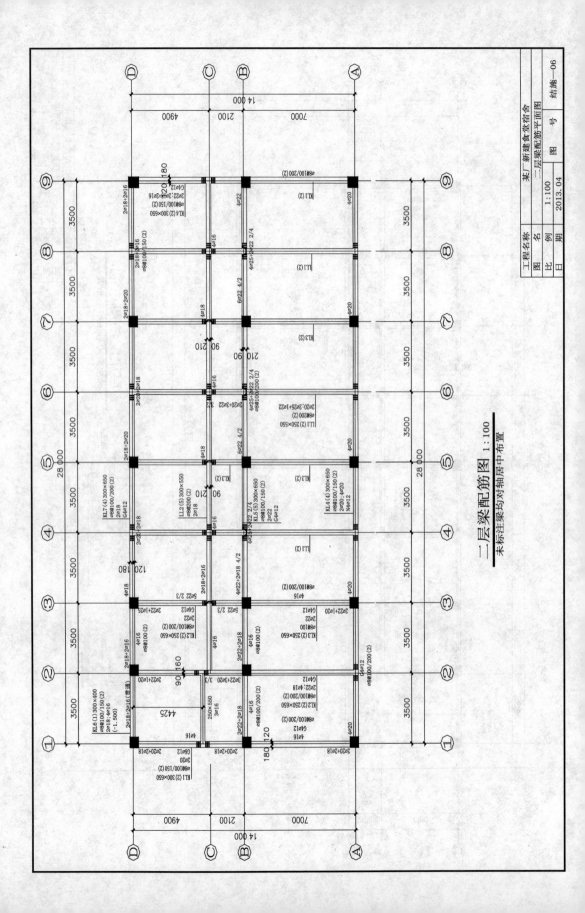

二层梁配筋图 1:100
未标注梁均对轴居中布置

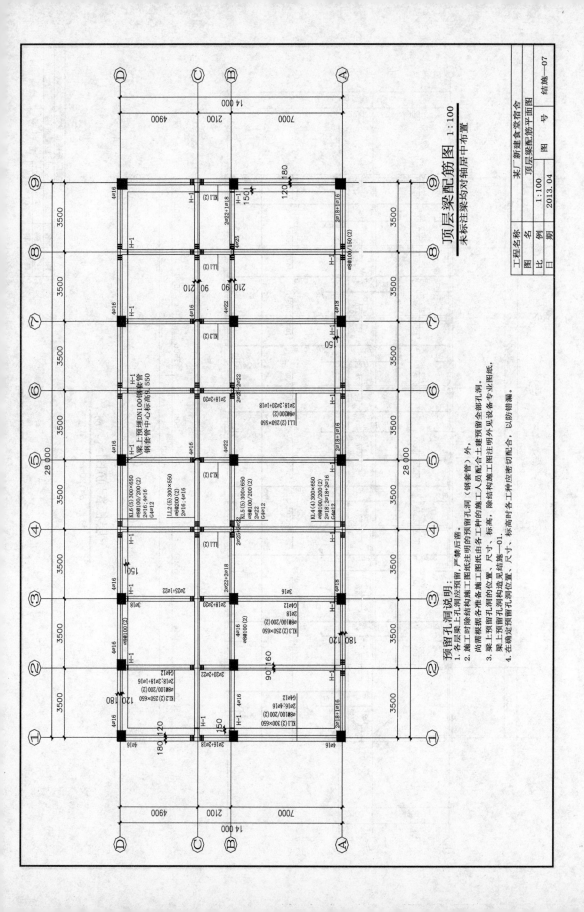

顶层梁配筋图 1:100

未标注梁均对轴居中布置

预留孔洞说明：
1. 各层梁上孔洞应预留，严禁后凿。
2. 施工时除结构施工图纸注明的预留孔洞（钢套管）外，尚需根据各施工图纸由各工种的施工人员配合土建预留全部孔洞。除结构施工图注明外见设备专业图纸。
3. 梁上预留孔洞的位置、尺寸、标高、标高时各工种应密切配合，以防错漏。
4. 在确定预留孔洞位置、尺寸、标高时各工种应密切配合，以防错漏。梁上预留孔洞构造见结施—01。

工程名称	某厂新建食堂宿舍	
图 名	顶层梁配筋平面图	
比 例	1:100	图 号
日 期	2013.04	结施—07

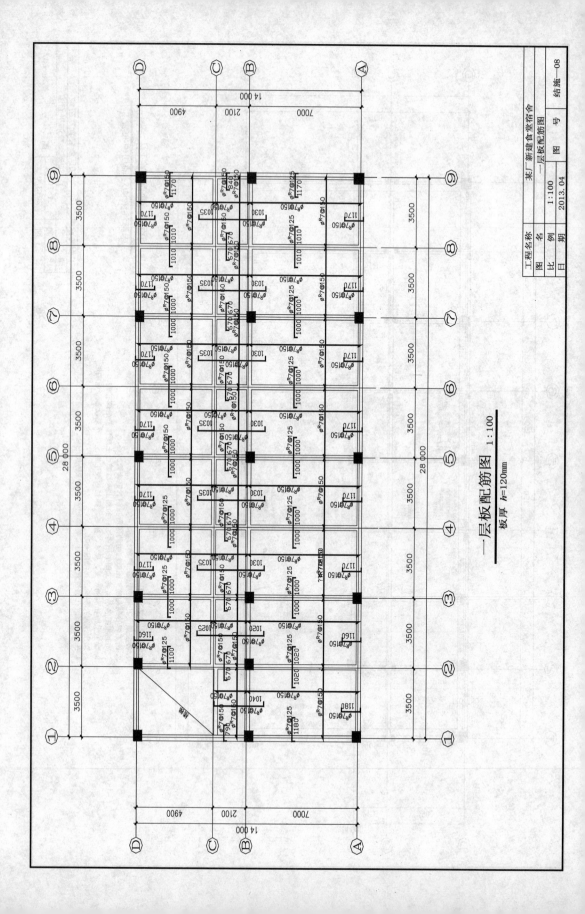

一层板配筋图 1:100
板厚 *h*=120mm

工程名称 | 某厂新建食堂宿舍
图 名 | 一层板配筋图
比 例 | 1:100 | 图 号 | 结施—08
日 期 | 2013.04

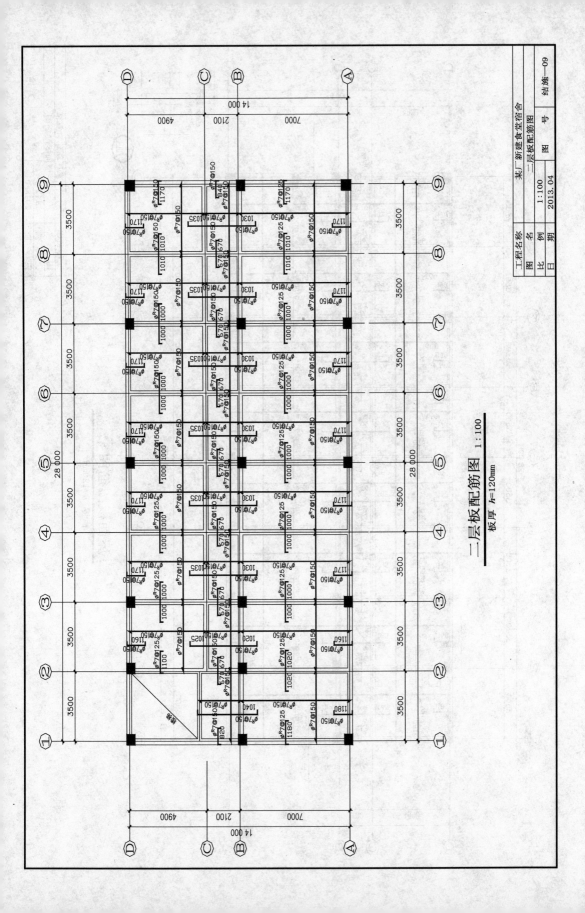

二层板配筋图 1:100
板厚 h=120mm

工程名称　某厂新建食堂宿舍
图　名　二层板配筋图
比　例　1:100
日　期　2013.04
图　号　结施-09

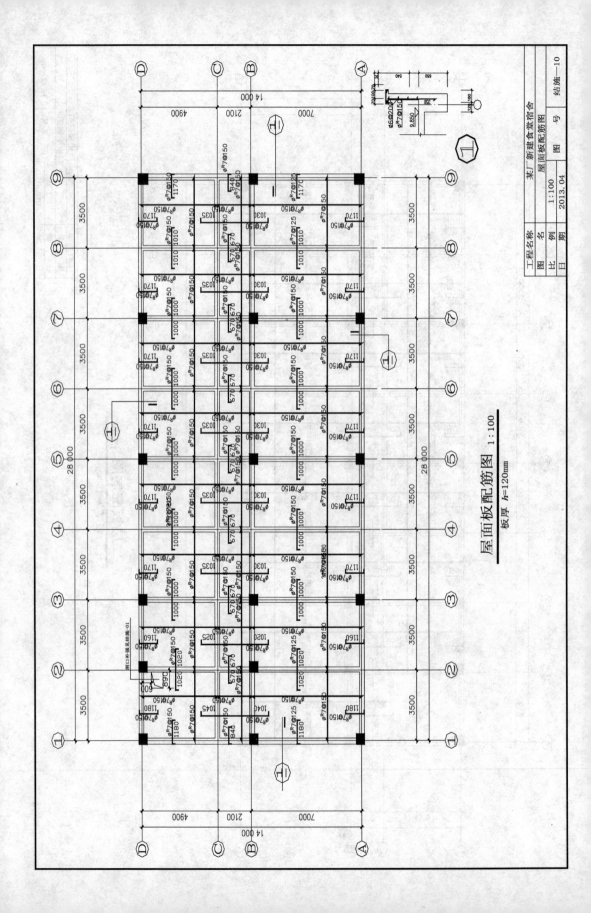

屋面板配筋图 1:100

板厚 h=120mm

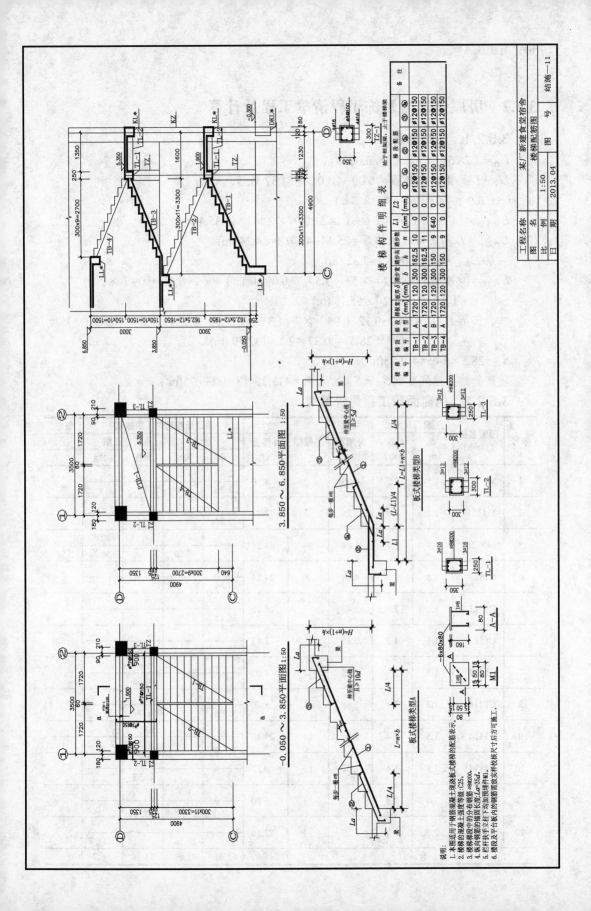

3.5.2　房屋建筑与装饰工程清单工程量计算

3.5.2.1　基数计算

$L_外$＝（28.5+14.5）×2=86.00(m)

$L_中$＝$L_外$−4×外墙厚 =86.00−4×0.37=84.52（m）

（注：此外墙厚包括 70mm 厚的保温层）

$L_{外墙外}$＝［（28.5−0.07×2）+（14.5−0.07×2）］×2=85.44(m)

$L_{外墙中}$＝$L_{外墙外}$−4×外墙厚 =85.44−4×0.3=84.24 (m)

一层 $L_{内120}$=3.5−0.09×2=3.32 (m)

$L_{内180}$=（4.9−0.12−0.09）×5+（3.5×7+0.09−0.12）+（7−0.12−0.09）×2

+（3.5+0.09×2）=65.18(m)

二、三层 $L_{内180}$=（4.9−0.12−0.09）×7+（3.5×7+0.09−0.12）+（7−0.12−0.09）

×7+（28.5 − 0.37×2）=132.59(m)

$S_底$=28.5×14.5=413.25(m²)

建筑物的总建筑面积 $S_总$＝$S_底$×层数 =413.25×3=1 239.75(m²)

3.5.2.2　门窗面积工程量计算表

序号	门窗名称（代号）	洞口尺寸		每樘	总樘数	合计	洞口所在部位（层线墙）				备注
		宽（m）	高（m）	外围面积（m²）		外围面积（m²）	首层		二、三层		
							外墙	内墙	外墙	内墙	
1	M1527	1.5	2.7	4.05	2	8.10	2				
							8.10				
2	M1227	1.2	2.7	3.24	1	3.24	1				
							3.24				
3	M0921	0.9	2.1	1.89	34	64.26		4		30	
								7.56		56.7	
4	C1823	1.8	2.3	4.14	6	24.84	6				
							24.84				
5	C1523	1.5	2.3	3.45	7	24.15	7				
							24.15				
6	C1519	1.5	1.9	2.85	1	2.85			1		
									2.85		
7	C1527	1.5	2.7	4.05	1	4.05			1		
									4.05		
8	C1214	1.2	1.4	1.68	5	8.40	1		4		
							1.68		6.72		
9	C1514	1.5	1.4	2.10	14	29.40			14		
									29.4		
10	C1814	1.8	1.4	2.52	16	40.32			16		
									40.32		
11	C3023	3.0	2.3	6.90	1	6.90			1		
									6.90		
12	MC2727	2.7	2.7	7.29	4	29.16			4		
									29.16		
合　计						245.67	62.01	43.62	83.34	56.7	

3.5.2.3　分部分项工程与单价措施项目清单工程量计算表

分部分项工程与单价措施项目清单工程量计算表

工程名称：某厂新建食堂宿舍

序号	项目编码	项目名称	计算式	计量单位	工程数量
一	附录A（0101）	土石方工程			
1	010101001001	平整场地	$S_平 = S_底 = 413.25$	m²	413.25
2	010101003001	挖沟槽土方	$V=[(26-1)+(12-1)]\times2\times(2-0.8+0.2)\times(1+0.37\times2+0.2\times2)=215.71$	m³	215.71
3	010101004001	挖基坑土方	$V=$底面积 × 高 × 根数 J-1 $V=(3.6+0.2)\times(3.6+0.2)\times(2.7-0.8)\times3=82.31$ J-2 $V=(2.8+0.2)\times(2.8+0.2)\times(2.7-0.8)\times9=153.90$ J-3 $V=(2.9+0.2)\times(2.9+0.2)\times(2.7-0.8)\times3=54.78$ J-4 $V=(2.9+0.2)\times(3.5+0.2)\times(2.7-0.8)\times2=43.59$ 小计：$\Sigma=334.58$ 附算基础垫层： J-1 $V=(3.6+0.2)\times(3.6+0.2)\times0.1\times3=4.332$ J-2 $V=(2.8+0.2)\times(2.8+0.2)\times0.1\times9=8.10$ J-3 $V=(2.9+0.2)\times(2.9+0.2)\times0.1\times3=2.883$ J-4 $V=(2.9+0.2)\times(3.5+0.2)\times0.1\times2=2.294$ 小计：$\Sigma=17.61$	m³	334.58
4	010103001001	室内回填	$V=(S_底-$主墙同净面积$)\times$回填土厚 $=(413.25-84.52\times0.37-65.18\times0.18)\times(0.8-0.1)=259.17$	m³	259.17
5	010103001002	基础回填	$V=$挖土体积$-$设计室外地坪以下埋设的砌筑量（包括基础垫层和现浇混凝土独立基础） $=215.71+334.58-17.61-67.815=464.87$	m³	464.87
四	附录D（0104）	砌筑工程			
6	010401005001	空心砖外墙	$V=(L_{外墙中}\times$高度$-$外墙门窗洞口面积$)\times$外墙厚$-$LZ1在外墙中的体积$-$框架梁体积$-$雨篷梁体积$-$框架柱体积$-$TZ在外墙中的体积 $=[84.24\times9.85-(62.01+83.34)]\times0.3-0.3\times0.65\times84.24\times3-0.567-0.3\times0.3\times9.85\times13-(5.35-0.35)\times0.3\times0.35-(2.7-0.3)\times0.3\times0.3\times3=142.78$	m³	142.78

（续）

序号	项目编码	项目名称	计算式	计量单位	工程数量
7	010401005002	空心砖内墙（墙厚180mm）	$V = (L_内 × 墙净高 − 内墙门窗洞口面积) × 内墙厚 − 嵌入内墙墙体积$ 一层：[(4.9−0.12−0.09) × (3.9−0.55) × 3 + (4.9−0.12−0.09) × 2 × (3.9−0.65) + (3.5−0.09 × 2) × (3.9−0.65) − 43.62] × 0.18 − (0.5 × 0.5 − 0.32 × 0.32) × 2 × (3.9−0.65) = [45.73 + 31.42 + 81.97 + 44.14 + 11.96 − 43.62] × 0.18 − 0.96 = 29.93 二层：[(4.9−0.12−0.09) × (3.0−0.65) × 4 + (4.9−0.12−0.09) × (3.0−0.55) × 3 + (3.5 × 7 + 0.09 − 0.12) × (3.0−0.55) + (7−0.12−0.09) × (3.0−0.65) × 4 + (7−0.12−0.09) × (3.0−0.55) × 3 + (7−0.12−0.09) × 0.18 − (0.5 × 0.5 − 0.32 × 0.32) × 4 × (3.0−0.65) − 56.7 ÷ 2] × 0.18 − 1.39 = [44.09 + 34.47 + 59.95 + 63.83 + 49.91 + 64.63 − 28.35] × 0.18 − 1.39 = 50.55 三层：[(4.9−0.12−0.09) × (2.95−0.65) × 4 + (4.9−0.12−0.09) × (2.95−0.55) × 3 + (3.5 × 7 + 0.09 − 0.12) × (2.95−0.55) + (7−0.12−0.09) × (2.95−0.65) × 4 + (7−0.12−0.09) × 0.18 − (0.5 × 0.5 − 0.32 × 0.32) × 4 × (3.0−0.65) − 56.7 ÷ 2] × 0.18 − (0.5 × 0.5 − 0.32 × 0.32) × 4 × (3.0−0.65) = [43.15 + 33.77 + 58.73 + 62.47 + 48.89 + 63.25 − 28.35] × 0.18 − 1.39 = 49.35 小计：Σ = 129.83（注：由于梁高不同，墙净高不同）	m³	129.83
8	010401005003	空心砖内墙（墙厚120mm）	一层：3.32 × (3.9−0.12) × 0.115 = 1.443	m³	1.443
9	010401005003	女儿墙	$V = 84.24 × 0.24 × 0.6 = 12.13$	m³	12.13
四	附录E（0105）	混凝土及钢筋混凝土工程			
10	010501003001	现浇钢筋混凝土独立基础	$V = 基础断面面积 × 基础高度$ J-1 $V = [(3.6 × 3.6 × 0.3 + 2.0 × 2.0 × 0.3) + (2.7−0.3−0.3−0.1−0.8) × (0.5+0.025 × 2) × (0.5+0.025 × 2)] × 3 = 16.353$ J-2 $V = [(2.8 × 2.8 × 0.3 + 1.6 × 1.6 × 0.3) + (2.7−0.3−0.3−0.1−0.8) × 0.55 × 0.55] × 9 = 31.347$ J-3 $V = [(2.9 × 2.9 × 0.3 + 1.7 × 1.7 × 0.3) + (2.7−0.6−0.1−0.8) × 0.55 × 0.55] × 3 = 11.259$ J-4 $V = [(2.9 × 3.5 × 0.3 + 1.7 × 2.0 × 0.3) + (2.7−0.6−0.1−0.8) × 0.55 × 0.55] × 2 = 8.856$ 小计：Σ = 67.815	m³	67.815

序号	项目编码	项目名称	计算式	单位	工程量
11	010502001001	矩形柱	外墙柱：(9.80+0.35)×(0.5×0.5×11+0.5×0.6×2)=34.00 内墙柱：(9.80+0.35)×0.5×0.5×4=10.15 外墙TZ：(5.35−0.35+0.3)×0.3×0.35×1=0.557 内墙TZ：(5.35−0.35+0.3)×0.3×0.35×1=0.557 LZ1：(2.7−0.3+0.3)×0.3×0.3×3=0.729 小计：Σ=45.99	m³	45.99
12	010503001001	基础梁	V=梁断面面积 × 梁长 DKL_1=0.3×0.65×(14+0.18×2−0.5×3)=2.51 DKL_2=0.25×0.65×(14+0.18−0.12−0.5×2)=2.12 DKL_3=0.25×0.65×(14+0.18×2−0.5×3)×2=4.18 DKL_4=0.25×0.65×(14+0.18×2−0.5×3)=2.09 DKL_5=0.3×0.65×(14+0.18×2−0.6×2−0.5)=2.47 DKL_6=0.3×0.65×(28+0.18×2−0.5×5)=5.04 DKL_7=0.3×0.6×(28+0.18×2−0.5×6)=4.56 DKL_8=0.3×0.65×(28+0.18×2−0.5×6)=4.95 LL_1=0.25×0.4×(4.9−0.12−0.16)×2=0.92 LL_2=0.25×0.5×(28−0.12×2−0.25×4)=3.35 小计：Σ=32.19	m³	32.19
13	010503002001	框架梁	V=梁断面面积 × 梁长 一层梁：KL_1=0.3×0.65×(14+0.18×2−0.5×3)=2.51 KL_2=0.25×0.65×(14+0.18−0.12−0.5×2)=2.12 KL_3=0.25×0.65×(14+0.18×2−0.5×3)×3=6.27 KL_4=0.3×0.65×(14+0.18×2−0.5−0.6×2)=2.47 KL_5=0.3×0.65×(28+0.18×2−0.5×5)=5.04 KL_6=0.3×0.65×(28+0.18×2−0.5×6)=4.95 KL_7=0.3×0.4×(3.5+0.18−0.09−0.5)=0.37 KL_8=0.3×0.65×(3.5×7+0.09+0.18−0.5×5)=4.34 LL_1=0.25×0.55×(14−0.12×2−0.3×2)×3=5.43 ①～②轴 LL_2=0.25×0.4×(3.5−0.12−0.09)=0.33 ②～⑨轴 LL_2=0.3×0.55×(3.5×7−0.16−0.12−0.25×3)=3.87 小计：Σ=37.70	m³	114.57

（续）

序号	项目编码	项目名称	计算式	计量单位	工程数量
13	010503002001	框架梁	二层梁：①轴 $KL_1 = 0.3 \times 0.65 \times (14+0.18 \times 2-0.5 \times 3) = 2.51$ ⑨轴 $KL_1 = 0.3 \times 0.65 \times (14+0.18 \times 2-0.6 \times 2-0.5) = 2.47$ $KL_2 = 0.25 \times 0.65 \times (14+0.18-0.12-0.5 \times 2) = 2.12$ $KL_3 = 0.25 \times 0.65 \times (14+0.18 \times 2-0.5 \times 3) \times 3 = 6.27$ $KL_4 = 0.3 \times 0.65 \times (28+0.18 \times 2-0.5 \times 5) = 5.04$ $KL_5 = 0.3 \times 0.65 \times (28+0.18 \times 2-0.5 \times 6) = 4.95$ $KL_6 = 0.3 \times 0.4 \times (3.5+0.18-0.09-0.5) = 0.37$ $KL_7 = 0.3 \times 0.65 \times (3.5 \times 7+0.09+0.18-0.5 \times 5) = 4.34$ $LL_1 = 0.25 \times 0.55 \times (14-0.12 \times 2-0.3 \times 2) \times 3 = 5.43$ ①～②轴 $LL'_2 = 0.25 \times 0.55 \times (3.5-0.12-0.09) = 0.45$ ②～⑨轴 $LL_2 = 0.3 \times 0.55 \times (3.5 \times 7-0.16-0.12-0.25 \times 3) = 3.87$ 小计：$\sum = 37.82$ 顶层梁：①轴 $KL_1 = 0.3 \times 0.65 \times (14+0.18 \times 2-0.5 \times 3) = 2.51$ ⑨轴 $KL_1 = 0.3 \times 0.65 \times (14+0.18 \times 2-0.6 \times 2-0.5) = 2.47$ $KL_2 = 0.25 \times 0.65 \times (14+0.18-0.12-0.5 \times 2) = 2.12$ $KL_3 = 0.25 \times 0.65 \times (14+0.18 \times 2-0.5 \times 3) \times 3 = 6.27$ $KL_4 = 0.3 \times 0.65 \times (28+0.18 \times 2-0.5 \times 5) = 5.04$ $KL_5 = 0.3 \times 0.65 \times (28+0.18 \times 2-0.5 \times 6) = 4.95$ $KL_6 = 0.3 \times 0.65 \times (28+0.18 \times 2-0.5 \times 6) = 4.95$ $LL_1 = 0.25 \times 0.55 \times (14-0.12 \times 2-0.3 \times 2) \times 3 = 5.43$ $LL_2 = 0.3 \times 0.55 \times (28-0.12 \times 2-0.25 \times 4) = 4.42$ 小计：$\sum = 38.16$ 楼梯间梁：TL_2: $V = 0.3 \times 0.3 \times 0.3 \times (1.35+0.25+0.05+0.18-0.5-0.35) \times 2 = 0.176$ TL_3: $V = 0.3 \times 0.25 \times (1.35+0.25+0.05+0.18-0.5-0.35) \times 2 = 0.147$ 雨篷梁：$V = 0.3 \times 0.3 \times 2.1 \times 3 = 0.567$ 总计：$\sum = 114.57$ $V = $ 平板的面积 $S \times$ 楼板的厚度 $h = $［楼面（屋面）长 × 宽 − 柱断面面积 − 梁底所占面积 − 楼梯间面积］$\times h$	m³	114.57

序号	项目编码	项目名称	计算式	单位	工程量
14	010505003001	现浇平板	一层平板面积 S_1 = (28+0.18×2) × (14+0.18×2) × (14+0.18×2) − 0.5×0.5×15 − 0.5×0.6×2 − 0.3 × (14+0.18×2−0.5×3) − 0.25 × (14+0.18×2−0.6×2−0.5) − 0.25 × (14+0.18×2−0.5×3) × 3 − 0.3 × (28+0.18×2−0.5×5) − 0.3 × (28+0.18×2−0.5×6) − 0.3 × (3.5+0.18−0.09−0.5) − 0.3 × (3.5×7−0.16−0.12−0.25×3) − 0.25 × (3.5−0.09−0.12) = 407.25−3.75−0.6−3.858−3.265−9.645 − (4.9−0.12) × (3.5−0.09−0.12) = 407.25−3.798−7.758−7.608−0.927−6.681−9.87−7.041−0.823−15.726 = 325.9 $V_1 = S_1 \times h = 325.9 \times 0.12 = 39.11$ 二层平板面积 S_2 = (28+0.18×2) × (14+0.18×2) × (14+0.18×2) − 0.5×0.5×15 − 0.5×0.6×2 − 0.3 × (14+0.18×2−0.5×3) − 0.3 × (14+0.18×2−0.6×2−0.5) − 0.25 × (14+0.18−0.12−0.5×2) − 0.25 × (14+0.18×2−0.5×3) × 3 − 0.3 × (28+0.18×2−0.5×5) − 0.3 × (28+0.18×2−0.5×6) − 0.3 × (3.5+0.18−0.09−0.5) − 0.3 × (3.5×7+0.09+0.18−0.5×5) − 0.25 × (14−0.12×2−0.5×5) − 0.25 × (14−0.12×2−0.3×2) × 3 − 0.3 × (3.5−0.09−0.12) = 407.25−3.75−0.6−3.858−3.265 − 9.645−3.798−7.758−7.608−0.927−6.681−9.87−7.041−0.823−15.726 = 325.9 $V_2 = S_2 \times h = 325.9 \times 0.12 = 39.11$ 三层平板面积 S_3 = (28+0.18×2) × (14+0.18×2) × (14+0.18×2) − 0.5×0.5×15 − 0.5×0.6×2 − 0.3 × (14+0.18×2−0.5×3) − 0.3 × (14+0.18−0.12−0.5×2) − 0.25 × (14+0.18×2−0.5×2) − 0.3 × (14+0.18×2−0.5×6) − 0.3 × (28+0.18×2−0.5×5) − 0.3 × (28+0.18×2−0.5×6) − 0.25 × (14−0.12×2−0.3×2) × 3 − 0.3 × (28−0.12×2−0.25×4) = 407.25−3.75−0.6−3.858−3.798−9.645 − 7.758−7.608−9.87−8.028 = 341.462 $V_3 = S_3 \times h = 341.462 \times 0.12 = 40.98$ 楼梯间平板：V_4 = (0.64−0.3) × (3.5−0.12−0.09) × 0.12 = 0.134 总计：$\sum = 119.334$	m³	119.334
15	010505008001	雨篷板	$V = 1.07 \times 2.1 \times 0.12 \times 3 = 0.81$	m³	0.81

（续）

序号	项目编码	项目名称	计算式	计量单位	工程数量
16	010506001001	现浇混凝土楼梯	楼梯间：$S=$楼梯间长度×楼梯间净宽-宽度大于 500mm 的楼梯井所占面积 $=(3.5-0.12-0.09)×[3.3+0.3+(1.35+0.125×2-0.12)]+(3.5-0.12-0.09)×[2.7+0.3+(1.35+0.125×2-0.12)]=31.45$	m²	31.45
17	010507001001	现浇混凝土散水	$S=(L_外+4B-台阶长)×B$ $=[86.00+4×0.6-(3.5+0.6)×2-(2.1+0.3×8)]×0.6=45.42$	m²	45.42
18	010507004001	现浇混凝土台阶	$S_1=(3.5+0.6)×2.4×2=19.68$ $S_2=(2.1+0.3×8)×2.4=10.8$ 小计：$\sum=30.48$	m²	30.48
19	010515001001	$\Phi6$	抄自钢筋工程量汇总表	t	0.781
20	010515001002	Φ^R7	抄自钢筋工程量汇总表	t	3.074
21	010515001003	$\Phi8$	抄自钢筋工程量汇总表	t	3.347
22	010515001004	Φ^R9	抄自钢筋工程量汇总表	t	0.044
23	010515001005	$\Phi10$	抄自钢筋工程量汇总表	t	0.967
24	010515001006	$\Phi12$	抄自钢筋工程量汇总表	t	1.966
25	010515001007	$\Phi14$	抄自钢筋工程量汇总表	t	0.631
26	010515001008	$\Phi16$	抄自钢筋工程量汇总表	t	4.115
27	010515001009	$\Phi18$	抄自钢筋工程量汇总表	t	2.335
28	0105150010010	$\Phi20$	抄自钢筋工程量汇总表	t	2.662
29	0105150010011	$\Phi22$	抄自钢筋工程量汇总表	t	2.476
30	0105150010012	$\Phi25$	抄自钢筋工程量汇总表	t	1.444
八	附录 H（0108）	门窗工程			
31	010802001001	金属（塑钢）门	M1527	m²（樘）	8.10（2）
32	010802001002	金属（塑钢）门	M1227	m²（樘）	3.24（1）
33	010802001003	金属（塑钢）门	M0921	m²（樘）	64.26（34）
34	010807001001	塑钢窗	C1823（单框双玻璃塑钢窗）	m²（樘）	24.84（6）
35	010807001002	塑钢窗	C1523（单框双玻璃塑钢窗）	m²（樘）	24.15（7）

序号	编码	项目名称	项目特征/计算式	单位	工程量
36	010807001003	塑钢窗	C1519（单框双玻璃塑钢窗）	m²（樘）	2.85（1）
37	010807001004	塑钢窗	C1527（单框双玻璃塑钢窗）	m²（樘）	4.05（1）
38	010807001005	塑钢窗	C1214（单框双玻璃塑钢窗）	m²（樘）	8.40（5）
39	010807001006	塑钢窗	C1514（单框双玻璃塑钢窗）	m²（樘）	29.40（14）
40	010807001004	塑钢窗	C1814（单框双玻璃塑钢窗）	m²（樘）	40.32（16）
41	010807001005	塑钢窗	C3023（单框双玻璃塑钢窗）	m²（樘）	6.90（1）
42	010807001006	塑钢窗	MC2727（单框双玻璃塑钢窗）	m²（樘）	29.16（4）
七	附录J（0109）	屋面及防水工程			
43	010902001001	屋面卷材防水	$S=(28.5-0.24\times2)\times(14.5-0.24\times2)+(28.5-0.24\times2+14.5-0.24\times2)\times2\times0.25=413.86$	m²	413.86
44	010902005001	屋面排水管	$L=(3.9+3.0+2.95+0.8)\times6=63.9$	m	63.9
八	附录K（0110）	防腐、隔热、保温工程			
45	011001001001	屋面保温	苯板：$S=(28.5-0.24\times2)\times(14.5-0.24\times2)=392.84$	m²	392.84
46	011001003001	外墙保温	$S=L_外\times$高度$-$外墙门窗面积$=86.00\times(9.85+0.8)-62.01-83.34=770.55$	m²	770.55
十一	附录L（0111）	楼地面装饰工程			
47	011101003001	一层地面（40厚C20细石混凝土）	除卫生间、楼梯间以外的房间地面：$S=S_底-$主墙占面积$-$卫生间净面积$-$楼梯间净面积 $S=413.25-84.52\times0.37-65.18\times0.18-(3.5-0.09\times2)\times(4.9-0.09-0.12)-(3.5-0.12-0.09)\times(4.9-0.12)=413.25-31.2724-11.7324-15.571-15.726=338.95$	m²	338.95
48	011101003002	二、三层楼面（40厚C20细石混凝土）	除卫生间、洗漱间、楼梯间以外的楼层房间：$S=[(413.25-84.52\times0.37-132.59\times0.18)-(3.5-0.09\times2)\times(4.9-0.09-0.12)\times2-(3.5-0.12-0.09)\times(4.9-0.12)]\times2=[358.11-31.14-15.73]\times2=622.48$	m²	622.48
49	011102003001	卫生间地砖地面	一层卫生间：$S=(3.5-0.09\times2)\times(4.9-0.09-0.12)=15.57$	m²	15.57
50	011102003002	卫生间地砖楼面	二、三层卫生间，洗漱间：$S=(3.5-0.09\times2)\times(4.9-0.09-0.12)\times2\times2=62.28$	m²	62.28

（续）

序号	项目编码	项目名称	计算式	计量单位	工程数量
51	011105002001	石材踢脚线	石材踢脚线 $S=$（主墙间净长 $-$ 门宽）$\times$ 踢脚线高 一层：主墙间净长 $-$ 门宽 $=\{[(28.5-0.37\times2-0.18\times2)+(0.5-0.3)\times2\times2]+[(14.5-0.37\times2)+(0.5-0.3)\times2]+[(14.5-0.37\times2-0.18)+(0.5-0.3)\times2]+(7-0.12+0.09)\times2+(7-0.12-0.09)\times2+[(3.5-0.09\times2)\times4+0.09\times2]+(3.5-0.18+4.9-0.09-0.12)\times2\times2+(3.5-0.09-0.12+4.9-0.09-0.12)\times2+(3.5\times3-0.18+4.9-0.09-0.12)\times2+(4.9-0.12+0.09)+(3.5-0.09-0.12)\}-(0.9\times7+2.7*8+1.5\times2+1.2)-[28.2+14.16+13.98+13.94+13.58+13.46+32.04+15.96+30.02+24.47+4.87+3.29]-32.10=207.97-32.10=175.87$ $S_1=$（主墙间净长 $-$ 门宽）$\times$ 踢脚线高 $=175.87\times0.15=26.38$ 二、三层：（主墙间净长 $-$ 门宽）$=\{[[(3.5-0.09\times2+4.9-0.12-0.09)\times2\times4+(3.5-0.09-0.12+4.9-0.12-0.09)\times2+(3.5-0.09-0.12+7.0-0.12-0.09)\times2\times6+(3.5-0.09-0.12+7.0-0.12-0.09)\times2\times2+(3.5\times8-0.12\times2)+(2.1-0.09\times2)+(3.5\times7-0.12+0.09)+(4.9-0.12+0.09)+(3.5-0.09-0.12)]-(4.9+2.1-0.09-0.12)]-0.9\times28\}\times2=[(64.08+15.96+121.32+40.32+27.76+1.92+24.47+4.87+3.29+6.79)-25.2]\times2=(310.78-25.2)\times2=571.16$ $S_2+S_3=$（主墙间净长 $-$ 门宽）$\times$ 踢脚线高 $=571.16\times0.15=85.67$ 小计：$\Sigma=112.05$	m²	112.05
52	011106001001	磨光花岗岩石板楼梯面层（踏步设防滑条）	楼梯间：$S=$ 楼梯间长度 $\times$ 楼梯间净宽 $-$ 宽度大于 500mm 的楼梯井所占面积 $=(3.5-0.12-0.09)\times[3.3+0.3+(1.35+0.125\times2-0.12)]+(3.5-0.12-0.09)\times[2.7+0.3+(1.35+0.125\times2-0.12)]=31.45$	m²	31.45
53	011107001001	石材台阶面层	台阶面层 $S=$ 水平投影面积 $S=(3.5+0.6)\times2.4\times2+(2.1+0.3\times8)\times2.4=30.48$	m²	30.48
十二	附录M（0112）	墙、柱面装饰与隔断、幕墙工程			

序号	项目编码	项目名称	计算式	单位	工程量
54	011201001001	外墙抹灰	外墙抹灰 $S=L_外 \times$ 高度 $-$ 外墙门窗面积 $S=86.00 \times (9.85+0.8+0.6) -62.01-83.34=822.15$	m²	822.15
55	011201001002	内墙抹灰	内墙抹灰 $S=$ 主墙间净长 $\times$ 层净高 $-$ [门]窗洞口面积 一层：$S_1=\{[(28.5-0.37\times2-0.18\times2)+(0.5-0.3)\times2\times2]+[(14.5-0.37\times2)+(0.5-0.3)\times2]+[(14.5-0.37\times2-0.18)+(0.5-0.3)\times2+(7-0.12+0.09)\times2+(7-0.12-0.09)\times2]+[(3.5-0.18+4.9-0.09-0.12)\times2\times2+(3.5-0.09-0.12+4.9-0.09-0.12)\times2+(3.5\times7-0.12+0.09)+(4.9-0.12+0.09)+(3.5-0.09-0.12)\}\times(3.9-0.12)-3.45\times3-1.89\times7-7.29\times5-6.9-4.14\times6-3.24-4.05\times2-1.68=[28.2+14.16+13.98+13.94+13.58+13.46+32.04+15.96+24.47+4.87+3.29]\times3.78-104.79=177.95\times3.78-104.79=567.86$ 二层：$S_2=[(3.5-0.09\times2+4.9-0.12-0.09)\times2\times4+(3.5-0.09-0.12+4.9-0.12-0.09)\times2\times6+(3.5-0.09\times2+7.0-0.12-0.09)\times2\times6+(3.5-0.09-0.12+7.0-0.12-0.09)\times2\times2+(3.5-0.12\times2)+(2.1-0.09\times2)+(3.5\times7-0.12+0.09)]\times(3.0-0.12)+(4.9-0.12+0.09)+(4.9-2.1-0.09-0.12)\times(3.0-0.12)-(1.5\times1.4\times5+1.5\times1.9+1.2\times1.4\times2+1.8\times0.9\times2.1\times28)=[64.08+15.96+121.32+40.32+27.76+1.92+24.47+4.87+3.29+6.79]\times2.88=310.78\times2.88-89.79=805.26$ $(10.5+2.85+3.36+20.16+52.92)=310.78\times2.88-89.79=805.26$ 三层：$S_3=[(3.5-0.09\times2+4.9-0.12-0.09)\times2\times4+(3.5-0.09-0.12+4.9-0.12-0.09)\times2\times6+(3.5-0.09\times2+7.0-0.12-0.09)\times2\times6+(3.5-0.09-0.12+7.0-0.12-0.09)\times2\times2+(3.5-0.12\times2)+(2.1-0.09\times2)+(3.5\times7-0.12+0.09)]\times(2.95-0.12)+(4.9-0.12+0.09)+(4.9-2.1-0.09-0.12)\times(2.95-0.12)-(1.5\times1.4\times5+1.5\times2.7+1.2\times1.4+1.8\times0.9\times2.1\times28)=[64.08+15.96+121.32+40.32+27.76+1.92+24.47+4.87+3.29+6.79]\times2.83=310.78\times2.83-90.99=788.52$ 小计：$\Sigma=2161.64$	m²	2161.64
56	011202001001	柱面一般抹灰	柱面抹灰面积 $S=$ 柱高 $\times$ 柱断面周长 $\times$ 根数 $S=(3.9-0.12)\times0.5\times4\times2=15.12$	m²	15.12

（续）

序号	项目编码	项目名称	计算式	计量单位	工程数量
57	01120 4003001	块料墙面	内墙块料面层层面 S = 主墙间净长 × 层净高 − 门窗洞口面积 一层卫生间面积 S_1=[（3.5−0.09×2+4.9−0.12−0.09）×2]×（3.9−0.12）−3.45−1.89=55.22 厨房面积 S_2=[（3.5×3−0.09×2+4.9−0.12−0.09）×2+（0.5−0.3）×2]×（3.9−0.12）− 3.45×3−7.29 ×2−6.9=83.16 二、三层卫生间、洗漱间面积 S_3=[（3.5−0.18+4.9−0.12−0.09）×2]×2×[（3.0−0.12）+ （2.95−0.12）]−1.5×1.4×2×2−0.9×2.1×2×2=32.04×5.71−15.96=166.99 小计：∑=305.37	m²	305.37
十三	附录 N（0113）	天棚工程			
58	01130 1001001	天棚抹灰（卫生间、洗漱间）	卫生间、洗漱间： 一层卫生间 S_1=(3.5−0.09×2)×(4.9−0.12−0.09)=15.57 二、三层 S_2=(3.5−0.18)×(4.9−0.12−0.09)×2×2=62.28 小计：∑=77.85	m²	77.85
59	01130 1001002	天棚抹灰（除卫生间、洗漱间外）	除卫生间、洗漱间外： S=主墙间的净面积+梁两侧抹灰+楼梯底面抹灰 一层主墙间的净面积 S_1=外墙里皮围成的面积−$L_{内180}$×内墙厚−卫生间天棚面积−楼梯间天棚面积 =(28.5−0.12×2)×(14.5−0.12×2)−65.18×0.18−15.57−（3.5−0.12−0.09）×(4.9−0.12)=359.96 二层主墙间的净面积 S_2=外墙里皮围成的面积−$L_{内180}$×内墙厚−卫生间−洗漱间天棚面积−楼梯间天棚面积 =(28.5−0.12×2)×(14.5−0.12×2)−132.59×0.18−15.57×2−（3.5−0.12−0.09）×(4.9−0.12)=332.26 三层主墙间的净面积 S_3=外墙里皮围成的面积−$L_{内180}$×内墙厚−卫生间、洗漱间天棚面积 S_3=(28.5−0.12×2)×(14.5−0.12×2)−132.59×0.18−15.57×2=347.98 楼梯底面抹灰 S_4=楼梯间长度×楼梯间净宽 =(0.3+3.3×1.15+1.35+0.25−0.12)×(3.5−0.12−0.09)+（0.3+2.7×1.15 +1.35+0.25−0.12)×(3.5−0.12−0.09)=34.41 雨篷底面抹灰 S_5=长×宽×个数 =1.07×2.1×3=6.74 小计：∑=1081.35	m²	1081.35

序号	项目编码	项目名称	计算式	计量单位	工程量
十四	附录 P（0114）	油漆、涂料、裱糊工程			
60	01140700 1001	内墙面喷刷涂料	抄自序号 44	m^2	2161.64
61	01140700 2001	天棚喷刷涂料（卫生间、洗漱间）	抄自序号 47	m^2	77.85
62	01140700 2002	天棚喷刷涂料	抄自序号 48	m^2	1081.35
十五	附录 Q（0115）	其他装饰工程			
63	01150300 1001	金属扶手、栏杆	L＝中心线长度（包括弯头长度）＝斜长＋弯头长＋水平长 ＝（0.3+3.3）×1.15×2+（0.3+2.7）×1.15×2+（0.06+0.05×2）×4+（3.5-0.03-0.05） ＝19.24	m	19.24
十七	附录 S（0117）	措施项目			
64	01170100 1001	综合脚手架	S＝建筑面积＝1239.75	m^2	1239.75
65	01170200 2001	矩形柱模板	S＝柱高×柱断面周长×根数×板与柱交接面积－梁与柱交接面积 一层 KZ_1（角柱）: S＝（9.80+0.35）×0.5×4×2-0.12×0.5×2×3-0.3×（0.65-0.12）×3×3-0.3×（0.4-0.12）×2-0.3×（0.65-0.12）＝38.122 KZ_1、KZ_2（外墙非角柱）: S＝（9.80+0.35）×0.5×4×9-0.12×0.5×3×9×3-0.3×（0.65-0.12）×19×3-0.25×（0.65-0.12）×7×3-0.3×（0.4-0.12）×2-0.3×（0.65-0.12）＝165.67 KZ_1、KZ_3（内墙非角柱）: S＝（9.80+0.35）×0.5×4×4-0.12×0.5×3×4×3-0.3×（0.65-0.12）×8×3-0.25×（0.65-0.12）×8×3＝72.044 KZ_4: S＝（9.80+0.35）×（0.5+0.6）×2×2-0.12×0.5×2×3-0.12×0.6×2×3-0.3×（0.65-0.12）×2×2×3＝41.96 外墙 TZ: S＝（5.35+0.3）×（0.3+0.35）×2-（0.12×0.35+0.12×0.3）×2-0.25×（0.35-0.12）×2-0.3×（0.3-0.12）×2＝6.966 内墙 TZ: S＝（5.35+0.3）×（0.3+0.35）×2-（0.12×0.35+0.12×0.3）×2-0.25×（0.35-0.12）×2-0.25×（0.3-0.12）×2＝6.984 LZ_1: S＝（2.7-0.3+0.3）×（0.3+0.3）×2×3＝9.72 小计：$\sum$＝341.466	m^2	341.466

（续）

序号	项目编码	项目名称	计算式	计量单位	工程数量
66	011702005001	基础梁模板	$S = $ 基础梁高 $\times 2 \times$ 梁长 $DKL_1 = 0.65 \times 2 \times (14+0.18 \times 2 - 0.5 \times 3) = 16.718$ $DKL_2 = 0.65 \times 2 \times (14+0.18 - 0.12 - 0.5 \times 2) - 0.25 \times 0.4 - 0.25 \times 0.5 = 16.753$ $DKL_3 = [0.65 \times 2 \times (14+0.18 - 0.5 \times 3) - 0.25 \times 0.4 - 0.25 \times 0.5 \times 2] \times 2 = 32.936$ $DKL_4 = 0.65 \times 2 \times (14+0.18 \times 2 - 0.5 \times 3) - 0.25 \times 0.5 \times 2 = 16.468$ $DKL_5 = 0.65 \times 2 \times (14+0.18 \times 2 - 0.6 \times 2 - 0.5) - 0.25 \times 0.5 = 16.333$ $DKL_6 = 0.65 \times 2 \times (28+0.18 \times 2 - 0.5 \times 5) - 0.25 \times 0.65 = 33.456$ $DKL_7 = 0.6 \times 2 \times (28+0.18 \times 2 - 0.5 \times 6) = 30.432$ $DKL_8 = 0.65 \times 2 \times (28+0.18 \times 2 - 0.5 \times 6) - 0.25 \times 0.4 \times 2 = 32.768$ $LL_1 = 0.4 \times 2 \times (4.9 - 0.12 - 0.16) \times 2 = 7.392$ $LL_2 = 0.5 \times 2 \times (28 - 0.12 \times 2 - 0.25 \times 4) - 0.25 \times 0.4 \times 2 = 26.56$ 小计：$\sum = 229.816$ $S = $ （梁底 + 梁高 - 板厚）$\times$ 梁长 - 梁与梁交接面积 一层梁： $KL_1 = (0.3+0.65 \times 2 - 0.12) \times (14+0.18 \times 2 - 0.5 \times 3) - 0.25 \times (0.4-0.12) = 18.96$ $KL_2 = [0.25+ (0.65-0.12) \times 2] \times (14+0.18 - 0.12 - 0.5 \times 2) - 0.3 \times (0.55-0.12) - 0.25 \times (0.4-0.12) = 16.91$ $KL_3 = \{ [0.25+ (0.65-0.12) \times 2] \times (14+0.18 \times 2 - 0.5 \times 3) - 0.3 \times (0.55- 0.12) \times 2 \} \times 3 = 49.77$ $KL_4 = (0.3+0.65 \times 2 - 0.12) \times (14+0.18 \times 2 - 0.6 \times 2 - 0.5) - 0.3 \times (0.55-0.12) = 18.61$ $KL_5 = (0.3+0.65 \times 2 - 0.12) \times (28+0.18 \times 2 - 0.5 \times 5) - 0.25 \times (0.55-0.12) \times 3 = 37.82$ $KL_6 = [0.3+ (0.65-0.12) \times 2] \times (28+0.18 \times 2 - 0.5 \times 6) - 0.25 \times (0.55- 0.12) \times 2 \times 3 = 33.84$ $KL_7 = (0.3+0.4 \times 2 - 0.12) \times (3.5+0.18 - 0.09 - 0.5) = 3.03$ $KL_8 = (0.3+0.65 \times 2 - 0.12) \times (3.5 \times 7 + 0.09 + 0.18 - 0.5 \times 5) - 0.25 \times (0.55- 0.12) \times 3 = 32.64$ $LL_1 = \{ [0.25+ (0.55-0.12) \times 2] \times (14-0.12 \times 2 - 0.3 \times 2) \} \times 3 = 43.82$ ①~②轴 $LL_2 = [0.25+ (0.4-0.12) \times 2] \times (3.5-0.12-0.09) = 2.67$ ②~⑨轴 $LL_2 = \{ [0.3+ (0.55-0.12) \times 2] \times (3.5 \times 7 - 0.16 - 0.12 - 0.25 \times 3) \} - 0.25 \times (0.55-0.12) \times 2 \times 3 = 26.58$ 小计：$\sum = 284.65$	m²	229.816

| 67 | 011702006001 | 矩形梁模板 | 二层梁：①轴 KL_1＝[（0.3+0.65×2-0.12）×（14+0.18×2-0.5×3）-0.25×（0.55-0.12）]
 =18.93
 ⑨轴 KL_1=（0.3+0.65×2-0.12）×（14+0.18×2-0.6×2-0.5）-0.3×（0.55-0.12）-0.25×（0.55-0.12）
 =18.61
 KL_2=[0.25+（0.65-0.12）×2]×（14+0.18-0.12-0.5×2）-0.3×（0.55-0.12）-0.25×（0.55-0.12）=16.87
 KL_3={[0.25+（0.65-0.12）×2]×（14+0.18×2-0.5×3）-0.3×（0.55-0.12）-0.25×（0.65-0.12）}×3=49.77
 KL_4=（0.3+0.65×2-0.12）×（28+0.18×2-0.5×5）-0.25×（0.55-0.12）×3-0.25×（0.65-0.12）=37.82
 KL_5=[0.3+（0.65-0.12）×2]×（28+0.18×2-0.5×6）-0.25×（0.55-0.12）×2×3=33.84
 KL_6=（0.3+0.4×2-0.12）×（3.5+0.18-0.09-0.5）=3.03
 KL_7=（0.3+0.65×2-0.12）×（3.5×7+0.09+0.18-0.5×5）-0.25×（0.55-0.12）×3=32.64
 LL_1={[0.25+（0.55-0.12）×2]×（14-0.12×2-0.3×2）}×3=43.82
 ①～②轴 LL_2=[0.25+（0.55-0.12）×2]×（3.5-0.12-0.09）=3.65
 ②～⑨轴 LL_2={[0.3+（0.55-0.12）×2]×（3.5×7-0.16-0.12-0.25×3）}-0.25×（0.55-0.12）×2×3=26.58
 小计：∑ =285.56

 顶层梁：①轴 KL_1=[（0.3+0.65×2-0.12）×（14+0.18×2-0.5×3）-0.3×（0.55-0.12）]
 =18.90
 ⑨轴 KL_1=（0.3+0.65×2-0.12）×（14+0.18×2-0.6×2-0.5）-0.3×（0.55-0.12）-0.25×（0.55-0.12）
 =18.61
 KL_2=[0.25+（0.65-0.12）×2]×（14+0.18-0.12-0.5×2）-0.3×（0.55-0.12）×2=16.85
 KL_3={[0.25+（0.65-0.12）×2]×（14+0.18×2-0.5×3）-0.3×（0.55-0.12）×3}×3=49.77
 KL_4=（0.3+0.65×2-0.12）×（28+0.18×2-0.5×5）-0.25×（0.65-0.12）×3=37.82
 KL_5=[0.3+（0.65-0.12）×2]×（28+0.18×2-0.5×6）-0.25×（0.55-0.12）×2×3=33.84 | m² | 864.313 |

（续）

序号	项目编码	项目名称	计算式	计量单位	工程数量
67	011702006001	矩形梁模板	$KL_6=(0.3+0.65×2-0.12)×(28+0.18×2-0.5×6)-0.25×(0.55-0.12)×3 = 37.21$ $LL_1=\{[0.25+(0.55-0.12)×2]×(14-0.12×2-0.3×2)\}×3 = 43.82$ $LL_2=\{[0.3+(0.55-0.12)×2]×(28-0.12×2-0.25×4)\}-0.25×(0.55-0.12)×2×3 = 30.40$ 小计：$\sum = 287.22$	m²	864.313
68	011702016001	平板模板	楼梯间梁：TL2: $S=(0.3+0.3×2-0.12)×(1.35+0.25-0.05+0.18-0.5-0.35)×2 = 1.529$ TL3: $S=[0.25+(0.3-0.12)×2]×(1.35+0.25+0.05+0.18-0.5-0.35)×2 = 1.196$ 雨篷梁：$S=[0.3+(0.3-0.12)×2]×2.1×3 = 4.158$ 总计：$\sum = 864.313$ $S=$楼面（屋面）长×宽-柱断面积-梁底所占面积-楼梯间面积 一层板模板面积 $S_1=$一层平板面积$=325.9$ 二层板模板面积 $S_2=$二层平板面积$=325.9$ 三层板模板面积 $S_3=$三层平板面积$=341.46$ 楼梯间平板模板：$S_4=(0.64-0.3)×(3.5-0.12-0.09)=1.12$ 总计：$\sum = 994.38$	m²	994.38
69	011702023001	雨篷板模板	$S=$水平投影面积$=$长×宽×个数$=1.07×2.1×3=6.74$	m²	6.74
70	011702024001	楼梯模板	$S=$水平投影面积$=$楼梯间水平长度×楼梯间净宽 $=(3.5-0.12-0.09)×[3.3+0.3+(1.35+0.125×2-0.12)]+(3.5-0.12-0.09)[2.7+0.3+(1.35+0.125×2-0.12)]=31.45$	m²	31.45
71	011702027001	台阶模板	台阶模板 $S=$水平投影面积 $S=(3.5+0.6)×2.4×2+(2.1+0.3×8)×2.4=30.48$	m²	30.48
72	011703001001	垂直运输	$S=$建筑面积$=1239.75$	m²	1239.75
73	011707001001	安全文明施工	按实际		
74	011707004001	二次搬运	按实际		
75	011707007001	已完工程及设备保护	按实际		

3.5.2.4　钢筋工程量计算表（见 PPT）[注]
3.5.2.5　钢筋工程量汇总表

钢筋工程量汇总表

钢筋直径规格	总质量（kg）	钢筋直径规格	总质量（kg）
Φ6	781.395	Φ14	631.354
Φ^{R}7	3 074.406	Φ16	4 115.152
Φ8	3 346.811	Φ18	2 335.036
Φ^{R}9	43.608	Φ20	2 661.632
Φ10	966.969	Φ22	2 476.333
Φ12	1 966.079	Φ25	1 443.842

复习思考题

1. 什么是工程量？什么是清单工程量？工程量的计算顺序有哪些？
2. 什么是"四线二面"，如何计算？利用"统筹法"计算工程量的计算要点有哪些？
3. 在建筑物中哪些部位需要计算建筑面积，如何计算？哪些部位不需要计算建筑面积？
4. 土石方清单工程量的计算规则有哪些？
5. 什么是平整场地、挖沟槽、挖基坑和挖一般土方？
6. 桩基础工程清单项目是如何划分的？其清单工程量如何计算？
7. 砌筑工程清单工程量如何计算？基础与墙身的划分界限如何确定？外墙、内墙长度和高度如何确定？
8. 混凝土及钢筋混凝土工程包括哪些内容？其清单工程量如何计算？
9. 现浇钢筋混凝土柱、梁、楼梯清单工程量如何计算？钢筋工程量如何计算？
10. 金属结构工程清单项目是如何划分的？其清单工程量如何计算？
11. 木结构工程清单项目是如何划分的？其清单工程量如何计算？
12. 屋面工程清单项目是如何划分的？其清单工程量如何计算？
13. 楼地面工程清单项目是如何划分的？其清单工程量如何计算？
14. 墙、柱面装饰与隔断、幕墙工程清单项目是如何划分的？其清单工程量如何计算？
15. 墙面抹灰工程量如何计算？长度、高度如何取？
16. 天棚抹灰、天棚吊顶是如何区分的？其清单工程量如何计算？
17. 油漆、涂料、裱糊工程清单项目是如何划分的？其清单工程量如何计算？
18. 其他工程清单项目包括哪些内容？其清单工程量如何计算？
19. 拆除工程清单项目是如何划分的？其清单工程量如何计算？
20. 单价措施项目清单工程量如何计算？总价措施项目清单工程量如何确定？

[注] PPT 见华章网站 www.hzbook.com。

技能训练

1. 选择一套建筑面积在 500 m² 左右的施工图纸，试计算有关的房屋建筑与装饰工程的清单工程量。

2. 如图 3-59 所示，某建筑物框架结构，一层，层高 3.6m，现浇混凝土板厚 100mm，墙身用 M5.0 混合砂浆砌筑页岩砖墙，墙厚为 240mm；女儿墙砌筑煤矸石砖，高 550mm；混凝土压顶高 50mm；框架柱断面 240mm×240mm，到女儿墙顶，框架梁断面 240mm×500mm，门窗洞口上均设钢筋混凝土过梁 240mm×180mm，M-1：2 200mm×2 700mm，M-2：1 000mm×2 700mm，C-1：2 400mm×1 800mm，C-2：1 800mm×1 800mm。试计算相关基数（三线二面）、钢筋混凝土过梁、框架梁、框架柱、混凝土压顶、门窗、现浇混凝土板、实心页岩砖外墙、内墙，煤矸石砖女儿墙，地面水泥砂浆面层、水泥砂浆踢脚线（高度 150mm）、外墙面贴釉面砖、内墙面抹灰的清单工程量。

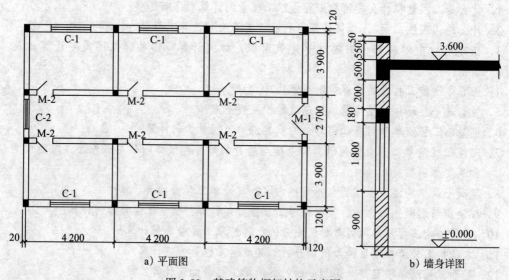

a）平面图　　b）墙身详图

图 3-59　某建筑物框架结构示意图

第4章

工程量清单的编制与工程量清单计价

学习目标

通过本章的学习，读者掌握工程量清单的术语、组成内容，掌握工程量清单的编制要求、编制依据、编制程序和编制规定；掌握工程量清单计价的术语、组成内容及其标准格式，掌握招标控制价、投标报价编制的一般规定和方法。

技能目标

具有编制招标工程量清单、招标控制价、投标报价的能力。

《建设工程工程量清单计价规范》（GB50500—2013）（以下简称《新规范》）已于2013年7月1日正式施行。它是工程量清单的编制与工程量清单计价的依据。《新规范》在计量计价方法、招标采购操作、工程合同契合、甲乙方风险分担、措施费计算的细化、工程价款调整、全过程价款支付、结算与工程款清欠、争议纠纷与造价鉴定、工程造价档案管理10大方面做出了新的规定。本章就是根据《新规范》的规定编制的。

4.1 工程量清单的编制

工程量清单体现了招标人需要投标人完成的工程项目及相应数量，是投标人进行报价的依据，是招标文件最重要的组成部分。

工程量清单应采用统一格式，由封面、总说明、分部分项工程量清单、措施项目清单、其他项目清单、规费项目清单和税金项目清单等组成。

4.1.1 工程量清单的概述

4.1.1.1 工程量清单的概念

（1）工程量清单：载明建设工程分部分项工程项目、措施项目、其他项目的名称和相应数量以及规费、税金项目等内容的明细清单。

（2）招标工程量清单：招标人依据国家标准、招标文件、设计文件以及施工现场

实际情况编制的，随招标文件发布供投标报价的工程量清单，包括其说明和表格。、

（3）已标价工程量清单：构成合同文件组成部分的投标文件中已标明价格，经算数性错误修正（如有）且承包人已确认的工程量清单，包括其说明和表格。

工程量清单作为工程建设市场中交易双方用以进行工程计价的重要依据，在招标投标过程中，它作为招标投标文件的重要组成部分，在这个概念上，必须明确以下三个问题。

（1）工程量清单由招标人提供。工程量清单是由招标人发出的，注明拟建工程各分部分项工程实物名称、性质、特征、单位、数量以及措施项目、其他项目等相关内容组成的文件。

工程量清单是由招标人或受其委托的具有相应资质的工程造价咨询机构及具有工程量清单编制能力的招标代理机构进行编制。

（2）工程量清单是依据拟建施工图编制的。工程量清单中，注明的拟建工程各分部分项工程实物工程量所描述的对象是拟建工程，因此工程量清单中实物工程量反映了拟建工程各分部分项工程的名称、性质与特征。

（3）工程量清单是招标文件的组成部分。投标单位按照招标单位提供的工程量清单实施报价，一经中标且签订合同，该清单即成为工程承包合同文件的组成部分，而合同是同时约束承发包双方。因此，无论是招标单位还是投标单位都应当慎重对待此清单。

4.1.1.2 工程量清单的内容

根据工程量清单的定义，其内容包括两个部分：一是工程量清单说明；二是工程量清单表。

1. 工程量清单说明

工程量清单说明主要表示的内容是招标人明确拟招标工程的工程概况和对有关问题的解释。主要包括以下几个方面。

（1）工程概况：建设规模、工程特征、计划工期、施工现场实际情况、自然地理条件、环境保护要求等。

（2）工程招标和专业工程发包范围。

（3）工程量清单编制依据，如采用的标准、施工图纸、标准图集等。

（4）工程质量、材料、施工等的特殊要求。

（5）其他需要说明的问题。

2. 工程量清单表

工程量清单表作为工程量清单项目与分部分项工程数量的载体，是工程量清单的核心部分。它包括分部分项工程量清单、措施项目清单、其他项目清单和规费项目清单和税金项目清单。工程量清单表格式在《建设工程工程量清单计价规范》（GB50500—2013）中给出了标准格式（以下工程量清单和计价的编制，都是依据该规范编制的）。

4.1.2　工程量清单编制

4.1.2.1　工程量清单编制的一般规定

（1）招标工程量清单应由具有编制能力的招标人或受其委托、具有相应资质的工程造价咨询人编制。

（2）招标工程量清单应作为招标文件的组成部分，其准确性和完整性由招标人负责。

要点说明：

该条为强制性条文，必须严格执行。

招标人对编制的工程量清单的准确性（数量）和完整性（不缺项、漏项）负责，如委托工程造价咨询人编制，其责任仍由招标人承担。

（3）招标工程量清单是工程量清单计价的基础，应作为编制招标控制价、投标报价、计算或调整工程量、索赔等的依据之一。

（4）招标工程量清单应以单位（项）工程为单位编制，应由分部分项工程量清单、措施项目清单、其他项目清单、规费和税金项目清单组成。

（5）编制招标工程量清单应依据：

1）《新规范》和相关工程的国家计量规范。

2）国家或省级、行业建设主管部门颁发的计价定额和办法。

3）建设工程设计文件及相关资料。

4）与建设工程项目有关的标准、规范、技术资料。

5）拟定的招标文件。

6）施工现场情况、地勘水文资料、工程特点及常规施工方案。

7）其他相关资料。

4.1.2.2　工程量清单的编制方法

分部分项工程项目清单、措施项目清单、其他项目清单、规费项目清单、税金项目清单的编制方法规范规定如下。

1. 分部分项工程项目清单的编制方法

（1）分部分项工程项目清单必须载明项目编码、项目名称、项目特征、计量单位和工程量。

（2）分部分项工程项目清单必须根据相关工程现行国家工程量计算规范（2013年相关工程计算规范共9册）规定的项目编码、项目名称、项目特征、计量单位和工程量计算规则进行编制。

（3）分部分项工程项目清单的项目编码，应采用12位阿拉伯数字表示。1～9位应按相关工程现行国家计量规范的规定设置，10～12位应根据拟建工程的工程项目清单项目名称设置，同一招标工程的项目编码不得有重码。

（4）分部分项工程量清单的项目名称，应按相关工程现行国家计量规范中的项目名称结合拟建工程的实际确定。

（5）分部分项工程量清单中所列工程量，按相关工程现行国家计量规范规定的工程量计算规则计算。

（6）分部分项工程量清单的计量单位，应按相关工程现行国家计量规范中规定的计量单位确定。

（7）分部分项工程量清单项目特征，应按相关工程现行国家计量规范中规定的项目特征，结合拟建工程项目的实际予以描述。

（8）编制工程量清单时，出现相关工程现行国家计量规范中未包括的项目，编制人应作补充，并报省级或行业工程造价管理机构备案，省级或行业工程造价管理机构应汇总报住房和城乡建设部标准定额研究所。补充项目的编码由相关规范，如《房屋建筑与装饰工程工程量计算规范》的代码01与B和三位阿拉伯数字组成，并应从01B001起顺序编制，同一招标工程的项目不得重码。工程量清单中需附有补充的项目名称、项目特征、计量单位、工程量计算规则、工程内容。

2. 措施项目清单的编制方法

（1）措施项目清单必须根据相关工程现行国家计量规范的规定编制。单价措施项目包括：脚手架；混凝土模板及支架（撑）；垂直运输；超高施工增加；大型机械设备进出场及安拆；施工排水、施工降水等。总价措施项目包括：安全文明施工（含环境保护、文明施工、安全施工、临时设施）；夜间施工；非夜间施工照明；二次搬运；冬雨季施工；地上、地下设施，建筑物的临时保护设施；已完工程及设备保护等内容。若出现计价规范未列的项目，可根据工程实际情况进行补充。

（2）措施项目清单应根据拟建工程的实际情况列项。

（3）措施项目中列出了项目编码、项目名称、项目特征、计量单位、工程量计算规则的项目，编制工程量清单时，应按照编制分部分项工程量清单的规定执行。

（4）措施项目仅列出项目编码、项目名称，未列出项目特征、计量单位和工程量计算规则的项目，编制工程量清单时，应按相关工程现行国家计量规范措施项目规定的项目编码、项目名称确定。

3. 其他项目清单的编制方法

（1）其他项目清单应按照下列内容列项。

1）暂列金额。

2）暂估价，包括材料暂估单价、工程设备暂估单价、专业工程暂估价。

3）计日工（包括用于计日工的人工、材料、施工机械）。

4）总承包服务费。

（2）暂列金额应根据工程特点按有关计价规定估算。

（3）暂估价中的材料、工程设备暂估单价应根据工程造价信息或参照市场价格估算，列出明细表；专业工程暂估价应分不同专业，按有关计价定额估算，列出明细表。

（4）计日工应列出项目名称、计量单位和暂估数量。

（5）总承包服务费应列出服务项目及其内容等。

（6）出现上述第（1）条未列的项目，应根据工程实际情况补充。

要点说明：

暂列金额是因为一些不能预见、不能确定因素的价格调整而设立的。暂列金额由招标人根据工程特点，按有关计价规定进行估算，一般可以分部分项工程费用的10%～15% 为参考；索赔费用、现场签证费用从此项扣支。

暂估价是招标人在工程量清单中提供的用于支付必然发生但暂时不能确定价格的材料、工程设备的单价以及专业工程的金额。其中材料和工程设备暂估价是招标人列出暂估的材料单价及使用范围，投标人按照此价格来进行组价，并计入相应清单的综合单价中，其他项目合计中不包括，只是列项；专业工程暂估价是按项列支，如玻璃幕墙、防水等，此费用计入其他项目合计中。

计日工是承包人完成发包人提出的工程合同范围以外的零星项目或工作，按合同中约定的单价计价。计日工对完成零星项目或工作所消耗的人工工日、材料数量、机械台班进行计量，并按照计日工表中填报的适用项目的单价进行计价支付。

对于总承包服务费，一定要在招标文件中说明总承包的范围，以减少后期不必要的纠纷。

在编制竣工结算时，对于变更、索赔项目，也应列入其他项目。

4．规费项目清单的编制方法

（1）规费项目清单应按照下列内容列项。

1）社会保险费：包括养老保险费、失业保险费、医疗保险费、工伤保险费、生育保险费。

2）住房公积金。

3）工程排污费。

（2）出现上述第（1）条未列的项目，应根据省级政府或省级有关部门的规定列项。

5．税金项目清单的编制方法

（1）税金项目清单应包括下列内容。

1）营业税。

2）城市维护建设税。

3）教育费附加。

4）地方教育附加。

（2）出现上述第（1）条未列的项目，应根据税务部门的规定进行列项。

4.1.2.3　工程量清单的编制格式

（1）招标工程量清单封面（见表4-1）。

（2）招标工程量清单扉页（见表4-2）。

表 4-1 招标工程量清单封面

_____工程

招标工程量清单

招 标 人：_____

(单位盖章)

造价咨询人：_____

(单位盖章)

年 月 日

表 4-2 招标工程量清单扉页

_____工程

招标工程量清单

招 标 人：_____   造价咨询人：_____

(单位盖章)   (单位资质专用章)

法定代表人   法定代表人

或其授权人：_____   或其授权人：_____

(签字或盖章)   (签字或盖章)

编 制 人：_____   复 核 人：_____

(造价人员签字盖专用章)   (造价工程师签字盖专用章)

编制时间： 年 月 日   复核时间： 年 月 日

要点说明：

扉页应按规定的内容填写、签字、盖章，由造价员编制的工程量清单应由负责审核的造价工程师签字、盖章。受委托编制的工程量清单，应由造价工程师签字、盖章以及工程造价咨询人盖章。

（3）总说明的编制（见表 4-3）。

表 4-3　工程量清单总说明

工程名称：　　　　　　　　　　　　　　　　　　　　　　　　　　　第　页　共　页

要点说明：

总说明应按下列内容填写。

①工程概况：建设规模、工程特征、计划工期、施工现场实际情况、自然地理条件、环境保护要求等。

②工程招标和专业工程发包范围。

③工程量清单编制依据，如采用的标准、施工图纸、标准图集等。

④工程质量、材料、施工等的特殊要求。

⑤其他需要说明的问题。

（4）分部分项工程和单价措施项目清单与计价表（见表 4-4）。

表 4-4　分部分项工程和单价措施项目清单与计价表

工程名称：　　　　　　　　　　　　　标段：　　　　　　　　　第　页　共　页

序号	项目编码	项目名称	项目特征	计量单位	工程量	金额（元）		
						综合单价	合价	其中：暂估价
				本页小计				
				合　　计				

要点说明

为计取规费等的使用，可在表中增设"定额人工费"。

（5）总价措施项目清单与计价表的编制（见表 4-5）。

表 4-5　总价措施项目清单与计价表

工程名称：　　　　　　　　　　　　　标段：　　　　　　　　　第　页　共　页

序号	项目编码	项目名称	计算基础	费率（%）	金额（元）	调整费率（%）	调整后金额（元）	备注
1		安全文明施工费						
2		夜间施工增加费						
3		二次搬运费						
4		冬雨季施工增加费						
5		已完工程及设备保护						
6								
		合　　计						

编制人（造价人员）：　　　　　　　　　　　　　复核人（造价工程师）：

要点说明:

①"计算基础"中安全文明施工费可为"定额基价""定额人工费"或"定额人工费+定额机械费",其他项目可为"定额人工费"或"定额人工费+定额机械费"。

②按施工方案计算的措施费,若无"计算基础"和"费率"的数值,也可只填"金额"数值,但应在备注栏说明施工方案出处或计算方法。

(6)其他项目清单与计价表的编制(见表4-6、表4-6-1~表4-6-5)。

表4-6　其他项目清单与计价汇总表

工程名称:　　　　　　　　　　　标段:　　　　　　　　　　第　页　共　页

序号	项目名称	金额(元)	结算金额(元)	备注
1	暂列金额			明细详见表4-6-1
2	暂估价			
2.1	材料(工程设备)暂估价			明细详见表4-6-2
2.2	专业工程暂估价			明细详见表4-6-3
3	计日工			明细详见表4-6-4
4	总承包服务费			明细详见表4-6-5
	合　　计			

要点说明:

材料(工程设备)暂估单价计入清单项目综合单价,此处不汇总。

表4-6-1　暂列金额明细表

工程名称:　　　　　　　　　　　标段:　　　　　　　　　　第　页　共　页

序号	项目名称	计量单位	暂定金额(元)	备注
1				
2				
	合　　计			

要点说明:

此表由招标人填写,将暂列金额与拟用项目列出明细,如不能详列明细,也可只列暂定金额总额,投标人应将上述暂列金额计入投标总价中。

表4-6-2　材料(工程设备)暂估单价及调整表

工程名称:　　　　　　　　　　　标段:　　　　　　　　　　第　页　共　页

序号	材料(工程设备)名称、规格、型号	计量单位	数量		暂估(元)		确认(元)		差额±(元)		备注
			暂估	确认	单价	合价	单价	合价	单价	合价	

要点说明：

此表由招标人填写"暂估单价"，并在备注栏说明暂估价的材料、工程设备拟用在哪些清单项目上，投标人应将上述材料、工程设备暂估单价计入工程量清单综合单价报价中。

表 4-6-3　专业工程暂估价及结算表

工程名称：　　　　　　　　　　　　标段：　　　　　　　　　　　　第 页 共 页

序号	工程名称	工程内容	暂估金额（元）	结算金额（元）	差额 ±（元）	备注
	合　计					

要点说明：

此表"暂估金额"由招标人填写，投标人应将"暂估金额"计入投标总价中。结算时按合同约定结算金额填写。

表 4-6-4　计日工表

工程名称：　　　　　　　　　　　　标段：　　　　　　　　　　　　第 页 共 页

编号	项目名称	单位	暂定数量	实际数量	综合单价（元）	合价（元）	
						暂定	实际
一	人工						
1							
2							
3							
	人工小计						
二	材料						
1							
2							
3							
	材料小计						
三	施工机械						
1							
2							
	施工机械小计						
四	企业管理费和利润						
	总　计						

要点说明：

此表项目名称、暂定数量由招标人填写，编制招标控制价时，单价由招标人按有关计价规定确定；投标时，单价由投标人自主报价，按暂定数量计算合价计入投标总价中。结算时，按发承包双方确认的实际数量计算合价。

表 4-6-5 总承包服务费计价表

工程名称：　　　　　　　　　　　　标段：　　　　　　　　　　　第 页 共 页

序号	项目名称	项目价值（元）	服务内容	计算基础	计算费率（%）	金额（元）
1	发包人发包专业工程					
2	发包人提供材料					
	合　计					

要点说明：

此表项目名称、服务内容由招标人填写，编制招标控制价时，费率及金额由招标人按有关计价规定确定；投标时费率及金额有投标人自主报价，计入投标总价中。

（7）规费、税金项目计价表的编制（见表 4-7）。

表 4-7 规费、税金项目计价表

工程名称：　　　　　　　　　　　　标段：　　　　　　　　　　　第 页 共 页

序号	项目名称	计算基础	计算基数	计算费率（%）	金额（元）
1	规费	定额人工费			
1.1	社会保险费	定额人工费			
（1）	养老保险费	定额人工费			
（2）	失业保险费	定额人工费			
（3）	医疗保险费	定额人工费			
（4）	工伤保险费	定额人工费			
（5）	生育保险费	定额人工费			
1.2	住房公积金	定额人工费			
1.3	工程排污费	按工程所在地环境保护部门收取标准，按实计入			
2	税金	分部分项工程费＋措施项目费＋其他项目费＋规费－按规定不计税的工程设备金额			
	合　计				

编制人（造价人员）：　　　　　　　　　　　　复核人（造价工程师）：

4.1.3 工程量清单编制实例

【例 4-1】根据"3.5 房屋建筑与装饰工程清单工程量计算实例"计算的清单工程量，

利用"清单大师"软件编制某厂食堂宿舍房屋建筑与装饰工程的招标工程量清单，有如下主要内容。

（1）封面（见表 4-8）。

（2）扉页（见表 4-9）。

（3）总说明（见表 4-10）。

（4）分部分项和单价措施项目清单与计价表（见表 4-11）。

（5）总价措施项目清单与计价表（见表 4-12）。

（6）其他项目清单与计价汇总表（见表 4-13）。

1）暂列金额明细表（见表 4-13-1）。

2）材料（工程设备）暂估单价及调整表（见表 4-13-2）。

3）专业工程暂估价及结算表（见表 4-13-3）。

4）计日工表（见表 4-13-4）。

5）总承包服务费计价表（见表 4-13-5）。

（7）规费、税金项目计价表（见表 4-14）。

（8）发包人提供材料和工程设备一览表（见表 4-15）。

（9）承包人提供主要材料和工程设备一览表（适用于造价信息差额调整法）（见表 4-16）。

（10）承包人提供主要材料和工程设备一览表（适用于价格指数差额调整法）（见表 4-17）。

4.1.3.1　封面的填写

封面的填写（见表 4-8 规范封 -1）。

表 4-8　封面

<u>　　　某厂新建食堂宿舍　　　</u>　　工程
招　标　工　程　量　清　单   招　标　人：_____ （单位盖章）   年　月　日

规范封 -1

4.1.3.2　扉页的填写

扉页的填写（见表 4-9 规范扉 -1）。

表 4-9　扉页

_____某厂新建食堂宿舍_____　工程

招 标 工 程 量 清 单

招标人：_____　　　　造价咨询人：_____
　　　　（单位盖章）　　　　　　　　　（单位资质专用章）

法定代表人　　　　　　　　法定代表人
或其授权人：_____　　或其授权人：_____
　　　　（签字或盖章）　　　　　　　　（签字或盖章）

编　制　人：_____　　复　核　人：_____
　　（造价人员签字盖专用章）　　　（造价工程师签字盖专用章）

编制时间：　年　月　日　　复核时间：　年　月　日

规范扉 -1

4.1.3.3　总说明的编制

总说明的编制（见表 4-10 规范表 -01 ）。

表 4-10　总说明

工程名称：某厂新建食堂宿舍　　　　　　　　　　　　　　　　　　第 1 页 共 1 页

1. 工程概况

本工程为框架结构，采用混凝土独立基础，建筑层数为 3 层，建筑面积 1 239.75m²，计划工期为 40 天。

2. 工程招标范围

本次招标范围为施工图纸范围内的房屋建筑与装饰工程。

3. 工程量清单编制依据

（1）某厂新建食堂宿舍楼施工图。

（2）《建设工程工程量清单计价规范》(GB50500—2013)。

（3）《房屋建筑与装饰工程工程量计算规范》(GB50854—2013)。

（4）拟定的招标文件。

（5）相关的规范、标准图集和技术资料。

4. 其他需要说明的问题

（1）招标人供应现浇构件的全部钢筋、塑钢门窗，钢筋单价暂定为 4 000 元 / t、塑钢门窗单价暂定为 260 元 / m²。

1）承包人应在施工现场对招标人供应的钢筋、塑钢门窗进行验收、保管和使用发放。

2）招标人供应钢筋、塑钢门窗的价款，由招标人按每次发生的金额支付给承包人，再由承包人支付给供应商。

（2）弱电工程另进行专业发包。总承包人应配合专业工程承包人完成以下工作：为弱电工程承包人提供施工工作面并对施工现场进行统一管理，对竣工资料进行统一整理汇总。承包人提供机械和电源接入点，并承担机械费和电费。

规范表 -01

4.1.3.4　分部分项和单价措施项目清单与计价表的编制

分部分项和单价措施项目清单与计价表的编制（见表 4-11 规范表 -08）。

表 4-11　分部分项和单价措施项目清单与计价表

工程名称：某厂新建食堂宿舍　　　　　　　　标段：　　　　　　　　　　　　第 1 页 共 6 页

序号	项目编码	项目名称	项目特征描述	计量单位	工程数量	金额（元）		
						综合单价	合价	其中暂估价
			附录 A（0101）土石方工程					
1	010101001001	平整场地	土壤类别：三类土；弃土运距：1 000m	m²	413.25			
2	010101003001	挖沟槽土方	1. 土壤类别：三类土 2. 挖土深度：6m 内 3. 弃土运距：1 000m	m³	215.71			
3	010103001001	室内回填	密实度要求：800mm 分层夯实	m³	259.17			
4	010103001002	基础回填	密实度要求：分层夯实	m³	464.87			
			分部小计					
			附录 D（0104）砌筑工程					
5	010401005001	空心砖外墙	1. 外墙厚：370mm 2. 砌块强度：MU10 3. 水泥砂浆：M7.5	m³	142.78			
6	010401005002	空心砖内墙	1. 外墙厚：240mm 2. 砌块强度：MU10 3. 水泥砂浆：M7.5	m³	129.83			
7	010401005003	空心砖内墙	1. 外墙厚：120mm 2. 砌块强度：MU10 3. 水泥砂浆：M7.5	m³	1.443			
8	010401005003	女儿墙	1. 外墙厚：240mm 2. 砌块强度：MU10 3. 水泥砂浆：M7.5	m³	12.13			
			分部小计					
			附录 E（0105）混凝土及钢筋混凝土工程					
9	010501003001	现浇钢筋混凝土独立基础	1. 砼种类：商砼 2. 砼强度级：C25	m³	67.815			
10	010502001001	矩形柱	1. 混凝土种类：商砼 2. 混凝土强级：C25	m³	45.99			
11	010503001001	基础梁	1. 混凝土种类：商砼 2. 混凝土强级：C25	m³	32.19			
12	010503002001	框架梁	1. 混凝土种类：商砼 2. 混凝土强级：C25	m³	114.57			
13	010505003001	现浇平板	1. 混凝土种类：商砼 2. 混凝土强级：C25	m³	119.334			
			合　计					

分部分项和单价措施项目清单与计价表（续表）

工程名称：某厂新建食堂宿舍　　　　　　标段：　　　　　　　第2页 共6页

序号	项目编码	项目名称	项目特征描述	计量单位	工程数量	金额（元）		
						综合单价	合价	其中暂估价
14	010505008001	雨篷板	1. 混凝土种类：商砼 2. 混凝土强级：C25	m³	0.81			
15	010506001001	现浇混凝土楼梯	1. 混凝土种类：商砼 2. 混凝土强级：C25	m²	31.45			
16	010507001001	现浇混凝土散水	1. 垫层材料种类：碎石 2. 面层厚度：20mm 3. 砼种类：商砼 4. 砼强度等级：C25	m²	45.42			
17	010507004001	现浇混凝土台阶	1. 踏步宽300mm 2. 混凝土种类：商砼 3. 砼强度等级：C25	m²	30.48			
18	010515001001	现浇构件钢筋Φ6.5	钢筋种类、规格：一级钢筋6.5	t	0.781			
19	010515001002	现浇构件钢筋$\Phi^R 7$	钢筋种类、规格：冷轧带肋 7	t	3.074			
20	010515001003	现浇构件钢筋Φ8	钢筋种类、规格：一级钢筋8	t	3.347			
21	010515001004	现浇构件钢筋$\Phi^R 9$	钢筋种类、规格：冷轧带肋 9	t	0.044			
22	010515001005	现浇构件钢筋Φ10	钢筋种类、规格：三级钢筋10	t	0.967			
23	010515001006	现浇构件钢筋Φ12	钢筋种类、规格：三级钢筋12	t	1.966			
24	010515001007	现浇构件钢筋Φ14	钢筋种类、规格：三级钢筋14	t	0.631			
25	010515001008	现浇构件钢筋Φ16	钢筋种类、规格：三级钢筋16	t	4.115			
26	010515001009	现浇构件钢筋Φ18	钢筋种类、规格：三级钢筋18	t	2.335			
27	010515001010	现浇构件钢筋Φ20	钢筋种类、规格：三级钢筋20	t	2.662			
28	010515001011	现浇构件钢筋Φ22	钢筋种类、规格：三级钢筋22	t	2.476			
29	010515001012	现浇构件钢筋Φ25	钢筋种类、规格：三级钢筋25	t	1.444			
			分部小计					
			合 计					

规范表-08

分部分项和单价措施项目清单与计价表（续表）

工程名称：某厂新建食堂宿舍　　　　　　标段：　　　　　　　　　　第 3 页 共 6 页

序号	项目编码	项目名称	项目特征描述	计量单位	工程数量	综合单价	合价	其中暂估价
			附录 H（0108）门窗工程					
30	010802001001	金属（塑钢）门 M1527	1. 材质：金属（塑钢） 2. 洞口尺寸：1 500mm×2 700mm 3. 樘数：2 樘	m²	8.10			
31	010802001002	金属（塑钢）门 M1227	1. 材质：金属（塑钢） 2. 洞口尺寸：1 200mm×2 700mm 3. 樘数：1 樘	m²	3.24			
32	010802001003	金属（塑钢）门 M0921	1. 材质：金属（塑钢） 2. 洞口尺寸：900mm×2 100mm 3. 樘数：34 樘	m²	64.26			
33	010807001001	塑钢窗 C1823	1. 材质：金属（塑钢） 2. 洞口尺寸：1 800mm×2 300mm 3. 樘数：6 樘	m²	24.84			
34	010807001002	塑钢窗 C1523	1. 材质：金属（塑钢） 2. 洞口尺寸：1 500mm×2 300mm 3. 樘数：7 樘	m²	24.15			
35	010807001003	塑钢窗 C1519	1. 材质：金属（塑钢） 2. 洞口尺寸：1 500mm×1 900mm 3. 樘数：1 樘	m²	2.85			
36	010807001004	塑钢窗 C1527	1. 材质：金属（塑钢） 2. 洞口尺寸：1 500mm×2 700mm 3. 樘数：1 樘	m²	4.05			
37	010807001005	塑钢窗 C1214	1. 材质：金属（塑钢） 2. 洞口尺寸：1 200mm×1 400mm 3. 樘数：5 樘	m²	8.40			
38	010807001006	塑钢窗 C1514	1. 材质：金属（塑钢） 2. 洞口尺寸：1 500mm×1 400mm 3. 樘数：14 樘	m²	29.40			
39	010807001004	塑钢窗 C1814	1. 材质：金属（塑钢） 2. 洞口尺寸：1 800mm×1 400mm 3. 樘数：16 樘	m²	40.32			
40	010807001005	塑钢窗 C3023	1. 材质：金属（塑钢） 2. 洞口尺寸：3 200mm×2 300mm 3. 樘数：1 樘	m²	6.90			
41	010807001006	塑钢窗 MC2727	1. 材质：金属（塑钢） 2. 洞口尺寸：2 700mm×2 700mm 3. 樘数：4 樘	m²	29.16			
			分部小计					
			合　计					

分部分项和单价措施项目清单与计价表（续表）

工程名称：某厂新建食堂宿舍　　　　　标段：　　　　　　第 4 页 共 6 页

序号	项目编码	项目名称	项目特征描述	计量单位	工程数量	金额（元）		
						综合单价	合价	其中暂估价
			附录 J（0109）屋面及防水工程					
42	010902001001	屋面卷材防水	卷材品种、规格、厚度：4厚SBS改性沥青卷材防水层	m²	413.86			
43	010902005001	屋面排水管	品种、规格：PVC、Φ100	m	63.90			
			分部小计					
			附录 K（0110）防腐、隔热、保温工程					
44	011001001001	屋面保温	材料品种、厚度：100厚苯单面钢丝网	m²	392.84			
45	011001003001	外墙保温	1. 保温隔热面层材料品种、规格：400垂直600涂胶泥埋入玻纤布 2. 保温隔热材料品种规格、厚度：70mm 厚苯板	m²	770.55			
			分部小计					
			附录 L（0111）楼地面装饰工程					
46	011101003001	一层地面（40厚C20 细石混凝土）	1. 面层厚度、混凝土强度等级：40mm 厚 C20 混凝土； 2. 60mm 厚 C15 混凝土垫层	m²	338.95			
47	011101003002	二、三层楼面（40厚 C20 细石混凝土）	面层厚度、混凝土强度等级：40mm 厚 C20 混凝土	m²	622.48			
48	011102003001	卫生间地砖地面	结合层厚度、砂浆配合比：水泥砂浆 1：3；嵌缝材料种类：油毡	m²	15.57			
49	011102003002	卫生间地砖楼面	结合层厚度、砂浆配合比：水泥砂浆 1：3；嵌缝材料种类：油毡	m²	62.28			
50	011105002001	石材踢脚线	1. 踢脚度：150mm 2. 粘贴层厚度、材料种类：15mm 1：3 水泥砂浆 3. 面层材料：黑色花岗岩板	m²	112.05			
51	011106001001	磨光花岗岩石板楼梯面层（踏步设防滑条）	1. 结合层厚度、砂浆配合比：20mm 厚 1：3 水泥砂浆 2. 面层材料：磨光花岗岩	m²	31.45			
			合　计					

规范表 -08

分部分项和单价措施项目清单与计价表（续表）

工程名称：某厂新建食堂宿舍　　　　　　标段：　　　　　　　　第 5 页 共 6 页

序号	项目编码	项目名称	项目特征描述	计量单位	工程数量	金额（元）		
						综合单价	合价	其中暂估价
52	011107001001	石材台阶面层	1. 面层材料：磨光花岗岩 2. 结合层厚度、砂浆配合比：1：3 水泥砂浆 3. 100mm 厚 C20 细石混凝土 4. 300mm 厚混砂垫层	m²	30.48			
			分部小计					
			附录 M（0112）墙、柱面装饰与隔断、幕墙工程					
53	011201001001	外墙抹灰	1. 墙体类型：外墙 2. 面层厚度、砂浆配合比：20mm 1：0.5：3 3. 装饰面材料种类：石灰砂浆	m²	822.15			
54	011201001002	内墙抹灰	1. 墙体类型：内墙 2. 面层厚度、砂浆配合比：20mm、1：0.5：3 3. 装饰面材料种类：石灰砂浆	m²	2 161.64			
55	011202001001	柱面一般抹灰	1. 面层厚度、砂浆配合比：20mm 1：0.5：3 2. 装饰面材料种类：石灰砂浆	m²	15.12			
56	011204003001	块料墙面	1. 面层材料品种、规格、颜色：花岗岩 2. 磨光、酸洗、打蜡要求：三道磨光	m²	305.37			
			分部小计					
			附录 N（0113）天棚工程					
57	011301001001	天棚抹灰（卫生间、洗漱间）	1. 基层类型：素水泥砂浆一道 2. 抹灰厚度、材料种类：5mm1：3 水泥砂浆打底 3mm1：2 水泥砂浆找平	m²	77.85			
			合　计					

分部分项和单价措施项目清单与计价表（续表）

工程名称：某厂新建食堂宿舍　　　　标段：　　　　　　第 6 页 共 6 页

序号	项目编码	项目名称	项目特征描述	计量单位	工程数量	金额（元）		
						综合单价	合价	其中暂估价
58	011301001002	天棚抹灰（除卫生间、洗漱间外）	1. 基层类型：素水泥砂浆一道 2. 抹灰厚度、材料种类：水泥砂浆；砂浆配合比：水泥砂浆 1：2	m²	1 081.35			
			分部小计					
附录 P（0114）油漆、涂料、裱糊工程								
59	011407001001	内墙面喷刷涂料	涂料品种、喷刷遍数：刮大白三遍成活	m²	2 161.64			
60	011407002001	天棚喷刷涂料（卫生间、洗漱间）	面层：白色水性耐擦洗涂料面层	m²	77.85			
61	011407002002	天棚喷刷涂料	面层：刮防水大白三遍成活	m²	1 081.35			
			分部小计					
附录 Q（0115）其他装饰工程								
62	011503001001	金属扶手、栏杆	1. 扶手材料种类、规格：不锈钢管 Φ89×2.5 2. 栏杆材料种类、规格：铝合金 3. 固定配件种类：膨胀螺栓	m	19.24			
			分部小计					
附录 S（0117）措施项目								
63	011701001001	综合脚手架	框架结构；檐高 9.85m	m²	1 239.75			
64	011702002001	矩形柱模板		m²	341.466			
65	011702005001	基础梁模板	梁断面形状：矩形	m²	229.816			
66	011702006001	矩形梁模板	支撑高度：2.30m、2.35m、3.25m	m²	864.313			
67	011702016001	平板模板	支撑高度：2.73m、2.88m、3.78m	m²	994.38			
68	011702023001	雨篷板模板	板厚度：120mm	m²	6.74			
69	011702024001	楼梯模板	类型：直型楼梯	m²	31.45			
70	011702027001	台阶模板	台阶踏步宽：300mm	m²	30.48			
71	011703001001	垂直运输	框架结构；3 层；檐高 9.85m	m²	1 239.75			
			分部小计					
合　计								

规范表 -08

4.1.3.4　总价措施项目清单与计价表的编制

总价措施项目清单与计价表的编制（见表 4-12 规范表 -11）。

表 4-12　总价措施项目清单与计价表

工程名称：某厂新建食堂宿舍　　　　　　　　标段：　　　　　　　第 1 页 共 1 页

序号	项目编码	项目名称	计算基础	费率（%）	金额（元）	调整费率（%）	调整后金额（元）	备注
1	011707001001	安全文明施工						
2	011707002001	夜间施工增加费						
3	011707004001	二次搬运						
4	011707005001	冬雨季施工增加费						
5	011707007001	已完工程及设备保护						
6								
		合　计						

编制人（造价人员）：　　　　　　　　　　复核人（造价工程师）：

规范表 -11

4.1.3.5　其他项目清单与计价表的编制（见表 4-13）

其他项目清单与计价表的编制如表 4-13 所示。

表 4-13　其他项目清单与计价汇总表

工程名称：某厂新建食堂宿舍　　　　　　　　标段：　　　　　　　第 1 页 共 1 页

序号	项目名称	金额（元）	结算金额（元）	备注
1	暂列金额	50 000.00		明细详见 表 4-13-1
2	暂估价	22 000.00		
2.1	材料（工程设备）暂估价			明细详见 表 4-13-2
2.2	专业工程暂估价	22 000.00		明细详见 表 4-13-3
3	计日工			明细详见 表 4-13-4
4	总承包服务费			明细详见 表 4-13-5
合　计		72 000.00		—

规范表 -12

表 4-13-1　暂列金额明细表

工程名称：某厂新建食堂宿舍　　　　　　　　标段：　　　　　　　第 1 页 共 1 页

序号	项目名称	计量单位	暂定金额（元）	备注
1	自行车棚工程	项	15 000.00	
2	工程量偏差和设计变更	项	15 000.00	
3	政策性调整和材料价格波动	项	15 000.00	
4	其他	项	5 000.00	
合　计			50 000.00	—

规范表 -12-1

表 4-13-2 材料（工程设备）暂估单价表及调整表

工程名称：某厂新建食堂宿舍 　　　　　　　　标段： 　　　　　　　　第 1 页 共 1 页

序号	材料（工程设备）名称、规格、型号	计量单位	数量		单价（元）		合价（元）		差额 ±（元）		备注
			暂估	确认	暂估	确认	暂估	确认	单价	合价	
1	钢筋（规格见施工图）	t	22		4 000.00		88 000.00				用于现浇钢筋混凝土项目
2	塑钢门窗	m²	246		260.00		63 960.00				用于门窗项目
							151 960.00				
合　计											

表 4-13-3 专业工程暂估价及结算价表

工程名称：某厂新建食堂宿舍 　　　　　　　　标段： 　　　　　　　　第 1 页 共 1 页

序号	工程名称	工程内容	暂估金额（元）	结算金额（元）	差额 ±（元）	备注
1	弱电工程	配管、配线等	22 000.00			
合　计						

表 4-13-4 计日工表

工程名称：某厂新建食堂宿舍 　　　　　　　　标段： 　　　　　　　　第 1 页 共 1 页

编号	项目名称	单位	暂定数量	实际数量	综合单价（元）	合价（元）	
						暂定	实际
一	人工						
1	普工	工日	80				
2	技工	工日	50				
	人工小计						
二	材料						
1	钢筋（规格见施工图）	t	1				
2	水泥 42.5MPa	t	1				
3	中砂	m³	5				
4	页岩砖（240mm×115mm×53mm）	千块	1				
	材料小计						
三	机械						
1	自升式塔式起重机	台班	3				
2	灰浆搅拌机（400L）	台班	2				
	施工机械小计						
四、企业管理费和利润							
总　计							

表 4-13-5　总承包服务费计价表

工程名称：某厂新建食堂宿舍　　　　　　　　标段：　　　　　　　　第1页 共1页

序号	项目名称	项目价值（元）	服务内容	计算基础	费率（%）	金额（元）
1	发包人发包专业工程	100 000.00	（1）按专业工程承包人的要求提供施工工作面并对施工现场进行统一管理，对竣工资料进行统一整理汇总 （2）为专业工程承包人提供垂直运输机械和焊接电源接入点，并承担垂直运费和电费			
2	发包人供应材料	151 960.00	对发包人供应的材料进行验收及保管和使用发放			
	合　计					

規范表 -12-5

4.1.4　规费、税金项目计价表的编制

规费、税金项目计价表的编制（见表 4-14 规范表 -13）。

表 4-14　规费、税金项目计价表

工程名称：某厂新建食堂宿舍　　　　　　　　标段：　　　　　　　　第1页 共1页

序号	项目名称	计算基础	计算基数	费率（%）	金额（元）
1	规费	定额人工费			
1.1	社会保险费	定额人工费			
（1）	养老保险费	定额人工费			
（2）	失业保险费	定额人工费			
（3）	医疗保险费	定额人工费			
（4）	工伤保险费	定额人工费			
（5）	生育保险费	定额人工费			
1.2	住房公积金	定额人工费			
1.3	工程排污费	按工程所在地环境保护部门收取标准，按实计入			
2	税金	分部分项工程费＋措施项目费＋其他项目费＋规费－按规定不计税的工程设备金额		—	
	合　计				

编制人（造价人员）：　　　　　　　　　　复核人（造价工程师）：

規范表 -13

表 4-15　发包人提供材料和工程设备一览表

工程名称：某厂新建食堂宿舍　　　　　　　　标段：　　　　　　　　第 1 页 共 1 页

序号	材料（工程设备）名称、规格、型号	单位	数量	单价（元）	交货方式	送达地点	备注
1	钢筋（规格见施工图现浇构件）	t	22	4 000		工地仓库	
2	水泥 42.5MPa	kg	1 233	0.36		工地仓库	

规范表 -20

表 4-16　承包人提供主要材料和工程设备一览表
（适用于造价信息差额调整法）

工程名称：某厂新建食堂宿舍　　　　　　　　标段：　　　　　　　　第 1 页 共 1 页

序号	名称、规格、型号	单位	数量	风险系数（%）	基准单价（元）	投标单价（元）	发承包人确认单价（元）	备注
1	商品混凝土（C25）	m³	426	≤ 5	323			
2	热轧带肋钢筋	t	4	≤ 5	4 000			

规范表 -21

表 4-17　承包人提供主要材料和工程设备一览表
（适用于价格指数差额调整法）

工程名称：某厂新建食堂宿舍　　　　　　　　标段：　　　　　　　　第 1 页 共 1 页

序号	名称、规格、型号	变值权重 B	基本价格指数 $F0$	现行价格指数 Ft	备注
1	人工费		110%		
2	热轧带肋钢筋		4 000 元 /t		
3	商品混凝土（C25）		325 元 /m³		
4	页岩砖		300 元 / 千块		
5	机械费		100%		
	定值权重 A				
	合　计	1			

规范表 -22

4.2　工程量清单计价

4.2.1　工程量清单计价概述

　　工程量清单计价包括招标控制价、投标报价和竣工结算价（参见 6.2.2）。

　　工程量清单计价时，投标人可以依据企业定额，也可依据或参照建设行政主管部门发布的计价定额组合综合单价并计价。工程量清单计价规定、方法、内容和格式，都执行《建设工程工程量清单计价规范》（GB50500—2013）。

4.2.1.1　工程量清单计价的概念

工程量清单计价，是在建设工程招标投标过程中，招标人按照国家统一的工程量计算规则提供工程数量，由投标人依据工程量清单自主报价，并按照经评审低价中标的工程造价计价模式。

工程量清单计价应包括按招标文件规定，完成工程量清单所列项目的全部费用，包括分部分项工程费、措施项目费、其他项目费和规费、税金。工程量清单应采用综合单价计价，综合单价不仅适用于分部分项工程量清单计价，也适用于单价措施项目清单计价。

4.2.1.2　工程量清单计价程序

（1）熟悉施工图纸及相关资料，了解施工现场情况。

（2）编制工程量清单。

（3）组合综合单价。

（4）计算分部分项工程和单价措施项目费。

（5）计算总价措施项目费。

（6）计算其他项目费、规费和税金。

（7）计算单位工程费。

（8）计算单项工程费。

（9）计算工程项目总价。

4.2.2　招标控制价

4.2.2.1　招标控制价的一般规定

（1）国有资金投资的建设工程招标，招标人必须编制招标控制价。

（2）招标控制价应由具有编制能力的招标人，或受其委托具有相应资质的工程造价咨询人编制和复核。

（3）工程造价咨询人接受招标人委托编制招标控制价，不得再就同一工程接受投标人委托编制投标报价。

（4）招标控制价应按照 4.2.2.2 中的第（1）条的规定编制，不得上调或下浮。

（5）当招标控制价超过批准的概算时，招标人应将其报原概算审批部门审核。

（6）招标人应在发布招标文件时公布招标控制价，同时应将招标控制价及有关资料报送工程所在地或有该工程管辖权的行政管理部门工程造价管理机构备查。

4.2.2.2　招标控制价的编制与复核

（1）招标控制价应根据下列依据编制与复核。

1）《建设工程工程量清单计价规范》（GB50500—2013）。

2）国家或省级、行业建设主管部门颁发的计价定额和计价办法。

3）建设工程设计文件及相关资料。

4）拟定的招标文件及招标工程量清单。

5）与建设项目相关的标准、规范、技术资料。

6）施工现场情况、工程特点及常规施工方案。

7）工程造价管理机构发布的工程造价信息，工程造价信息没有发布的，参照市场价。

8）其他的相关资料。

（2）综合单价中应包括招标文件中划分的应由投标人承担的风险费用。招标文件中没有明确的，如是工程造价咨询人编制，应提请招标人明确；如是招标人编制，应予明确。

（3）分部分项工程和措施项目中的单价项目，应根据拟定的招标文件和招标工程量清单项目中的特征描述及有关要求确定综合单价计算。

$$分部分项工程费 = 分部分项清单工程量 \times 综合单价 \qquad (4-1)$$
$$单价措施项目费 = 单价措施项目清单工程量 \times 综合单价 \qquad (4-2)$$

（4）措施项目中的总价项目，应根据拟定的招标文件和常规施工方案，按《建设工程工程量清单计价规范》的第 3.1.4 条和第 3.1.5 条的规定计价。

第 3.1.4 条：工程量清单应采用综合单价计价。

第 3.1.5 条：措施项目清单中的安全文明施工费应按照国家或省级、行业建设主管部门的规定计价，不得作为竞争性费用。

（5）其他项目应按下列规定计价：

1）暂列金额应按招标工程量清单中列出的金额填写。

2）暂估价中的材料、工程设备单价应按招标工程量清单中列出的单价计入综合单价。

3）暂估价中的专业工程金额应按招标工程量清单中列出的金额填写。

4）计日工应按招标工程量清单中列出的项目根据工程特点和有关计价依据确定综合单价计算。

5）总承包服务费应根据招标工程量清单列出的内容和要求估算。

（6）规费和税金应按《建设工程工程量清单计价规范》第 3.1.6 条的规定计算。

第 3.1.6 条：规费和税金应按国家或省级、行业建设主管部门的规定计算，不得作为竞争性费用。

4.2.2.3　投诉与处理

（1）投标人经复核认为招标人公布的招标控制价未按照本规范的规定进行编制的，应当在招标控制价公布后 5 天内向招投标监督机构和工程造价管理机构投诉。

（2）投诉人投诉时，应当提交由单位盖章和法定代表人或其委托人的签名或盖章的书面投诉书。投诉书包括以下内容：

1）投诉人与被投诉人的名称、地址及有效联系方式；

2）投诉的招标工程名称、具体事项及理由；

3）相关依据及有关证明材料；

4）相关的请求及主张。

（3）投诉人不得进行虚假、恶意投诉，阻碍招投标活动的正常进行。

（4）工程造价管理机构在接到投诉书后应在 2 个工作日内进行审查，对有下列情况之一的，不予受理：

1）投诉人不是所投诉招标工程的招标文件的收受人。

2）投诉书提交的时间不符合本小节第（1）条规定的。

3）投诉书不符合本小节第（2）条规定的。

4）投诉事项已进入行政复议或行政诉讼程序的。

（5）工程造价管理机构应在不迟于结束审查的次日将是否受理投诉的决定书面通知投诉人、被投诉人以及负责该工程招投标监督的招投标管理机构。

（6）工程造价管理机构受理投诉后，应立即对招标控制价进行复查，组织投诉人、被投诉人或其委托的招标控制价编制人等单位人员对投诉问题逐一核对。有关当事人应当予以配合，并保证所提供资料的真实性。

（7）工程造价管理机构应当在受理投诉的 10 天内完成复查，特殊情况下可适当延长，并作出书面结论通知投诉人、被投诉人及负责该工程招投标监督的招投标管理机构。

（8）当招标控制价复查结论与原公布的招标控制价误差＞±3% 的，应当责成招标人改正。

（9）招标人根据招标控制价复查结论需要重新公布招标控制价的，且最终公布的时间至招标文件要求提交投标文件截止时间不足 15 天的，应当延长投标文件的截止时间。

4.2.2.4　招标控制价的编制格式

（1）封面的填写（见表 4-18）。

表 4-18　招标控制价封面

_____工程

招 标 控 制 价

招　标　人：_____

（单位盖章）

造价咨询人：_____

（单位盖章）

年　月　日

规范封 -2

（2）扉页的填写（见表 4-19）。

表 4-19   招标控制价扉页

_____工程

招标控制价

招标控制价（小写）：_____

（大写）：_____

工程造价

招　标　人：_____   咨　询　人：_____

（单位盖章）   （单位资质专用章）

法定代表人   法定代表人

或其授权人：_____   或其授权人：_____

（签字或盖章）   （签字或盖章）

编　制　人：_____   复　核　人：_____

（造价人员签字盖专用章）   （造价工程师签字盖专用章）

编制时间：　年　月　日　复核时间：　年　月　日

规范扉 -2

要点说明：

扉页应按规定的内容填写、签字、盖章，除承包人自行编制的投标报价和竣工结算外，受委托人编制的招标控制价、投标报价、竣工结算若为造价员编制的，应由负责审核的造价工程师签字、盖章以及工程造价咨询人盖章。

（3）总说明的编制（见表 4-20）。

表 4-20   总说明

工程名称：　　　　　　　　　　　　　　　　　　　　　　　　第 页 共 页

| |
| |

要点说明：

总说明应按下列内容填写。

①工程概况：建设规模、工程特征、计划工期、合同工期、实际工期、施工现场及变化情况、施工组织设计的特点、自然地理条件、环境保护要求等。

②清单计价范围、编制依据、如采用的材料来源及综合单价中风险因素、风险范围（或幅度）等。

（4）建设项目招标控制价汇总表的编制（见表 4-21）。

表 4-21　建设项目招标控制价／投标报价汇总表

工程名称：　　　　　　　　　　　　　　　　　　　　　　　　　　　　第 页 共 页

序号	单项工程名称	金额（元）	其中（元）		
			暂估价	安全文明施工	规费
	合　计				

要点说明：

本表适用于工程项目招标控制价或投标报价的汇总。

（5）单项工程招标控制价汇总表的编制（见表 4-22）。

表 4-22　单项工程招标控制价／投标报价汇总表

工程名称：　　　　　　　　　　　　　　　　　　　　　　　　　　　　第 页 共 页

序号	单位工程名称	金额（元）	其中（元）		
			暂估价	安全文明施工费	规费
	合　计				

要点说明：

本表适用于单项工程招标控制价或投标报价的汇总。暂估价包括分部分项工程中的暂估价和专业工程暂估价。

（6）单位工程招标控制价汇总表编制（见表 4-23）。

表 4-23　单位工程招标控制价／投标报价汇总表

工程名称：　　　　　　　　　　标段：　　　　　　　　　　第 页 共 页

序号	汇总内容	金额（元）	其中：暂估价（元）
1	分部分项工程		
1.1			
1.2			
…	……		
2	措施项目		
2.1	其中：安全文明施工费		
3	其他项目		
3.1	其中：暂列金额		
3.2	其中：专业工程暂估价		
3.3	其中：计日工		
3.4	其中：总承包服务费		
4	规费		
5	税金		
招标控制价合计 =1+2+3+4+5			

要点说明：

本表适用于单位工程招标控制价或投标报价的汇总。如无单位工程划分，单项工程也使用本表汇总。

（7）分部分项工程和单价措施项目清单与计价表的编制（见表4-4）。

（8）综合单价分析表的编制（见表4-24）。

（9）总价措施项目清单与计价表的编制（见表4-5）。

（10）其他项目清单与计价表的编制（见表4-6、表4-6-1～4-6-5）。

（11）规费、税金项目计价表的编制（见表4-7）。

表4-24　综合单价分析表

工程名称：　　　　　　　　　　　　标段：　　　　　　　　　　　第 页 共 页

项目编码			项目名称			计量单位			工程量		
清单综合单价组成明细											
定额编号	定额名称	定额单位	数量	单　　价				合　　价			
				人工费	材料费	机械费	管理费和利润	人工费	材料费	机械费	管理费和利润
人工单价				小计							
元/工日				未计价材料费							
清单项目综合单价											

材料费明细	主要材料名称、规格、型号	单位	数量	单价（元）	合价（元）	暂估单价（元）	暂估合价（元）
	其他材料费						
	材料费小计						

要点说明：

如不使用省级或行业建设主管部门发布的计价依据，可不填定额项目、编号等。

招标文件提供了暂估单价的材料，按暂估的单价填入表内"暂估单价"栏及"暂估合价"栏。

4.2.3　投标报价

4.2.3.1　投标报价的一般规定

（1）投标价应由投标人或受其委托具有相应资质的工程造价咨询人编制。

（2）投标人应依据《建设工程工程量清单计价规范》第4.2.3.2条的规定自主确

定投标报价。

（3）投标报价不得低于工程成本。

（4）投标人应按招标工程量清单填报价格。项目编码、项目名称、项目特征、计量单位、工程量必须与招标工程量清单一致。

要点说明：

（3）和（4）条为强制性条文，必须严格执行。

（5）投标人的投标报价高于招标控制价的应予废标。

4.2.3.2　投标报价的编制与复核

（1）投标报价应根据下列依据编制与复核。

1）《建设工程工程量清单计价规范》（GB50500—2013）。

2）国家或省级、行业建设主管部门颁发的计价办法。

3）企业定额，国家或省级、行业建设主管部门颁发的计价定额和计价办法。

4）招标文件、招标工程量清单及其补充通知、答疑纪要。

5）建设工程设计文件及相关资料。

6）施工现场情况、工程特点及投标时拟定的投标施工组织设计或施工方案。

7）与建设项目相关的标准、规范等技术资料。

8）市场价格信息或工程造价管理机构发布的工程造价信息。

9）其他的相关资料。

（2）综合单价中应包括招标文件中划分的应由投标人承担的风险范围及其费用，招标文件中没有明确的，应提请招标人明确。

（3）分部分项工程和措施项目中的单价项目，应根据招标文件和招标工程量清单项目中的特征描述确定综合单价计算。

要点说明：

综合单价中应考虑招标文件中要求投标人承担的风险费用。

招标文件中提供了暂估单价的材料，按暂估的单价计入综合单价。

分部分项工程费报价的最重要依据之一是该项目的特征描述。投标人应依据招标文件中分部分项工程量清单项目的特征描述确定清单项目的综合单价，当出现招标文件中分部分项工程量清单项目的特征描述与设计图纸不符时，应以工程量清单的项目特征描述为准；当施工中施工图纸或设计变更与工程量清单项目的特征描述不一致时，发、承包双方应按实际施工的项目特征，依据合同约定重新确定综合单价。

（4）措施项目总价项目金额应根据招标文件及投标时拟定的施工组织设计或施工方案，按《建设工程工程量清单计价规范》第3.1.4条的规定自主确定。其中安全文明施工费应按《建设工程工程量清单计价规范》第3.1.5条的规定确定。

要点说明：

措施项目费应根据招标文件中的措施项目清单及投标时拟定的施工组织设计或施工方案，按《建设工程工程量清单计价规范》一般规定中的第4条自主确定。

（5）其他项目应按下列规定报价。

1）暂列金额应按招标工程量清单中列出的金额填写。

2）材料、工程设备暂估价应按招标工程量清单中列出的单价计入综合单价。

3）专业工程暂估价应按招标工程量清单中列出的金额填写。

4）计日工按招标工程量清单中列出的项目和数量，自主确定综合单价并计算计日工金额。

5）总承包服务费根据招标工程量清单中列出的内容和提出的要求自主确定。

要点说明：

暂列金额和暂估价不得变动和更改。

总承包服务费应依据招标人在招标文件中列出的分包专业工程内容和供应的材料、设备等情况，按照招标人提出的协调、配合与服务要求及施工现场管理需要，由投标人自主确定。

（6）规费和税金必须按国家或省级、行业建设主管部门的规定计算，不得作为竞争性费用。

（7）招标工程量清单与计价表中列明的所有需要填写单价和合价的项目，投标人均应填写且只允许有一个报价。未填写单价和合价的项目，视为此项费用已包含在已标价工程量清单中其他项目的单价和合价之中。竣工结算时，此项目不得重新组价予以调整。

（8）投标总价应当与分部分项工程费、措施项目费、其他项目费和规费、税金的合计金额一致。

4.2.3.3　投标报价的编制格式

（1）封面的填写（见表4-25）。

表 4-25　投标总价封面

_____工程

投 标 总 价

投 标 人： _____

（单位盖章）

年　月　日

规范封 -3

（2）扉页的填写（见表4-26）。

（3）总说明的编制（见表4-27）。

表 4-26　投标总价扉页

投 标 总 价

招 标 人：_____

工程名称：_____

投标总价（小写）：_____

（大写）：_____

投 标 人：_____

（单位盖章）

法定代表人

或其授权人：_____

（签字或盖章）

编 制 人：_____

（造价人员签字盖专用章）

编制时间：　　年　　月　　日

规范扉 -3

表 4-27　总 说 明

工程名称：　　　　　　　　　　　　　　　　　　　　第 页 共 页

要点说明：

总说明应按下列内容填写。

①工程概况：建设规模、工程特征、计划工期、合同工期、实际工期、施工现场及变化情况、施工组织设计的特点、自然地理条件、环境保护要求等。

②清单计价范围、编制依据，如措施项目的依据、综合单价中包括的风险因素及风险范围（幅度）等。

（4）建设项目投标报价汇总表的编制（见表 4-21）。

（5）单项工程投标报价汇总表的编制（见表 4-22）。

（6）单位工程投标报价汇总表的编制（见表 4-23）。

（7）分部分项工程和单价措施项目清单与计价表的编制（见表 4-4）。

（8）综合单价分析表的编制（见表 4-24）。

（9）总价措施项目清单与计价表的编制（见表 4-5）。

（10）其他项目清单与计价表的编制（见表 4-6、表 4-6-1 ～表 4-6-5）。

（11）规费、税金项目计价表的编制（见表 4-7）。

（12）总价项目进度款支付分解表的编制（见表 4-28）。

表 4-28 总价项目进度款支付分解表

工程名称： 标段： （单位：元）

序号	项目名称	总价金额	首次支付	二次支付	三次支付	四次支付	五次支付
	安全文明施工费						
	夜间施工增加费						
	二次搬运费						
	社会保险费						
	住房公积金						
	合　计						

编制人：（造价人员） 复核人：（造价工程师）

要点说明：

①本表应由承包人在投标报价时根据发包人在招标文件明确的进度款支付周期与报价填写，签订合同时，发承包双方可就支付分解协商调整后作为合同附件。

②单价合同使用本表，"支付"栏时间应与单价项目进度款支付周期相同。

③总价合同使用本表，"支付"栏时间应与约定的工程计量周期相同。

（13）主要材料、工程设备一览表的编制（见表 4-29～表 4-31）。

表 4-29 发包人提供材料和工程设备一览表

工程名称： 标段： 第 页 共 页

序号	材料（工程设备）名称、规格、型号	单位	数量	单价（元）	支付方式	送达地点	备注

要点说明：

本表由招标人填写，供投标人在投标报价、确定总承包服务费时参考。

表 4-30 承包人提供材料和工程设备一览表
（适用于造价信息差额调整法）

工程名称： 标段： 第 页 共 页

序号	名称、规格、型号	单位	数量	风险系数（%）	基准单价（元）	投标单价（元）	发承包人确认单价（元）	备注

要点说明：

①此表由招标人填写除"投标单价"栏的内容，投标人在投标时自主确定投标单价。

②招标人应优先采用工程造价管理机构发布的单价作为基准单价，未发布的，通过市场调查确定其基准单价。

表 4-31　承包人提供材料和工程设备一览表

（适用于价格指数差额调整法）

工程名称：　　　　　　　　　　　　标段：　　　　　　　　　　　　第 页 共 页

序号	名称、规格、型号	变值权重 B	基本价格指数 F_0	现行价格指数 F_t	备注
	定值权重 A		—	—	
	合　计	1	—	—	

要点说明：

①"名称、规格、型号""基本价格指数"栏由招标人填写，基本价格指数应首先采用工程造价管理机构发布的价格指数，没有时，可采用发布的价格代替。如人工费、机械费也采用本法调整，由招标人在"名称、规格、型号"栏填写。

②"变值权重"栏由投标人根据人工费、机械费和材料费、工程设备价值在投标总报价中所占的比例填写，1 减去其比例为定值权重。

③"现行价格指数"按约定的付款证书相关周期最后一天的前 42 天的各项价格指数填写，该指数应首先采用工程造价管理机构发布的价格指数，没有时，可采用发布的价格代替。

4.3　综合单价的概念及确定

4.3.1　综合单价的概念

综合单价是指完成一个规定清单项目所需的人工费、材料和工程设备费、施工机具使用费和企业管理费、利润，以及一定范围内的风险费用。

4.3.2　综合单价的组成

综合单价由下列内容组成。

（1）人工费，指施工现场工人的工资。

（2）材料和工程设备费，指分部分项工程消耗的材料和工程设备费。

（3）施工机具使用费，指分部分项工程的施工机具使用费。

（4）企业管理费，指为施工组织管理发生的费用。

（5）利润，指企业应获取的盈利。

在综合单价中除上述五种费用外，还应考虑风险因素，如材料涨价等。

4.3.3　综合单价的确定依据

（1）工程量清单：是由招标人提供的工程数量清单，综合单价应根据工程量清单中提供的项目名称及该项目所包括的工程内容来确定。

（2）定额：是指计价定额或企业定额。计价定额是在编制招标控制价时确定综合单价的依据；企业定额是在编制投标报价时确定综合单价的依据，若投标企业没有企业定额时可参照当地的计价定额确定综合单价。定额的人工、材料、机械消耗量是计算综合单价中人工费、材料费、机械费的基础。

（3）工料单价：是指人工单价、材料单价（即材料预算价格）、机械台班单价。分部分项工程费的人工费、材料费、机械费，是由定额中工料消耗量乘以相应的工料单价计算得到的。

（4）各种费率标准：单价措施项目费、管理费、利润，是根据各种费率、利润率乘以其基础费计算的。

（5）《计算规范》：分部分项工程费的综合单价所包括的范围，应符合《计算规范》中项目特征及工程内容中规定的要求。

（6）招标文件：综合单价包括的内容应满足招标文件的要求，如工程招标范围、发包人供应材料的方式等。例如，某工程招标文件中要求钢材、水泥实现政府采购，由招标方组织供应到工程现场。在综合单价中就不能包括钢材、水泥的定价，否则综合单价无实际意义。

（7）施工图纸及图纸答疑：在确定综合单价时，分部分项工程包括的内容除满足工程量清单中给出的内容外，还应注意施工图纸及图纸答疑的具体内容，才能有效地确定综合单价。

（8）现场踏勘情况。

（9）施工组织设计：现场踏勘情况及施工组织设计，是计算措施费的重要资料。

4.3.4　综合单价的确定

4.3.4.1　综合单价的确定程序

《计算规范》中计算规则与所用的《计价定额》的计量单位或计算规则有可能不同，且规范的综合性很大，在确定综合单价之前，往往需要根据所采用的计价定额的工程量计算规则重新计算每一分项工程的施工工程量，然后再计算分部分项工程的综合单价。具体确定的程序如下：

（1）收集整理和熟悉相关资料。

（2）依据所采用的计价定额的工程量计算规则、施工图纸、施工组织设计及清单工程量的项目特征、工程内容等核实或重新计算施工工程量。

（3）计算分部分项工程费用。

1）计算单项工序的费用。

$$单项工序的费用 = 人工费 + 材料费 + 机械费 \qquad (4-3)$$

其中，

$$人工费 = \sum (工日数 \times 人工单价)$$
$$材料费 = \sum (材料数量 \times 材料单价)$$
$$机械费 = \sum (机械台班数量 \times 机械台班单价)$$

2）计算分部分项工程人工费、材料费、机械费，汇总形成直接工程费。

$$分部分项工程直接工程费 = 人工费 + 材料费 + 机械费 = \sum 单项工序直接工程费$$
$$(4-4)$$

3）计算管理费和利润。

对于建筑工程：管理费和利润 = 分部分项工程直接工程费 ×(管理费率 + 利润率)
$$(4-5)$$

对于装饰工程：管理费和利润 = 分部分项工程人工费 ×(管理费率 + 利润率)
$$(4-6)$$

4）考虑风险费用。

5）计算分部分项工程总价。

$$分部分项工程总价 = 2) + 3) + 4) \qquad (4-7)$$

（4）确定综合单价。

$$综合单价 = \frac{分部分项工程总价}{清单工程量} \qquad (4-8)$$

（5）填制分部分项工程工程量清单计价表。

4.3.4.2 综合单价的确定方法

综合单价的确定是一项复杂的工作。需要在熟悉工程的具体情况、当地市场价格、各种技术经济法规等的情况下进行。

由于《计算规范》与《计价定额》中的工程量计算规则、计量单位、项目内容不尽相同，综合单价的组合方法包括以下几种：一是直接套用定额组价；二是重新计算施工工程量组价；三是复合组价。

1. 直接套用定额组价

根据单项定额组价，是指一个分项工程的单价仅由一个定额项目组合而成。这种组价较简单，在一个单位工程中大多数的分项工程可利用这种方法组价。

（1）项目特点。

1）内容比较简单。

2）《计算规范》与所使用定额中的工程量计算规则相同。

（2）组价方法步骤。直接使用相应的清单工程量组合单价，具体有以下几个步骤。

第一步：直接套用计价定额。

第二步：计算该清单工程量的工料费用，包括人工费、材料费、机械费，汇总成直接工程费。

$$直接工程费 = 人工费 + 材料费 + 机械费 \qquad (4-9)$$

第三步：计算管理费和利润。

$$建筑工程管理费和利润 = 直接工程费 ×(管理费率 + 利润率) \qquad (4-10)$$

$$装饰工程管理费和利润 = 人工费 \times (管理费率 + 利润率) \quad (4\text{-}11)$$

第四步：汇总形成分部分项工程费。

$$分部分项工程费 = 直接工程费 + 管理费 + 利润 \quad (4\text{-}12)$$

第五步：计算综合单价。

$$综合单价 = \frac{分部分项工程费}{清单工程量} \quad (4\text{-}13)$$

（3）直接套用定额组价举例，见例4-2。

直接套用定额组价计算解析

【例4-2】已知某建筑物外墙为一砖半的混水砖墙（项目编码010401003），用M2.5混合砂浆砌筑，层高3.6m，外墙圈梁断面为370mm×300mm，平面尺寸如图4-1所示，外墙门窗洞口面积之和为11.52m²，编制外墙砌筑工程量清单并计价（管理费费率为7%，利润率为4.5%）。表4-32摘自2008年《辽宁省建筑工程计价定额》。

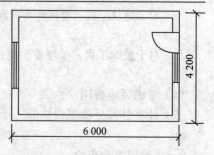

图4-1　某建筑物外墙平面尺寸

表4-32　辽宁省建筑工程计价定额（部分）

序号	定额编号	项目名称	单位	人工费（元）	材料费（元）	机械费（元）
1	3-11	混水砖墙一砖半	10 m³	468.90	856.68	24.26

分析：实心砖外墙砌筑，《计算规范》与所使用定额中的工程量计算规则相同，所以，可直接套用定额组合综合单价。

解：1.编制工程量清单

（1）计算清单工程量：根据《计算规范》清单工程量计算规则进行计算。

外墙中心线 $L_{中} = (6.0+4.2) \times 2 - 4 \times 0.37 = 18.92$（m）

外墙砌筑工程量 $S = (L_{中} \times 层高 - 外墙门窗洞口面积) \times 外墙厚$
$\qquad - 嵌入外墙埋件的体积$

$\qquad = (18.92 \times 3.6 - 11.52) \times 0.365 - 18.92 \times 0.365 \times 0.3 = 18.58$（m³）

（2）编制工程量清单（见表4-33）。

表4-33　分部分项工程和单价措施项目清单与计价表

工程名称：　　　　　　　　　标段：　　　　　　　　第　页　共　页

序号	项目编码	项目名称	项目特征	计量单位	工程量	综合单价	合价	其中：暂估价
							金额（元）	
1	010401003001	外墙砌筑	墙厚370mm；M2.5混合砂浆砌筑	m³	18.58			
			本页小计					
			合　计					

2. 工程量清单计价

（1）计算施工工程量：采用2008年《辽宁省建筑工程计价定额》的工程量计算规则计算。

外墙砌筑施工工程量与清单工程量计算规则相同，所以施工工程量为18.58m³。

（2）计算分部分项工程量清单综合单价计算表（见表4-34）。

表4-34　综合单价计算表

工程名称：　　　　　　　　　　　标段：　　　　　　　　　　　第　页　共　页

| 项目编码 | 010401003001 | 项目名称 | 实心砖墙 | 计量单位 | m³ | 工程量 | 18.58 |

清单综合单价组成明细

定额编号	定额名称	定额单位	数量	单价				合价			
				人工费	材料费	机械费	管理费和利润	人工费	材料费	机械费	管理费和利润
3-11	外墙砌筑	10 m³	1.858	468.90	856.68	24.26	155.23	871.22	1 591.71	45.08	288.42
人工单价			小计					871.22	1 591.71	45.08	288.42
元/工日			未计价材料费								

清单项目综合单价　　　（871.22+1 591.71+45.08+288.42）/18.58=150.51

材料费明细	主要材料名称、规格、型号		单位	数量	单价（元）	合价（元）	暂估单价（元）	暂估合价（元）
	其他材料费							
	材料费小计							

其中：

人工费 =1.858×468.90=871.22（元）

材料费 =1.858×856.68=1 591.71（元）

机械费 =1.858×24.26=45.08（元）

管理费 =（人工费＋材料费＋机械费）×管理费费率

　　　　=（871.22＋1 591.71＋45.08）×7%=175.56（元）

利润 =（人工费＋材料费＋机械费）×利润率

　　　　=（871.22＋1 591.71＋45.08）×4.5%=112.86（元）

分部分项工程总价 =人工费＋材料费＋机械费＋管理费＋利润

　　　　=871.22＋1 591.71＋45.08＋175.56＋112.86=2 796.43（元）

综合单价 =2 796.43元÷18.58m³=150.51（元/m³）

（3）填写分部分项工程量清单计价表（见表4-35）。

表 4-35　分部分项工程和单价措施项目清单与计价表

工程名称：　　　　　　　　　　　　标段：　　　　　　　　　　第 页 共 页

序号	项目编码	项目名称	项目特征	计量单位	工程量	金额（元）		
						综合单价	合价	其中：暂估价
1	010401003001	外墙砌筑	墙厚 370mm；M2.5 混合砂浆砌筑	m³	18.58	150.51	2 796.43	
			本页小计					
			合计					

2. 重新计算施工工程量组价

重新计算施工工程量组价，是指工程量清单给出的分项工程项目的计量单位，与所用的计价定额的计量单位不同，或工程量计算规则不同，需要按计价定额的计算规则重新计算施工工程量来组价综合单价。

工程量清单是根据《计算规范》计算规则编制的，综合性很大，其工程量的计量单位可能与所使用的计价定额的计量单位不同，如铝合金门，工程量清单的单位是"樘"，而计价定额的计量单位是平方米，就需要重新计算其工程量。

（1）特点。

1）内容比较复杂；

2）《计算规范》与所使用计价定额中工程量计算规则不相同。

（2）组价方法步骤。

第一步：重新计算工程量，指根据所使用定额中的工程量计算规则计算施工工程量。

第二步：套用计价定额，计算该施工工程量的人工费、材料费、机械费，汇总成直接工程费。

第三步：计算该施工工程量的管理费和利润。

$$建筑工程管理费和利润 = 直接工程费 \times (管理费率 + 利润率) \quad (4\text{-}14)$$

$$装饰工程管理费和利润 = 人工费 \times (管理费率 + 利润率) \quad (4\text{-}15)$$

第四步：计算该施工工程量下的分部分项工程总价。

$$分部分项工程总价 = 人工费 + 材料费 + 机械费 + 管理费 + 利润 \quad (4\text{-}16)$$

第五步：计算综合单价。

$$综合单价 = \frac{分部分项工程总价}{清单工程量} \quad (4\text{-}17)$$

（3）重新计算工程量组价举例，见例 4-3。

重新计算工程量组价计算解析

【例 4-3】某教学楼塑钢窗（单层）20 樘，洞口尺寸宽 × 高为：1 800mm×2 100mm，试组合其综合单价、编制分部分项工程量清单计价表。

分析:《计算规范》规定"塑钢窗(单层)"按"樘"计算,而2008年《辽宁省装饰装修工程计价定额》按"洞口面积"以平方米计算(见表4-36)。《计算规范》与2008年《辽宁省装饰装修工程计价定额》对该项目工程量计算的规则不同,需要重新计算工程量组合综合单价(见表4-37)。

表4-36 辽宁省装饰装修工程计价定额

序号	定额编号	项目名称	单位(m^2)	人工费(元)	材料费(元)	机械费(元)
1	4-266	塑钢窗单层	100	2 069.77	3 608.42	0

表4-37 综合单价计算表

工程名称: 　　　　　　　标段: 　　　　　　　第 页 共 页

项目编码	010807001001	项目名称	塑钢窗	计量单位	樘	工程量	20

清单综合单价组成明细

定额编号	定额名称	定额单位	数量	单价				合价			
				人工费	材料费	机械费	管理费和利润	人工费	材料费	机械费	管理费和利润
4-266	塑钢窗	100 m^2	0.756	2 069.77	3 608.42	0	952.09	1 564.75	2 727.97	719.78	719.78
人工单价		小计						1 564.75	2 727.97	0	719.78
元/工日		未计价材料费					$0.96 \times 180 \times 0.756 = 130.64$				
清单项目综合单价				$(1\,564.75 + 2\,727.97 + 0 + 719.78 + 130.64)/20 = 257.16$							

材料费明细	主要材料名称、规格、型号	单位	数量	单价(元)	合价(元)	暂估单价(元)	暂估合价(元)
	膨胀螺栓 M10	套	634				
	螺钉	个	653				
	其他材料费						
	材料费小计						

解:

(1)根据《计算规范》清单工程量计算规则计算"塑钢窗(单层)"的工程量为20樘。

(2)根据2008年《辽宁省装饰装修工程计价定额》的工程量计算规则计算施工工程量。

$$施工工程量 = 1.80 \times 2.10 \times 20 = 75.60 \; (m^2)$$

(3)计算分部分项工程总价:根据相关取费标准,管理费和利润分别按人工费的28%和18%计取。

其中:人工费 $= 0.756 \times 2\,069.77 = 1\,564.75$(元)

材料费 $= 0.756 \times 3\,608.42 = 2\,727.97$(元)

机械费 =0.756×0=0（元）

管理费利润 = 人工费 ×（28%+18%）=1 564.75×（28%+18%）=952.09（元）

分部分项工程总额 = 人工费 + 材料费 + 机械费 + 管理费利润 + 未计价材料费

= 1 564.75+2 727.97+0+719.78+130.64=5 143.14（元）

（4）计算综合单价

$$综合单价 = \frac{分部分项工程总价}{清单工程量} = \frac{5\,143.14}{20} = 257.16（元／樘）$$

（5）编制分部分项工程量清单计价表（见表 4-38）。

表 4-38 分部分项工程和单价措施项目清单与计价表

工程名称：　　　　　　　　　　标段：　　　　　　　　　　　　　第　页 共　页

序号	项目编码	项目名称	项目特征	计量单位	工程量	金额（元）		
						综合单价	合价	其中：暂估价
1	010807001001	塑钢窗	洞口尺寸：1 800 mm×2 100mm	樘	20	257.16	5 143.14	
			本页小计				5 143.14	
			合计				5 143.14	

3. 复合组价

多项定额组价，是指一些复合分项工程项目，要根据多个定额项目组合而成，这种组合较为复杂。

（1）特点。

1）内容比较复杂。

2）《计算规范》与所使用定额中工程量计算规则不完全相同。

（2）组价方法步骤。

第一步：根据所使用定额中的工程量计算规则重新计算组合综合单价的各工程内容的施工工程量。

第二步：套用计价定额，计算各工程内容施工工程量的人工费、材料费、机械费。

第三步：计算各工程内容施工工程量的管理费和利润。

建筑工程管理费和利润 = 直接工程费 ×（管理费率＋利润率）　　　（4-18）

装饰工程管理费和利润 = 人工费 ×（管理费率＋利润率）　　　（4-19）

第四步：计算各工程内容施工工程量下的分部分项工程费，合计成分部分项工程总价。

分部分项工程总价 = 人工费 + 材料费 + 机械费 + 管理费 + 利润　　　（4-20）

第五步：计算综合单价。

$$综合单价 = \frac{分部分项工程总价}{清单工程量}$$　　　（4-21）

（3）复合组价举例，见例 4-4。

复合组价计算解析

【例 4-4】某办公楼主墙间的净面积为 256 m²，地面做法为 150mm 厚砾石灌浆，60mm 厚 C10 混凝土垫层，20mm 厚 1∶3 水泥砂浆找平，10mm 厚 1∶2.5 水泥砂浆抹面压光找平。试组合水泥砂浆整体面层的综合单价、编制分部分项工程清单计价表。

分析：《计算规范》规定，清单包括的工作内容有：地面做法为 150mm 厚砾石灌浆，60mm 厚 C10 混凝土垫层，20mm 厚 1∶3 水泥砂浆找平，10mm 厚 1∶2.5 水泥砂浆抹面压光找平。要将这些工作内容组合进水泥砂浆整体面层的综合单价内。所以，要用复合组价的方法（具体数值参考表 4-39 和表 4-40）。

解：

（1）计算清单工程量。

按《房屋建筑与装饰工程工程量计算规范》规定的清单工程量计算规则，水泥砂浆地面面积 = 主墙间的净面积 =256 m²

（2）清单包括的工作内容有：地面做法为 150mm 厚砾石灌浆，60mm 厚 C10 混凝土垫层，20mm 厚 1∶3 水泥砂浆找平，10mm 厚 1∶2.5 水泥砂浆抹面压光找平。各工作对应的计价定额子目如下。

150mm 厚砾石灌浆：1-13；

60mm 厚 C10 混凝土垫层：1-18；

20mm 厚 1∶3 水泥砂浆找平：1-20；

10mm 厚 1∶2.5 水泥砂浆抹面压光找平：1-28-1-22×2。

（3）计算水泥砂浆地面各项工作内容的施工工程量。

砾石灌浆：V=256 ×0.15=38.4（m³）

C10 混凝土垫层：V=256 ×0.06=15.36（m³）

1∶3 水泥砂浆找平层：S=256（m²）

1∶2.5 水泥砂浆面层：S=256（m²）

（4）计算分部分项工程总价：根据相关取费标准，管理费和利润分别按人工费的 28% 和 18% 计取。

表 4-39　辽宁省装饰装修工程计价定额（部分）

序号	定额编号	项目名称	单位	人工费（元）	材料费（元）	机械费（元）
1	1-13	砾石垫层灌浆	m³	32.60	37.57	3.45
2	1-18	混凝土垫层	m³	49.00	102.10	18.21
3	1-20	水泥砂浆混凝土上 20mm	m²	3.12	3.12	0.21
3	1-22	水泥砂浆每增减 5mm	m²	0.56	0.68	0.05
4	1-28	水泥砂浆 20mm 楼地面	m²	4.11	4.18	0.21

资料来源：摘自 2008 年《辽宁省装饰装修工程计价定额》。

表 4-40　综合单价计算表

工程名称：　　　　　　　　　　　标段：　　　　　　　　　　　第 页 共 页

项目编码	011101001001	项目名称	水泥砂浆地面	计量单位		m²	工程量	256

清单综合单价组成明细

定额编号	定额名称	定额单位	数量	单价（元）				合价（元）			
				人工费	材料费	机械费	管理费和利润	人工费	材料费	机械费	管理费和利润
1-13	砾石垫层灌浆	m³	38.4	32.60	37.57	3.45	15.00	1 251.84	1 442.69	132.48	576.00
1-18	混凝土垫层	m³	15.36	49.00	102.10	18.21	22.54	752.64	1 568.26	279.71	346.21
1-20	1：3 水泥砂浆找平层	m²	256	3.12	3.12	0.21	1.44	798.72	798.72	53.76	368.64
1-28 — 1-22×2	1：2.5 水泥砂浆每增减10mm	m²	256	2.99	2.58	0.11	1.375 4	765.44	660.48	28.16	352.10
人工单价			小计					3 568.64	4 470.15	494.11	1 642.95
元 / 工日			未计价材料费								
清单项目综合单价								（3 568.64+4 470.15+494.11+1 642.95）/256=10 175.85/256=39.75			

材料费明细	主要材料名称、规格、型号		单位	数量	单价（元）	合价（元）	暂估单价（元）	暂估合价（元）
	其他材料费							
	材料费小计							

以工作内容"1：2.5 水泥砂浆面层 10mm"说明计算过程（其他项目略）。

1）人工费 =（4.11−0.56×2）×256=765.44（元）

2）材料费 =（4.18−0.80×2）×256=660.48（元）

1：2.5 水泥砂浆和 1：3 水泥砂浆的换算：其中（155.43−132.47）×0.005 1 + 0.68=0.8（元）

3）机械费 =（0.21−0.05×2）×256=28.16（元）

4）管理费和利润 = 人工费 ×（28%+18%）=765.44×（28%+18%）=352.10（元）

分部分项工程总价 =3 568.64+4 470.15+494.11+1 642.95=10 175.85（元）

（5）计算综合单价。

$$综合单价 = \frac{分部分项工程总价}{清单工程量} = \frac{10\ 175.85}{256} = 39.75（元 /m²）$$

（6）编制分部分项工程量清单计价表（见表 4-41）。

表 4-41　分部分项工程和单价措施项目清单与计价表

工程名称：　　　　　　　　　　　　　标段：　　　　　　　　　　　　　第　页　共　页

序号	项目编码	项目名称	项目特征	计量单位	工程量	综合单价	合价	其中：暂估价
						金额（元）		
1	011101001001	水泥砂浆楼地面	150mm 厚砾石灌浆；60mm 厚 C10 混凝土垫层；20mm 厚 1：3 水泥砂浆找平；10mm 厚 1：2.5 水泥砂浆抹面压光找平	m²	256.00	39.75	10 175.85	
		本页小计					10 175.85	
		合计					10 175.85	

4.4　投标报价编制实例

【例 4-5】根据"3.5 房屋建筑与装饰工程清单工程量计算实例"计算的清单工程量，利用"清单大师"软件编制某厂食堂宿舍房屋建筑与装饰工程的投标报价。投标报价的主要内容有：

（1）封面（见表 4-42）。

（2）扉页（见表 4-43）。

（3）总说明（见表 4-44）。

（4）单位工程投标报价汇总表（见表 4-45）。

（5）分部分项和单价措施项目清单与计价表（见表 4-46）。

（6）综合单价分析表（见表 4-47）。

（7）总价措施项目清单与计价表（见表 4-48）。

（8）其他项目清单与计价汇总表（见表 4-49）。

1）暂列金额明细表（见表 4-49-1）。

2）材料（工程设备）暂估单价及调整表（见表 4-49-2）。

3）专业工程暂估价及结算表（见表 4-49-3）。

4）计日工表（见表 4-49-4）。

5）总承包服务费计价表（见表 4-49-5）。

（9）规费、税金项目计价表（见表 4-50）。

（10）总价项目进度款支付分解表（见表 4-51）。

（11）发包人提供材料和工程设备一览表（见表 4-52）。

（12）承包人提供主要材料和工程设备一览表（适用于造价信息差额调整法）（见表 4-53）。

（13）承包人提供主要材料和工程设备一览表（适用于价格指数差额调整法）（见表 4-54）。

4.4.1　封面的填写

封面的填写如表 4-42 规范封 -3 所示。

表　4-42

<u>某厂新建食堂宿舍</u>　　　工程

投 标 总 价

投　标　人：＿＿＿＿＿＿＿＿＿

（单位盖章）

年　月　日

规范封 -3

4.4.2　扉页的填写

扉页的填写如表 4-43 规范扉 -3 所示。

表 4-43　投标总价

招　标　人：＿＿＿＿＿＿＿＿＿＿＿

工程名称：<u>某厂新建食堂宿舍</u>

投标总价（小写）：<u>1 755 442.73 元</u>

　　　　　　（大写）：<u>壹佰柒拾伍万伍仟肆佰肆拾贰元柒角叁分</u>

投　标　人：＿＿＿＿＿＿＿＿＿＿＿

（单位盖章）

法定代表人

或其授权人：＿＿＿＿＿＿＿＿＿＿

（签字或盖章）

编　制　人：＿＿＿＿＿＿＿＿＿＿

（造价人员签字盖专用章）

时　　　间：　　　　　　　年　月　日

规范扉 -3

4.4.3 总说明的编制

总说明的编制如表 4-44 规范表 -01 所示。

表 4-44 总说明

工程名称：某厂新建食堂宿舍 　　　　　　　　　　　　　　　　　　　　　　第 1 页　共 1 页

1. 工程概况：本工程为框架结构，采用混凝土独立基础，建筑层数为 3 层，建筑面积 1 239.75m²，计划工期为 40 日历天，投标工期 38 日历天。

2. 投标报价包括范围：为本次招标范围为施工图纸范围内的房屋建筑与装饰工程。

3. 投标报价编制依据：

（1）招标文件、招标工程量清单和有关报价要求，招标文件的补充通知和答疑纪要。

（2）施工图及投标施工组织设计。

（3）《建设工程工程量清单计价规范》(GB50500—2013) 以及有关的技术标准、规范和安全管理规定等。

（4）省建设主管部门颁发的计价定额和计价办法及相关计价文件。

（5）材料价格根据本公司掌握的价格情况并参照工程所在地工程造价管理机构工程造价信息发布的价格。

　单价中已包括招标文件要求的≤ 5% 的价格波动风险。

4. 其他需要说明的问题（略）。

规范表 -01

4.4.4 单位工程投标报价汇总表的编制

单位工程投标报价汇总表的编制如表 4-45 规范表 -04 所示。

表 4-45 单位工程投标报价汇总表

工程名称：某厂新建食堂宿舍 　　　　　　　　标段： 　　　　　　　　　　第 1 页 共 1 页

序号	汇总内容	金额（元）	其中：暂估价（元）
1	分部分项工程费	1 307 281.75	
1.1	土石方工程	35 730.99	
1.4	砌筑工程	87 993.14	
1.5	混凝土及钢筋混凝土工程	339 905.75	
1.8	门窗工程	101 466.04	
1.9	屋面及防水工程	166 215.32	
1.10	防腐、隔热、保温工程	65 588.94	
1.11	楼地面装饰工程	63 380.18	
1.12	墙、柱面装饰与隔断、幕墙工程	112 807.05	
1.13	天棚工程	30 893.09	
1.14	油漆、涂料、裱糊工程	14 003.88	
1.15	其他装饰工程	43 867.20	
1.17	单价措施项目	245 430.17	
2	总价措施项目	144 498.96	
2.1	安全文明施工费	126 778.43	
3	其他项目费	101 248.00	

（续）

序号	汇总内容	金额（元）	其中：暂估价（元）
3.1	暂列金额	50 000.00	
3.2	专业工程暂估价	22 000.00	
3.3	计日工	21 032.00	
3.4	总承包服务费	8 216.00	
4	规费	144 527.36	
5	税金	57 886.66	
投标报价合计 =1+2+3+4+5		1 755 442.73	

规范表 -04

4.4.5　分部分项和单价措施项目清单与计价表的编制

分部分项和单价措施项目清单与计价表的编制如表 4-46 规范表 -08 所示。

表 4-46　分部分项和单价措施项目清单与计价表

工程名称：某厂新建食堂宿舍　　　　　　标段：　　　　　　　　　第 1 页 共 7 页

序号	项目编码	项目名称	项目特征描述	计量单位	工程数量	金额（元）		
						综合单价	合价	定额人工费
			附录 A（0101）土石方工程					
1	010101001001	平整场地	1. 土壤类别：三类土 2. 弃土运距：1 000m	m²	413.250	3.47	1 433.98	1 376.12
2	010101003001	挖沟槽土方	1. 土壤类别：三类土 2. 挖土深度：6M 内 3. 弃土运距：1 000m	m³	215.710	72.83	15 710.16	15 058.72
3	010103001001	室内回填	密实度要求：800mm 分层夯实	m³	259.170	9.44	2 446.56	2 345.49
4	010103001002	基础回填	密实度要求：分层夯实	m³	464.870	34.72	16 140.29	14 434.21
		分部小计		元			35 730.99	34 134.98
			附录 D（0104）砌筑工程					
5	010401005001	空心砖外墙	1. 外墙厚：370mm 2. 砌块强度：MU10 3. 水泥砂浆：M7.5	m³	142.780	340.53	48 620.87	16 483.95
6	010401005002	空心砖内墙	1. 外墙厚：240mm 2. 砌块强度：MU10 3. 水泥砂浆：M7.5	m³	129.830	257.83	33 474.07	13 508.81
7	010401005003	空心砖内墙	1. 外墙厚：120mm 2. 砌块强度：MU10 3. 水泥砂浆：M7.5	m³	1.443	298.66	430.97	158.73
8	010401005003	女儿墙	1. 外墙厚：240mm 2. 砌块强度：MU10 3. 水泥砂浆：M7.5	m³	12.130	450.72	5 467.23	2 591.82
		分部小计		元			87 993.14	34 369.03

分部分项和单价措施项目清单与计价表（续表）

工程名称：某厂新建食堂宿舍　　　　　标段：　　　　　　　　　第2页 共7页

序号	项目编码	项目名称	项目特征描述	计量单位	工程数量	金额（元）		
						综合单价	合价	定额人工费
附录 E（0105）混凝土及钢筋混凝土工程								
9	010501003001	现浇钢筋混凝土独立基础	1. 混凝土种类：商砼 2. 混凝土强度等级：C25	m³	67.815	500.52	33 942.76	2 227.72
10	010502001001	矩形柱	1. 混凝土种类：商砼 2. 混凝土强度等级：C25	m³	45.990	523.34	24 068.41	2 568.08
11	010503001001	基础梁	1. 混凝土种类：商砼 2. 混凝土强度等级：C25	m³	32.190	504.81	16 249.83	1 166.57
12	010503002001	框架梁	1. 混凝土种类：商砼 2. 混凝土强度等级：C25	m³	114.570	511.43	58 594.54	4 827.98
13	010505003001	现浇平板	1. 混凝土种类：商砼 2. 混凝土强度等级：C25	m³	119.334	507.40	60 550.07	4 379.56
14	010505008001	雨篷板	1. 混凝土种类：商砼 2. 混凝土强度等级：C25	m³	0.810	521.54	422.45	38.95
15	010506001001	现浇混凝土楼梯	1. 混凝土种类：商砼 2. 混凝土强度等级：C25	m²	31.450	144.06	4 530.69	701.65
16	010507001001	现浇混凝土散水	1. 垫层材料种类、厚度：碎石 2. 面层厚度：20mm³ 3. 混凝土种类：商砼 4. 混凝土强度等级：C25	m²	45.420	108.92	4 947.15	1 814.98
17	010507004001	现浇混凝土台阶	1. 踏步宽：300mm 2. 混凝土种类：商砼 3. 混凝土强度等级：C25	m²	30.480	523.50	15 956.28	1 557.22
18	010515001001	现浇构件钢筋Φ6.5	钢筋种类、规格：一级钢筋6.5	t	0.781	6 508.87	5 083.43	1 805.73
19	010515001002	现浇构件钢筋ΦR7	钢筋种类、规格：冷轧带肋7	t	3.074	6 091.54	18 725.39	5 593.7
20	010515001003	现浇构件钢筋Φ8	钢筋种类、规格：一级钢筋8	t	3.347	5 566.83	18 632.18	5 043.9
21	010515001004	现浇构件钢筋ΦR9	钢筋种类、规格：冷轧带肋9	t	0.044	5 470.91	240.72	56.55
22	010515001005	现浇构件钢筋Φ10	钢筋种类、规格：三级钢筋10	t	0.967	5 130.16	4 960.86	1 171.71
23	010515001006	现浇构件钢筋Φ12	钢筋种类、规格：三级钢筋12	t	1.966	5 224.72	10 271.80	2 163.33
24	010515001007	现浇构件钢筋Φ14	钢筋种类、规格：三级钢筋14	t	0.631	4 915.06	3 101.40	582.17
25	010515001008	现浇构件钢筋Φ16	钢筋种类、规格：三级钢筋16	t	4.115	4 812.32	19 802.70	3 430.8

分部分项和单价措施项目清单与计价表（续表）

工程名称：某厂新建食堂宿舍　　　　　　标段：　　　　　　　　　第3页共7页

序号	项目编码	项目名称	项目特征描述	计量单位	工程数量	金额（元）		
						综合单价	合价	定额人工费
26	010515001009	现浇构件钢筋Φ18	钢筋种类、规格：三级钢筋18	t	2.335	4 568.55	10 667.56	1 684.07
27	0105150010010	现浇构件钢筋Φ20	钢筋种类、规格：三级钢筋20	t	2.662	4 498.39	11 974.71	1 765.07
28	0105150010011	现浇构件钢筋Φ22	钢筋种类、规格：三级钢筋22	t	2.476	4 406.16	10 909.65	1 467.33
29	0105150010012	现浇构件钢筋Φ25	钢筋种类、规格：三级钢筋25	t	1.444	4 344.30	6 273.17	765.59
		分部小计		元			339 905.75	46 548.13
		附录H（0108）门窗工程						
30	010802001001	金属（塑钢）门M1527	1. 材质：金属（塑钢） 2. 洞口尺寸：1 500mm×2 700mm 3. 樘数：2樘	m²	8.10	484.81	3 926.96	459.84
31	010802001002	金属（塑钢）门M1227	1. 材质：金属（塑钢） 2. 洞口尺寸：1 200mm×2 700mm 3. 樘数：1樘	m²	3.24	478.83	1 551.41	181.67
32	010802001003	金属（塑钢）门M0921	1. 材质：金属（塑钢） 2. 洞口尺寸：900mm×2 100mm 3. 樘数：34樘	m²	64.26	485.12	31 173.81	3 650.61
33	010807001001	塑钢窗C1823	1. 材质：金属（塑钢） 2. 洞口尺寸：1 800mm×2 300mm 3. 樘数：6樘	m²	24.84	380.20	9 444.17	1 231.82
34	010807001002	塑钢窗C1523	1. 材质：金属（塑钢） 2. 洞口尺寸：1 500mm×2 300mm 3. 樘数：7樘	m²	24.15	381.60	9 215.64	1 202.19
35	010807001003	塑钢窗C1519	1. 材质：金属（塑钢） 2. 洞口尺寸：1 500mm×1 900mm 3. 樘数：1樘	m²	2.85	387.49	1 104.35	144.07
36	010807001004	塑钢窗C1527	1. 材质：金属（塑钢） 2. 洞口尺寸：1 500mm×2 700mm 3. 樘数：1樘	m²	4.05	385.51	1 561.32	203.67

分部分项和单价措施项目清单与计价表（续表）

工程名称：某厂新建食堂宿舍　　　　　　　　标段：　　　　　　　　第 4 页 共 7 页

序号	项目编码	项目名称	项目特征描述	计量单位	工程数量	综合单价	合价	定额人工费
						金额（元）		
37	010807001005	塑钢窗 C1214	1. 材质：金属（塑钢） 2. 洞口尺寸： 　1 200mm × 1 400mm 3. 樘数：5 樘	m²	8.40	380.81	3 198.80	417.23
38	010807001006	塑钢窗 C1514	1. 材质：金属（塑钢） 2. 洞口尺寸： 　1 500mm × 1 400mm 3. 樘数：14 樘	m²	29.40	380.81	11 195.81	1 460.3
39	010807001007	塑钢窗 C1814	1. 材质：金属（塑钢） 2. 洞口尺寸： 　1 800mm × 1 400mm 3. 樘数：16 樘	m²	40.32	380.62	15 346.60	2 001.89
40	010807001008	塑钢窗 C3023	1. 材质：金属（塑钢） 2. 洞口尺寸： 　3 200mm × 2 300mm 3. 樘数：1 樘	m²	6.90	380.81	2 627.59	342.72
41	010802001004	塑钢门连窗 MC2727	1. 材质：金属（塑钢） 2. 洞口尺寸： 　2 700mm × 2 700mm 3. 樘数：4 樘	m²	29.16	381.33	11 119.58	1 450.42
		分部小计		元			101 466.04	12 746.43
			附录 J（0109）屋面及防水工程					
42	010902001001	屋面卷材防水	1. 卷材品种、规格、厚度：4 厚 SBS 改性沥青卷材防水层	m²	413.860	49.59	20 523.32	3 989.61
43	010902005001	屋面排水管	品种、规格：PVC、Φ100	m	63.900	2 280.00	145 692.00	63 900
		分部小计		元			166 215.32	67 889.61
	附录 K（0110）	保温、隔热、防腐工程						
44	011001001001	屋面保温	材料品种、厚度：100 厚苯单面钢丝网	m²	392.840	59.55	23 393.62	3 401.99
45	011001003001	外墙保温	1. 保温隔热面层材料品种、规格：400 垂直 600 涂胶泥埋入玻纤布 2. 保温隔热材料品种规格、厚度：70mm 厚苯板	m²	770.550	54.76	42 195.32	12 082.22
		分部小计		元			65 588.94	15 499.92

分部分项和单价措施项目清单与计价表（续表）

工程名称：某厂新建食堂宿舍　　　　　　　　标段：　　　　　　　　第5页 共7页

序号	项目编码	项目名称	项目特征描述	计量单位	工程数量	金额（元）		
						综合单价	合价	定额人工费
附录 L（0111）楼地面装饰工程								
46	011101003001	一层地面（40厚 C20 细石混凝土）	1. 面层厚度、混凝土强度等级：40mm 厚 C20 混凝土 2. 60mm 厚 C15 混凝土垫层	m²	338.950	19.91	6 748.49	2 891.24
47	011101003002	二、三层楼面（40厚 C20 细石混凝土）	1. 面层厚度、混凝土强度等级：40mm 厚 C20 混凝土	m²	622.480	19.90	12 387.35	5 309.75
48	011102003001	卫生间地砖地面	结合层厚度、砂浆配合比为：水泥砂浆 1：3；嵌缝材料种类：油毡	m²	15.570	88.64	1 380.12	606.61
49	011102003002	卫生间地砖楼面	结合层厚度、砂浆配合比为：水泥砂浆 1：3；嵌缝材料种类：油毡	m²	62.280	88.50	5 511.78	2 422.69
50	011105002001	石材踢脚线	1. 踢脚线高度：150mm 2. 粘贴层厚度、材料种类：15mm 厚 1：3 水泥砂浆 3. 面层材料：黑色花岗岩板	m²	112.050	133.03	14 906.01	5 977.87
51	011106001001	磨光花岗岩石板楼梯面层（踏步设防滑条）	1. 结合层厚度、砂浆配合比为：20mm 厚 1：3 水泥砂浆 2. 面层材料：磨光花岗岩	m²	31.450	360.46	11 336.47	2 445.87
52	011107001001	石材台阶面层	1. 面层材料：磨光花岗岩 2. 结合层厚度、砂浆配合比为：1：3 水泥砂浆 3. 100mm 厚 C20 细石混凝土 4. 300mm 厚混砂垫层	m²	30.480	364.50	11 109.96	1 876.35
分部小计				元			63 380.18	22 239.05

分部分项和单价措施项目清单与计价表（续表）

工程名称：某厂新建食堂宿舍　　　　　　　标段：　　　　　　　　第 6 页 共 7 页

序号	项目编码	项目名称	项目特征描述	计量单位	工程数量	金额（元）		
						综合单价	合价	定额人工费
附录 M（0112）墙、柱面装饰与隔断、幕墙工程								
53	011201001001	外墙抹灰	1. 墙体类型：外墙 2. 面层厚度、砂浆配合比为：20mm 1：0.5：3 3. 装饰面材料种类：石灰砂浆	m²	822.150	22.73	18 687.47	13 195.51
54	011201001002	内墙抹灰	1. 墙体类型：内墙 2. 面层厚度、砂浆配合比为：20mm 1：0.5：3 3. 装饰面材料种类：石灰砂浆	m²	2 161.640	22.31	48 226.19	34 607.86
55	011202001001	柱面一般抹灰	1. 面层厚度、砂浆配合比为：20mm 1：0.5：3 2. 装饰面材料种类：石灰砂浆	m²	15.120	34.29	518.46	359.7
56	011204003001	块料墙面	1. 面层材料品种、规格、颜色：花岗岩 2. 磨光、酸洗、打蜡要求：三道磨光	m²	305.370	148.59	45 374.93	16 862.53
分部小计				元			112 807.05	67 511.19
附录 N（0113）天棚工程								
57	011301001001	天棚抹灰（卫生间、洗漱间）	1. 基层类型：素水泥砂浆一道 2. 抹灰厚度、材料种类：5mm1：3 水泥砂浆打底 3mm1：2 水泥砂浆找平	m²	77.850	101.94	7 936.03	2 093.39
58	011301001002	天棚抹灰（除卫生间、洗漱间外）	1. 基层类型：素水泥砂浆一道 2. 抹灰厚度、材料种类：水泥砂浆 3. 砂浆配合比为：水泥砂浆 1：2	m²	1 081.35	21.23	22 957.06	18 653.29
分部小计				元			30 893.09	21 272.95

分部分项和单价措施项目清单与计价表（续表）

工程名称：某厂新建食堂宿舍　　　　　标段：　　　　　第 7 页 共 7 页

序号	项目编码	项目名称	项目特征描述	计量单位	工程数量	综合单价	合价	定额人工费
							金额（元）	
附录 P（0114）油漆、涂料、裱糊工程								
59	011407001001	内墙面喷刷涂料	涂料品种、喷刷遍数：刮大白	m²	2 161.64	3.18	6 874.02	4 928.54
60	011407002001	天棚喷刷涂料（卫生间、洗漱间）	面层：白色水性耐擦洗涂料面层	m²	77.85	6.16	479.56	400.15
61	011407002002	天棚喷刷涂料	面层：刮防水大白三遍成活	m²	1 081.35	6.15	6 650.30	5 547.33
分部小计				元			14 003.88	10 876.02
附录 Q（0115）其他装饰工程								
62	011503001001	金属扶手、栏杆	1. 扶手材料种类、规格：不锈钢管 Φ89×2.5 2. 栏杆材料种类、规格：铝合金 3. 固定配件种类：膨胀螺栓	m	19.24	2 280.00	43 867.20	19 240
分部小计				元			43 867.20	19 240.00
附录 S（0117）单价措施项目								
63	011701001001	综合脚手架	框架结构；檐高 9.85m	m²	1 239.75	32.87	40 750.58	17 058.96
64	011702002001	矩形柱模板		m²	341.466	66.52	22 714.32	15 775.73
65	011702005001	基础梁模板	梁断面形状：矩形	m²	229.816	62.20	14 294.56	8 818.04
66	011702006001	矩形梁模板	支撑高度：2.30m、2.35m、3.25m	m²	864.313	84.75	73 250.53	48 539.82
67	011702016001	平板模板	支撑高度：2.73m、2.88m、3.78m	m²	994.38	67.34	66 961.55	35 280.6
68	011702023001	雨篷板模板	板厚度：120mm	m²	6.74	143.56	967.59	564.95
69	011702024001	楼梯模板	类型：直型楼梯	m²	31.45	187.63	5 900.96	3 767.08
70	011702027001	台阶模板	台阶踏步宽：300mm	m²	30.48	43.45	1 324.36	886.05
71	011703001001	垂直运输	框架结构；3 层；檐高 9.85m	m²	1 239.75	15.54	19 265.72	1 760.45
分部小计				元			245 430.17	154 786.40
合　计							1 307 281.75	507 113.71

规范表 -08

4.4.6　综合单价分析表的编制

综合单价分析表的编制如表 4-47 规范表 -09 所示，共 71 页，其中选几例，其他略。

表 4-47　综合单价分析表

工程名称：某厂新建食堂宿舍　　　　　　　标段：　　　　　　　　第 5 页 共 71 页

项目编码	010401005001		项目名称		空心砖外墙			计量单位	m³	工程量	142.78

清单综合单价组成明细

定额编号	定额名称	定额单位	数量	单　价				合　价			
				人工费	材料费	机械费	管理费和利润	人工费	材料费	机械费	管理费和利润
3-79	空心砖墙 1 砖	10m³	0.100	1 040.52	1 406.88		130.90	104.05	140.69		13.09
3-126	现场搅拌砌筑水泥砂浆 M7.5	m³	0.295	38.58	192.87	38.37	10.19	11.39	56.96	11.33	3.01
人工单价		小计						115.45	197.65	11.33	16.10
普工 120.00 元 / 工日 技工 150.00 元 / 工日		未计价材料费									
清单项目综合单价								340.53			

材料费明细	主要材料名称、规格、型号	单位	数量	单价（元）	合价（元）	暂估单价（元）	暂估合价（元）
	空心砖 240mm×175mm×115mm	千块	0.16	700.00	109.20		
	水泥 32.5MPa	kg	77.68	0.43	33.40		
	中砂（干净）	m³	0.30	75.00	22.82		
	其他材料费				32.18		
	材料费小计				197.60		

规范表 -09

综合单价分析表

工程名称：某厂新建食堂宿舍　　　　　　　标段：　　　　　　　　第 12 页 共 71 页

项目编码	010503002001		项目名称		框架梁			计量单位	m³	工程量	114.57

清单综合单价组成明细

定额编号	定额名称	定额单位	数量	单　价				合　价			
				人工费	材料费	机械费	管理费和利润	人工费	材料费	机械费	管理费和利润
4-33 换	现浇砼单梁连续梁商砼	10m³	0.100	421.35	4 640.54		52.44	42.14	464.05		5.24
人工单价		小计						42.14	464.05		5.24
普工 120.00 元 / 工日 技工 150.00 元 / 工日		未计价材料费									
清单项目综合单价								511.43			

材料费明细	主要材料名称、规格、型号	单位	数量	单价（元）	合价（元）	暂估单价（元）	暂估合价（元）
	商品混凝土（C25）	m³	1.01	460.00	462.30		
	其他材料费				1.75		
	材料费小计				464.05		

规范表 -09

综合单价分析表

项目编码	011702006001		项目名称			矩形梁模板		计量单位	m²	工程量	864.313

清单综合单价组成明细

定额编号	定额名称	定额单位	数量	单价				合价			
				人工费	材料费	机械费	管理费和利润	人工费	材料费	机械费	管理费和利润
12-64	单梁、连续梁组合钢模板木支撑（抹灰水泥砂浆1:2）	100m²	0.010	5 615.67	1 842.57	255.13	762.19	56.16	18.43	2.55	7.62
人工单价		小　计						56.16	18.43	2.55	7.62
普工 120.00 元 / 工日 技工 150.00 元 / 工日 人工费补差 1.00 元 / 工日		未计价材料费									
清单项目综合单价								84.75			

材料费明细	主要材料名称、规格、型号	单位	数量	单价（元）	合价（元）	暂估单价（元）	暂估合价（元）
	支撑方木	m³	0.01	1 200.00	10.97		
	其他材料费				6.92		
	材料费小计				17.89		

规范表 -09

综合单价分析表

项目编码	011703001001		项目名称			垂直运输		计量单位	m²	工程量	1 239.75

清单综合单价组成明细

定额编号	定额名称	定额单位	数量	单价				合价			
				人工费	材料费	机械费	管理费和利润	人工费	材料费	机械费	管理费和利润
12-209	20～60m 以内上垂直运输	100m²	0.010	141.90	18.19	1 141.01	252.93	1.42	0.18	11.41	2.53
人工单价		小　计						1.42	0.18	11.41	2.53
普工 120.00 元 / 工日 技工 150.00 元 / 工日 人工费补差 1.00 元 / 工日		未计价材料费									
清单项目综合单价								15.54			

主要材料名称、规格、型号	单位	数量	合价（元）	暂估单价（元）	暂估合价（元）

规范表 -09

4.4.7　总价措施项目清单与计价表的编制

总价措施项目清单与计价表的编制如表 4-48 规范表 -11 所示。

表 4-48　总价措施项目清单与计价表

工程名称：某厂新建食堂宿舍　　　　　　　　　　标段：　　　　　　　　　　　第 1 页 共 1 页

序号	项目编码	项目名称	计算基础	费率（%）	金额（元）	调整费率（%）	调整后金额（元）	备注
1	011707001001	安全文明施工	定额人工费（507 113.71）	25	126 778.43			
2	011707002001	夜间施工增加费	定额人工费	1.5	7 606.71			
3	011707004001	二次搬运	定额人工费	1	5 071.14			
4	011707005001	冬雨季施工	定额人工费	0.6	3 042.68			
5	011707007001	已完工程及设备保护			2 000.00			
		合　计			144 498.96			

编制人（造价人员）：　　　　　　　　　　　　　　复核人（造价工程师）：

规范表 -11

4.4.8　其他项目清单与计价汇总表的编制

其他项目清单与计价汇总表的编制如表 4-49 规范表 -12 所示。

表 4-49　其他项目清单与计价汇总表

工程名称：某厂新建食堂宿舍　　　　　　　　　　标段：　　　　　　　　　　　第 1 页 共 1 页

序号	项目名称	金额（元）	结算金额（元）	备注
1	暂列金额	50 000.00		明细详见 表 4-49-1
2	暂估价	22 000.00		
2.1	材料（工程设备）暂估价			明细详见 表 4-49-2
2.2	专业工程暂估价	22 000.00		明细详见 表 4-49-3
3	计日工	21 032.00		明细详见 表 4-49-4
4	总承包服务费	8 216.00		明细详见 表 4-49-5
	合　计	101 248.00		

规范表 -12

表 4-49-1　暂列金额明细表

工程名称：某厂新建食堂宿舍　　　　　　　　　　标段：　　　　　　　　　　　第 1 页 共 1 页

序号	项目名称	计量单位	暂定金额（元）	备注
1	自行车棚工程	项	15 000.00	
2	工程量偏差和设计变更	项	15 000.00	
3	政策性调整和材料价格波动	项	15 000.00	
4	其他	项	5 000.00	
	合　计		50 000.00	

规范表 -12-1

表 4-49-2　材料（工程设备）暂估单价表及调整表

工程名称：某厂新建食堂宿舍　　　　　　　　　标段：　　　　　　　　　第 1 页 共 1 页

序号	材料（工程设备）名称、规格、型号	计量单位	数量		单价（元）		合价（元）		差额 ±（元）		备注
			暂估	确认	暂估	确认	暂估	确认	单价	合价	
1	钢筋（规格见施工图）	t	22		4 000.00		88 000.00				
2	塑钢门窗	m²	246		260.00		63 960.00				
							151 960.00				
合　计											

规范表 -12-2

表 4-49-3　专业工程暂估价及结算价表

工程名称：某厂新建食堂宿舍　　　　　　　　　标段：　　　　　　　　　第 1 页 共 1 页

序号	工程名称	工程内容	暂估金额(元)	结算金额(元)	差额 ±（元）	备注
1	弱电工程	配管、配线等	22 000.00			
合　计			22 000.00			

规范表 -12-3

表 4-49-4　计日工表

工程名称：某厂新建食堂宿舍　　　　　　　　　标段：　　　　　　　　　第 1 页 共 1 页

编号	项目名称	单位	暂定数量	实际数量	综合单价（元）	合价（元）	
						暂定	实际
一	人工						
1	普工	工日	80		80	6 400	
2	技工	工日	50		110	5 500	
人工小计						11 900	
二	材料						
1	钢筋（规格见施工图）	t	1		4 000	4 000	
2	水泥 42.5MPa	t	1		600	600	
3	中砂	m³	5		80	400	
4	页岩砖（240mm×115mm×53mm）	千块	1		300	300	
材料小计						5 300	
三	机械						
1	自升式塔式起重机	台班	3		550	1 650	
2	灰浆搅拌机（400L）	台班	2		20	40	
施工机械小计						1 690	
四、企业管理费和利润　按人工费18%计（11 900×18%）						2 142	
总　计						21 032	

规范表 -12-4

表 4-49-5　总承包服务费计价表

工程名称：某厂新建食堂宿舍　　　　　　　　标段：　　　　　　　　　　第 1 页 共 1 页

序号	项目名称	项目价值（元）	服务内容	计算基础	费率（%）	金额（元）
1	发包人发包专业工程	100 000.00	1. 按专业工程承包人的要求提供施工工作面并对施工现场进行统一管理，对竣工资料进行统一整理汇总 2. 为专业工程承包人提供垂直运输机械和焊接电源接入点，并承担垂直运输费和电费	项目价值	7	7 000
2	发包人供应材料	151 960.00	对发包人供应的材料进行验收及保管和使用发放	项目价值	0.8	1 216
	合　计					8 216

规范表 -12-5

4.4.9　规费、税金项目计价表的编制

规费、税金项目计价表的编制如表 4-50 规范表 -13 所示。

表 4-50　规费、税金项目计价表

工程名称：某厂新建食堂宿舍　　　　　　　　标段：　　　　　　　　　　第 1 页 共 1 页

序号	项目名称	计算基础	计算基数	费率（%）	金额（元）
1	规费	定额人工费			144 527.36
1.1	社会保险费	定额人工费	507 113.71		114 100.54
（1）	养老保险费	定额人工费	507 113.71	14	70 995.92
（2）	失业保险费	定额人工费	507 113.71	2	10 142.27
（3）	医疗保险费	定额人工费	507 113.71	6	30 426.82
（4）	工伤保险费	定额人工费	507 113.71	0.25	1 267.78
（5）	生育保险费	定额人工费	507 113.71	0.25	1 267.78
1.2	住房公积金	定额人工费	507 113.71	6	30 426.82
1.3	工程排污费	按工程所在地环境保护部门收取标准，按实计入			
2	税金	分部分项工程费 + 措施项目费 + 其他项目费 + 规费 − 按规定不计税的工程设备金额	1 697 556.07-0.00	3.41	57 886.66
	合　计				

编制人（造价人员）：　　　　　　　　　　　复核人（造价工程师）：

规范表 -13

4.4.10　总价项目进度款支付分解表的编制

总价项目进度款支付分解表的编制如表 4-51 规范表 -16 所示。

表 4-51　总价项目进度款支付分解表

工程名称：某厂新建食堂宿舍　　　　　　　　标段：　　　　　　　　第 1 页共 1 页

序号	项目名称	总价金额	首次支付	二次支付	三次支付	四次支付	五次支付
1	安全文明施工费	126 778	41 566	41 566	21 823	21 823	
2	夜间施工增加费	7 607	1 521	1 521	1 521	1 521	1 521
3	二次搬运费	5 071	1 014	1 014	1 014	1 014	1 014
	合　计						

规范表 -16

4.4.11　发包人提供材料和工程设备一览表的编制

发包人提供材料和工程设备一览表的编制如表 4-52 规范表 -20 所示。

表 4-52　发包人提供材料和工程设备一览表

工程名称：某厂新建食堂宿舍　　　　　　　　标段：　　　　　　　　第 1 页共 1 页

序号	材料（工程设备）名称、规格、型号	单位	数量	单价（元）	交货方式	送达地点	备注
1	钢筋（规格见施工图现浇构件）	t	22	4 000		工地仓库	
2	水泥 42.5MPa	kg	1 233	0.36		工地仓库	

规范表 -20

4.4.12　承包人提供材料和工程设备一览表的编制

承包人提供材料和工程设备一览表的编制如表 4-53 规范表 -21 所示。

表 4-53　承包人提供主要材料和工程设备一览表
（适用于造价信息差额调整法）

工程名称：某厂新建食堂宿舍　　　　　　　　标段：　　　　　　　　第 1 页共 1 页

序号	名称、规格、型号	单位	数量	风险系数（%）	基准单价（元）	投标单价（元）	发承包人确认单价（元）	备注
1	商品混凝土（C25）	m³	426	≤ 5	323	325		
2	热轧带肋钢筋	t	4	≤ 5	4 000	4 100		

规范表 -21

4.4.13　承包人提供材料和工程设备一览表的编制

承包人提供材料和工程设备一览表的编制如表 4-54 规范表 -22 所示。

表 4-54　承包人提供主要材料和工程设备一览表

（适用于价格指数差额调整法）

工程名称：某厂新建食堂宿舍　　　　　　　标段：　　　　　　　　第 1 页 共 1 页

序号	名称、规格、型号	变值权重 B	基本价格指数 F0	现行价格指数 Ft	备注
1	人工费	0.18	110%		
2	热轧带肋钢筋	0.11	4 000 元 /t		
3	商品混凝土（C25）	0.16	325 元 /m³		
4	页岩砖	0.05	300 元 / 千块		
5	机械费	0.08	100%		
	定值权重 A	0.42			
	合　计	1			

规范表 -22

复习思考题

1．工程量清单的概念是什么？工程量清单组成的内容有哪些？

2．工程量清单的编制程序是什么？

3．招标工程量清单的概念是什么？其标准格式有哪些内容？

4．分部分项工程量清单编制规则有哪些？

5．编制分部分项工程量清单计价规范时"五统一"的内容是什么？

6．招标工程量清单中其他项目清单与计价表如何编制？

7．工程量清单计价的概念是什么？工程量清单计价包括哪些计价？

8．工程量清单计价的计价程序是什么？

9．招标控制价如何编制？内容有哪些？

10．投标报价如何编制？内容有哪些？

11．投标报价的封面、扉页如何填写？投标报价的总说明填写哪些内容？

12．投标报价中分部分项工程和单价措施项目费如何计算？

13．综合单价的概念、组成内容、确定方法是什么？

14．投标报价中总价措施项目费如何计算？

15．投标报价中其他项目计价汇总表如何填写？

16．投标报价中规费和税金是如何计算的？

技能训练

1. 如图 3-26 所示，试计算土方工程清单工程量，编制工程量清单、组合综合单价并编制投标报价。

2. 如图 3-37 所示，编制计算砌筑工程清单工程量，编制工程量清单、组合综合单价并编制投标报价。

3. 如图 3-46～图 3-49 所示，根据例题中计算的清单工程量，编制楼地面装饰工程工程量清单、组合综合单价并编制投标报价。

第5章

定额计价法

使读者了解定额计价的含义，掌握施工图预算的概念、编制方法和步骤；掌握《房屋建筑与装饰工程计价定额》与《房屋建筑与装饰工程工程量计算规范》工程量计算规则的不同点；掌握计价定额的应用和建筑工程造价的确定方法。

具有初步定额计价编制施工图预算、确定建筑工程造价的能力。

5.1 定额计价概述

定额计价是指按照国家建设行政主管部门发布的建设工程预算（计价）定额的"工程量计算规则"，参照建设行政主管部门发布的人工工日单价、机械台班单价、材料以及设备价格信息及同期市场价格，计算出人工费、材料（工程设备）费、施工机具使用费、企业管理费、利润、规费、税金，最终确定建筑安装工程造价的过程。

5.1.1 施工图预算的概念及编制

5.1.1.1 施工图预算的概念

施工图预算是指在施工图设计完成后计算施工图的工程量，根据施工方案、设计文件等套用现行工程预算（计价）定额及费用标准、材料预算价格等，编制的单位工程或单项工程建设费用的造价文件。

建设工程预算分土建工程预算、给排水工程预算、暖通工程预算、电气照明工程预算、工业管道工程预算和特殊构筑物工程预算，显然，施工图预算不是工程建设产品的最终价格。

施工图预算有单位工程预算、单项工程预算和建设项目总预算。

单位工程预算是根据施工图设计文件、现行预算定额、费用定额以及人工、材料、设备、机械台班等预算价格资料，编制单位工程的施工图预算；然后汇总所有各单位施工图预算成为单项工程施工图预算；再汇总各所有单项工程施工图预算，便是一个建设项目建筑安装工程的总预算。

5.1.1.2　施工图预算编制的依据

因施工图预算的编制目的不同，其编制依据也会有所不同。设计单位和业主以投资控制和检验设计方案时要依据获得批准的初步设计文件及设计概算，业主和承包在工程交易时要依据招标文件等，但一般情况下主要依据有：

（1）法律、法规及有关规定。

（2）施工图纸及说明书和有关标准图集等资料。

（3）施工方案或施工组织设计。

（4）工程量计算规则。

（5）现行计价（预算）定额和有关调价规定。

（6）招标文件。

（7）工具书和其他有关参考资料等。

5.1.1.3　施工图预算的两种模式

1.　传统定额计价模式

我国传统的定额计价模式是采用国家、部门或地区统一规定的预算（计价）定额、单位估价表、取费标准、计价程序进行工程造价计价的模式，通常也称为定额计价模式。由于清单计价模式中也要用到计价定额，为避免歧义，此处称为传统定额计价模式，它是我国长期使用的一种施工图预算的编制方法。

在传统的定额计价模式下，国家或地方主管部门颁布工程预算（计价）定额，并且规定了相关取费标准，发布有关资源价格信息。建设单位与施工单位均先根据预算（计价）定额中规定的工程量计算规则、定额单价计算人工费、材料费、机械费、企业管理费、利润、规费和税金，汇总得到工程造价。

即使在预算（计价）定额从指令性走向指导性的过程中，虽然定额中的一些因素可以按市场变化做一些调整，但其调整（包括人工、材料和机械台班价格的调整）也都是按造价管理部门发布的造价信息进行，造价管理部门不可能把握市场价格的随时变化，其公布的造价信息与市场实际价格信息相比，总有一定的滞后与偏离，这就决定了定额计价模式的局限性。

2.　工程量清单计价模式

工程量清单计价模式，是招标人按照国家《房屋建筑与装饰工程工程量计算规范》中的工程量计算规则，提供工程量清单和技术说明，由投标人依据企业自身的条件和市场价格，对工程量清单自主报价的工程造价计价模式。

工程量清单计价模式是国际通行的计价方法，为了使我国工程造价管理与国际接轨，逐步向市场化过渡，我国于2003年7月1日开始实施《建设工程工程量清单计价规范》，并于2008年12月1日进行了修订，于2012年12月25日又对《建设工程工程量清单计价规范》重新修订，并于2013年7月1日正式实施。

5.1.2 施工图预算的编制方法步骤及组成

5.1.2.1 施工图预算的编制方法步骤

施工图预算由单位工程施工图预算、单项工程施工图预算和建设项目施工图预算三级逐级编制、综合汇总而成。由于施工图预算是以单位工程为单位编制的，按单项工程汇总而成，所以施工图预算编制的关键在于编制好单位工程施工图预算。《建筑工程施工发包与承包计价管理办法》（住建部令第107号）规定，施工图预算由成本、利润和税金构成，其编制可以采用工料单价和综合单价法两种计价方法，工料单价法是传统的定额计价模式下的施工图预算编制方法，而综合单价法是适应市场经济条件的工程量清单计价模式下的施工图预算编制方法。

1. 工料单价法

工料单价法是指分部分项工程的单价为直接工程费单价，以分部分项工程量乘以对应分部分项工程单价后的合计为单位人工费、材料费、机械费、企业管理费、利润、规费和税金生成施工图预算造价。

按照分部分项工程单价产生的方法不同，工料单价法又可以分为预算单价法和实物法。

（1）预算单价法。预算单价法就是采用地区统一单位估价表中的各分项工程工料预算单价（基价）乘以相应的各分项工程的工程量，计算出单位工程人工费、材料费、机械费、企业管理费、利润、规费和税金，可根据统一规定的费率乘以相关的计费基数计算，将上述费用相加汇总后即可得到该单位工程的施工图预算造价。

预算单价法编制施工图预算的基本步骤如下。

1）编制前的准备工作。编制施工图预算的过程是具体确定建筑安装工程预算造价的过程。编制施工图预算，不仅要严格遵守国家计价法规、政策，严格按图纸计量，而且还要考虑施工现场条件因素，是一项复杂而细致的工作，也是一项政策性和技术性都很强的工作，因此必须事前做好充分准备。准备工作主要包括两大方面：一是组织准备；二是资料的收集和现场情况的调查。

2）熟悉图纸和预算（计价）定额以及单位估价表。图纸是编制施工图预算的基本依据。熟悉图纸不但要弄清图纸的内容，而且要对图纸进行审核：图纸间相关尺寸是否有误，设备与材料表上的规定、数量是否与图示相符，详图、说明、尺寸和其他符号是否正确等。若发现错误应及时纠正。另外，还要熟悉标准图以及设计更改通知（或类似文件），这些都是图纸的组成部分，不可遗漏。通过对图纸的熟悉，要了解工程的性质、系统的组成、设备和材料的规定型号和品种，以及有无新材料、新工艺的采用。

预算（计价）定额和单位估价表是编制施工图预算的计价标准，对其适用范围、工程量计算规则及定额系数等都要充分了解，做到心中有数，这样才能使施工图预算编制准确、迅速。

3）了解施工组织设计和施工现场情况。编制施工图预算前，应了解施工组织设计中影响工程造价的有关内容。例如，各分部分项工程的施工方法，土方工程中余土外运使用的工具、运距，施工平面图对建筑材料、构件等堆放点到施工操作地点的距离等，以便能正确计算工程量和正确套用或确定某些分项工程的基价。这对于正确计算工程造价、提高施工图预算编制质量，具有重要意义。

4）划分工程项目和计算工程量。

①划分工程项目。划分的工程项目必须和定额规定的项目一致，这样才能正确地套用定额。不能重复列项计算，也不能漏项计算。

②计算并整理工程量。必须按定额规定的工程量计算规则进行计算，该扣除部分要扣除，不该扣除的部分不能扣除。当按照工程项目将工程量全部计算完以后，要对工程项目和工程量进行整理，即合并同类项和按序排列，为套用定额、计算直接工程费和进行工料分析打下基础。

5）套单价计算直接工程费，即将定额子项中的基价填于预算表单价栏内，并将单价乘以工程量得出合价，将结果填入合价栏。

6）工料分析，即按分项工程项目，依据定额或单位估价表，计算人工和各种材料的实物耗量，并将主要材料汇总成表。工料分析的方法是：首先从定额项目表中分别将各分项工程消耗的每项材料和人工的定额消耗量查出，再分别乘以该工程项目的工程量，得到分项工程工料消耗量，最后将各项工程工料消耗量加以汇总，得出单位工程人工、材料的消耗数量。

7）工料差价调整。需要工料差价调整的人工、材料、机械有两类调整方法：一种是按照工程造价管理部门公布的调整系数及其计算方法进行差价调整；另一类是按照实际价差进行差价调整。对于第二种调整，其调整金额为单位工程工料分析的数量（包括允许实调整数量的材料的调整量）乘以市场价与定额取定价的差额。在编制施工图预算时，材料的市场一般多按照工程价管理部门的信息价计算。

8）计算主材费（未计价材料费）。因为许多定额项目基价为不完全价格，即未包括主材费用在内。计算所在地工程费之后，还应计算出主材费，以便计算工程造价。

9）按费用定额取费，即按有关规定和按当地费用定额的取费规定计取企业管理费、利润、规费和税金等。

10）计算汇总工程造价。将人工费、材料（工程设备）费、机械费、企业管理费、规费、利润和税金相加即为工程预算造价。

11）复核。施工图预算编制出来之后，由预算编制人所在单位的其他预算专业人员进行检查核对。复核的内容主要是核查分项项目有无漏项或重项；工程量有无少算、多算或错算；预算单价、换算或补充单价是否选用合适；各项费用及取费标准是否符合规定等。

12）编写施工图预算编制说明。

13）装订签章。

施工图预算编制程序如图 5-1 所示。

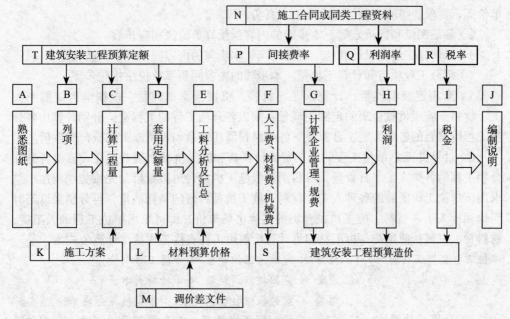

图 5-1　施工预算编制程序示意图

注：1. "⇨" 双线箭头表示的是施工图预算编制的主要程序。

　　2. 施工图预算编制依据的代号有：A、T、K、L、M、N、P、Q、R。

　　3. 施工图预算编制程序内容的代号有：B、C、D、E、F、G、H、I、S、J。

（2）实物法。用实物法编制单位工程施工图预算，就是根据施工图计算的各分项工程量分别乘以地区定额中人工、材料、施工机械台班的定额消耗量，分类汇总得出该单位工程所需要的全部人工、材料、施工机械台班消耗数量，然后再乘以当时当地人工工日单价、各种材料单价、施工机械台班单价，求出相应的人工费、材料费、机械使用费，再加上措施费，就可以求出该工程的人工费、材料费、机械费、企业管理费、规费、利润及税金等费用计取方法与预算单价法相同。

单位工程直接工程费的计算可以按照以下公式

$$人工费 = 综合工日消耗量 \times 综合工日单价 \tag{5-1}$$

$$材料费 = \sum (各种材料消耗量 \times 相应材料单价) \tag{5-2}$$

$$机械费 = \sum (各种机械消耗量 \times 相应机械台班单价) \tag{5-3}$$

$$单位工程直接工程费 = 人工费 + 材料费 + 机械费 \tag{5-4}$$

实物法的优点是能比较及时地将反映各种人工、材料、机械的当时当地市场单价计入预算价格，不需调价，反映当时当地的工程价格水平。

实物法编制施工图预算的基本步骤如下：

1）编制前的准备工作。具体工作内容同预算单价法相应步骤的内容，但此时要全面收集各种人工、材料、机械台班的当时当地的市场价格，应包括不同品种、规格的材料预算单价；不同工种、等级的人工工日单价；不同种类、型号的施工机械台班单价等。要求获得的各种价格应全面、真实、可靠。

2）熟悉图纸和计价定额。本步骤的内容同预算单价法相应步骤。

3）了解施工组织设计和施工现场情况。本步骤的内容同预算单价法相应步骤。

4）划分工程项目和计算工程量。本步骤的内容同预算单价法相应步骤。

5）套用定额消耗量，计算人工、材料、机械台班消耗量。根据地区定额中人工、材料、施工机械台班的定额消耗量，乘以各分项工程的工程量，分别计算出各分项工程所需要的各类人工工日数量、各类材料消耗数量和各类施工机械台班数量。

6）计算并汇总单位工程的人工费、材料费和施工机械台班费。在计算出各分部分项工程的各类人工工日数量、材料消耗量施工机械台班数量后，先按类别相加汇总求出该单位工程所需的各种人工、材料、施工机械台班的消耗数量，再分别乘以当时当地相应人工、材料、施工机械台班的实际市场单价，即可求出单位工程的人工费、材料费、机械费使用费，再汇总即可计算出单位工程直接工程费。计算公式为

$$单位工程直接工程费 = \sum (工程量 \times 定额人工消耗量 \times 市场工日单价) +$$
$$\sum (工程量 \times 定额材料消耗量 \times 市场材料单价) +$$
$$\sum (工程量 \times 定额机械台班消耗量 \times 市场机械台班单价) \quad (5\text{-}5)$$

7）计算其他费用，汇总工程造价。对于措施费、企业管理费、规费、利润和税金等费用的计算，可以采用与预算单价法相似的计算程序，只是有关费率是根据当时当地建设市场的供求情况予以确定。将上述人工费、材料费、机械费、企业管理费、规费、利润和税金等汇总即为单位工程预算造价。

2. 综合单价法

综合单价法是指分项工程单价综合了直接工程费及以外的多项费用，按照单价综合的内容不同，综合单价法可分为全费用综合单价和清单综合单价。

（1）全费用综合单价。全费用综合单价，即单价中综合了分项工程人工费、材料费、机械费、企业管理费、规费、利润以及有关文件规定的调价、税金以及一定范围的风险等全部费用。以各分项工程量乘以费用单价的合价汇总后，再加上措施项目的完全价格，就生成了单位工程施工图造价。公式如下

$$建筑安装工程预算造价 = (\sum 分项工程量 \times 分项工程全费用单价)$$
$$+ 措施项目完全价格 \quad (5\text{-}6)$$

（2）清单综合单价。分部分项工程清单综合单价中综合了人工费、材料和工程设备费、施工机械使用费，企业管理费、利润，并考虑了一定范围的风险费用，未包括措施费、规费和税金，因此它是一种不完全单价。以各分部分项工程量乘以该综合单价的合价汇总后，再加上措施项目费、规费和税金后，就是单位工程的造价。公式如下

$$建筑安装工程预算造价 = (\sum 分项工程量 \times 分项工程不完全单价)$$
$$+ 措施项目不完全价格 + 规费 + 税金 \quad (5\text{-}7)$$

5.1.2.2 施工图预算书的组成

（1）封面。它包括工程名称、建筑面积；工程造价和单位造价；建设单位和施工单位；审核者和编织者；审核时间和编制时间。

（2）编制说明。它包括编制依据、图纸变更情况、执行定额的有关问题。

（3）总预算表（或预算汇总表、招标控制价汇总表等）。

（4）费用计算表。

（5）单位工程直接费计算表。

（6）材料价差调整表。

（7）工、料、机分析表。

（8）补充单位估价表。

（9）主要设备材料数量及价格表。

5.2　《计价定额》与《房屋建筑与装饰工程工程量计算规范》（GB50854—2013）工程量计算规则的不同点

5.2.1　土石方工程

5.2.1.1　相关概念

土石方工程中的各个清单项目，计价中应包括指定范围内的土、石一次或多次运输、装卸以及基底夯实、修理边坡、清理现场等全部施工工序，还应包括实际施工中由于工作面、放坡、超挖等原因引起的非实体部分工程量，如图 5-2 所示的 $A+d$ 部分。

（1）工作面，是指在沟槽、基坑施工时，若深度狭窄，为施工需要而在基础设计宽度以外增加的工作空间。增加工作面的宽度一般根据施工组织设计确定，若无规定时，参照本书表 3-4 执行。

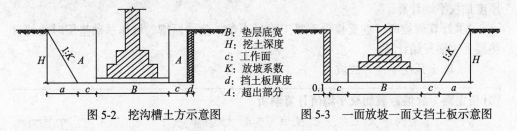

| B：垫层底宽 |
| H：挖土深度 |
| c：工作面 |
| K：放坡系数 |
| d：挡土板厚度 |
| A：超出部分 |

图 5-2　挖沟槽土方示意图　　　　图 5-3　一面放坡一面支挡土板示意图

（2）放坡。土石方施工过程中，为了防止土壁崩塌，保持边壁稳定和安全施工，当挖土超过一定深度时，应将沟槽和基坑边坡修成一定的倾斜坡度，称做放坡。放坡的坡度大小一般用放坡系数 K 来表示。

图 5-2 和图 5-3 中，边坡坡度 $=H/a=1 : K$，

$K=a/H$，称为放坡系数。

（3）挡土板。在需要放坡的土方工程中，由于工程设计需要或受场地限制不放坡时需要支撑阻止土方崩塌的挡土木板，分单面支撑和双面支撑，它们都以槽坑垂直支撑面的单面面积计算工程量。

5.2.1.2 《计价定额》与《计算规范》（GB50854—2013）工程量计算规则的不同点

计价定额的平整场地计算规则与规范不同；土石方工程实际施工时所需的工作面、放坡、支挡土板等，定额的规定与规范相同；定额中沟槽、基坑是分别列项的，应注意沟槽的划分原则；管沟回填时，定额对管沟应扣除的体积做了规定；定额的土石方开挖、运输是分别列项的，计价时应分别套用相应定额。下面是关于计价定额部分项目的计算规则和规定。

1．平整场地

平整场地工程量，按设计图示尺寸以建筑物外墙外边线每边各加 2m 以 m^2 计算。平整场地与挖土方的划分与规范一致。

$$S_平 = S_底 + 2L_外 + 16 \qquad (5-8)$$

式中　$S_平$——平整场地的工程量；

　　　$S_底$——底层建筑面积；

　　　$L_外$——外墙外边线。

2．挖沟槽、基坑土石方

（1）沟槽、基坑的划分与规范相同。凡图示沟槽底宽在 7m 以内，且沟槽长大于槽宽 3 倍以上的，为沟槽；凡图示基坑底面积在 150m^2 以内的为基坑；凡图示沟槽底宽 7m 以外，坑底面积 150m^2 以外，平整场地挖填土方厚度在 ±30cm 以外，均按挖土方计算。

（2）计算挖沟槽、基坑、一般土方工程量需放坡时，放坡系数与计算规范相同，见本书表 3-3 计算。

1）沟槽、基坑中土壤类别不同时，分别按其放坡起点、放坡系数、依不同土壤厚度加权平均计算。

2）计算放坡时，在交接处重复工程量不予扣除；原槽、坑作基础垫层时放坡自垫层上表面开始计算。

3）冻土开挖不计算放坡。

《计价定额》放坡系数加权平均值计算解析

【例 5-1】某沟槽人工挖土工程如图 5-4 所示，沟槽长 L=20.00m，基础垫层底宽 B=1.20m；沟槽深 H=3.70m，其中下层为四类土 h_1=2.10m；上层为三类土 h_2=1.60m，需加工作面（每边各 300mm）并放坡，分别求出三、四类土施工挖土体积。

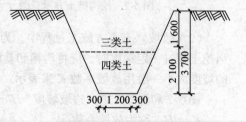

图 5-4　挖土断面图

解：由表 3-3 查出四类土放坡起点深度 2.00m，放坡系数 1：0.25，三类土放坡起点深度 1.50m，放坡系数 1：0.33。

（1）求加权平均放坡度数

三类土深度占总深度的权数 =1.60/3.70=0.432

四类土深度占总深度的权数 =2.10/3.70=0.568

加权平均放坡系数 =0.33×0.432+0.25×0.568=0.285

（2）四类土挖土体积 =2.10×（1.20+0.30×2+0.285×2.10）×20.00=100.74（m³）

（3）三类土挖土体积 =1.60×（3.00+0.285×1.60）×20.00=110.59（m³）

注：三类土下口宽度 =1.20+0.30×2+0.285×2.10×2=3.00（m）。

（3）挖沟槽、基坑土方需支挡土板时，其宽度按图示沟槽、基坑底宽，单面加 10cm、双面加 20cm 计算。挡土板面积按槽、坑垂直支撑面积计算。支挡土板后，不再计算放坡。

（4）基础施工所需工作面的规定与计算规范相同，如表 3-4 所示。

（5）挖沟槽长度，外墙按图示中心线长度 $L_{中}$ 计算；内墙按图示基础底面之间净长线长度 $L_{净}$ 计算；内外突出部分（垛、附墙烟囱等）体积并入沟槽土方工程量内计算。

（6）挖管道沟槽按图示中心线长度 m 计算，沟底宽度，设计有规定的，按规定尺寸计算；设计无规定的，按表 5-1 宽度计算。

表 5-1　管道地沟沟底宽度（含工作面）计算表　　　　　（单位：m）

管径（mm）	铸铁管、钢管、石棉水泥管	混凝土、钢筋混凝土、预应力混凝土管	陶土管
50 ～ 70	0.60	0.80	
100 ～ 200	0.70	0.90	
250 ～ 350	0.80	1.00	0.70
400 ～ 450	1.00	1.30	0.80
500 ～ 600	1.30	1.50	0.90
700 ～ 800	1.60	1.80	1.10
900 ～ 1 000	1.80	2.00	1.40
1 100 ～ 1 200	2.00	2.30	
1 300 ～ 1 400	2.20	2.60	

注：1. 按表 5-1 计算管道沟土方工程量时，各种井类及管道（不含铸铁给排水管）接口处需加宽增加的土方量不另行计算，底面积大于 20m² 的井类，其增加工程量并入管沟土方内计算。

2. 铺设铸铁给排水管道时，其接口等处土方增加量，可按铸铁给排水管道地沟土方总量的 2.5% 计算。

3. 沟槽、基坑深度，按图示槽、坑底面至室外地坪深度计算；管道地沟按图示沟底至室外地坪深度计算。

3. 工程量计算公式及范例

（1）挖沟槽工程量计算，如图 5-2 所示。

1）一面放坡一面支挡土板加工作面。

$$挖沟槽工程量\ V = L（B+2c+0.1+0.5KH）H \tag{5-9}$$

2）两面放坡加工作面。

$$挖沟槽工程量\ V = L（B+2c+KH）H \tag{5-10}$$

3）两面支挡土板加工作面。

$$挖沟槽工程量\ V = L（B+2c+0.2）H \tag{5-11}$$

式中　L——沟槽长度，外墙挖沟槽长度取 $L_{中}$，内墙挖沟槽长度取基础垫层底面之间的净长线 $L_{净}$；

H——挖土深度；

B——基础垫层底宽；

c——工作面宽度；

K——坡度系数。

（2）挖基坑工程量计算。

1）不放坡不支挡土板加工作面。

$$挖基坑工程量\ V = (a+2c)(b+2c)\ H \tag{5-12}$$

2）放坡不支挡土板加工作面。

$$挖基坑土方量\ V = (a+2c+KH)(b+2c+KH)\ H+K^2H^3/3 \tag{5-13}$$

式中 a——基础垫层长度；

b——基础垫层宽度；

c——工作面宽度；

H——基坑深度；

K——放坡系数。

《计价定额》挖基坑工程量计算解析

【例 5-2】某混凝土独立基础长 2.6m，宽 1.8m，垫层高度为 100mm，单面宽出基础 0.1m，如图 5-5 所示。自然室外地坪标高为 -0.5m，独立基础底标高为 -2.5m，工作面宽度单面 0.5m，土质类别为四类土，采用反铲挖掘机坑内作业，计算土方工程量。

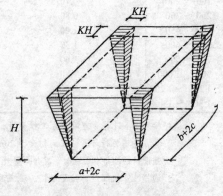

分析：根据式（5-13）

挖土深度 $H=2.5+0.1-0.5=2.1$（m）

基础垫层长度 $a=2.6+0.2=2.8$（m）

基础垫层宽度 $b=1.8+0.2=2.0$（m）

放坡系数 $K=0.1$（查表）

图 5-5 挖基坑土方示意

解：挖基坑土方量 $V=(a+2c+KH)(b+2c+KH)\ H+K^2H^3/3$

$=(2.8+2\times0.5+0.1\times2.1)\times(2.0+2\times0.5+0.1\times2.1)$

$\times2.1+(0.1)^2\times(2.1)^3\div3=27.06$（m³）

（3）人工挖孔桩工程量计算。按图示桩护壁外径截面面积乘以设计桩孔中心线深度计算。

1）圆台（见图 5-6）体积的计算公式。

$$V_{圆台}=\frac{1}{3}\pi\ (R^2+R\cdot r+r^2)\ H \tag{5-14}$$

式中 $V_{圆台}$——圆台的体积；

R、r——圆台上、下圆的半径；

H——圆台的高度。

2）球缺（见图 5-7）体积的计算公式。

$$V_{球缺}=\frac{1}{24}\pi\left(3d^2+4h^2\right)h=\frac{1}{6}\pi\left(3r^2+h^2\right)h \tag{5-15}$$

式中 $V_{球缺}$——球缺的体积；

r——平切圆的半径；

h——球缺的高度；

D——球圆的直径。

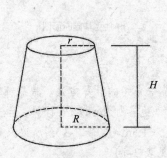
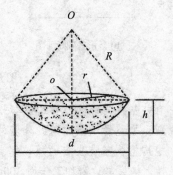

图 5-6 圆台示意   图 5-7 球缺示意

4. 岩石开凿工程量计算

（1）人工凿岩石，按图示尺寸以体积 m^3 计算。

（2）沟槽、基坑深度、宽度允许超挖量如下：次坚石，200mm；特坚石，150mm；超挖部分岩石并入岩石挖方量之内计算。

《计价定额》土方工程量计算解析

【例 5-3】某建筑基础平面图、剖面图如图 5-8 所示，内外墙厚均为 240mm，土壤级别为三类土，试求相关基数、平整场地、挖沟槽、挖基坑、室内回填土（地面垫层厚 150 mm、面层厚 20 mm）的工程量。

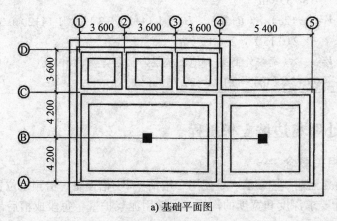

a) 基础平面图

图 5-8 某建筑基础示意图

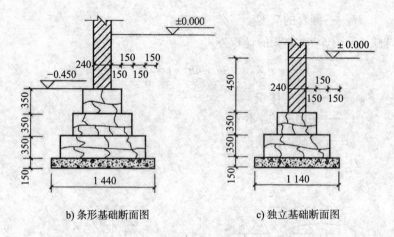

b) 条形基础断面图   c) 独立基础断面图

图 5-8 (续)

　　分析：有关基数的计算，要掌握本书 3.1 节中介绍的计算方法。根据计价定额的工程量计算规则：平整场地按建筑物外墙外边线每边各加 2m 以 m² 计算；由于土壤级别为三类土，挖沟槽、基坑土方的放坡起点深度为 1.5m（见表 3-3），所以只需加工作面不放坡，混凝土垫层每边需加工作面 300mm（见表 3-4）。

　　解：$L_{外}$=（3.6×3+5.4+0.24+4.2×2+3.6+0.24）×2=57.36（m）

$L_{中}$=$L_{外}$-4×外墙厚度 =57.36-4×0.24=56.4（m）

$L_{内}$=3.6×3-0.24+4.2×2-0.24+（3.6-0.24）×2=25.44（m）

$L_{净}$=3.6×3-1.44+4.2×2-1.44+（3.6-1.44）×2=20.64（m）

$S_{底}$=（3.6×3+5.4+0.24）×（4.2×2+3.6+0.24）-5.4×3.6=181.79（m²）

$S_{房}$=$S_{底}$-主墙占面积=$S_{底}$-$L_{中}$×外墙厚-$L_{内}$×内墙厚

=118.79-56.40×0.24-25.44×0.24=99.15（m²）

平整场地 $S_{平}$=$S_{底}$+2$L_{外}$+16=181.79+2×57.36+16=312.51（m²）

挖沟槽土方 V=L（B+2c）×H=（56.4+20.64）×（1.44+2×0.3）×（0.35×3+0.15）

=188.59（m³）

挖基坑土方 V=（B+2c）×（B+2c）×H=（1.14+2×0.3）×（1.14+2×0.3）×（0.35

×2+0.15）×2=5.15（m²）

室内回填土 V=$S_{房}$×（室内外高差-地面垫层与面层厚度之和）

=99.15×（0.45-0.17）=27.76（m³）

5.2.2 地基处理与边坡支护工程

5.2.2.1 相关概念

　　（1）钢筋混凝土地下连续墙，是使用专用钻（冲）槽设备，沿预定位置分段开钻（冲）出符合设计要求深度和宽度的沟槽。沟槽用泥浆护壁，每段成槽后吊放钢筋网片，用导管灌注水下混凝土，每段用特殊方法接头，使之连成地下连续的钢筋混凝土墙体。

（2）导墙，主要保护槽口及保证槽段位置的准确，支承施工设备的荷载，蓄浆及调节液面，防止槽顶部的坍塌等，导墙一般用现浇混凝土制作，断面形式如图 5-9 所示，也有使用预制钢筋混凝土和砌筑墙的。

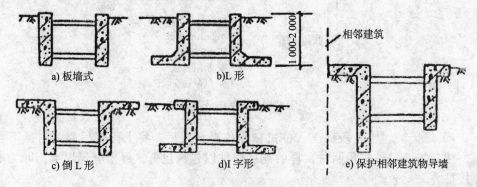

a) 板墙式　　b)L 形　　c) 倒 L 形　　d)I 字形　　e) 保护相邻建筑物导墙

图 5-9　导墙段面形式

5.2.2.2　《计价定额》与《计算规范》（ GB50854—2013 ）工程量计算规则的不同点

计价定额计算规则与规范一致的项目：地下连续墙、旋喷桩、喷粉桩、喷射混凝土支护等。灰土挤密桩、锚杆支护、土钉支护计价定额计算规则与规范不一致。下面是关于计价定额部分项目的计算规则和规定。

（1）灰土挤密桩按设计图示尺寸以体积 m³ 计算。

（2）锚杆钻孔按入土长度以延长米计算，锚杆制作安装按图示质量以吨计算。

（3）边坡土钉支护工程量按设计图示质量 t 计算。

5.2.3　桩基工程

5.2.3.1　相关概念

（1）桩基分类。桩基适用于上部荷载较大或地基软弱、土层较厚的基础。桩基础分类如图 5-10 所示。

（2）送桩。打桩工程中有时要求将桩顶面打到低于桩操作平台以下，或由于某种原因将桩顶面打入自然地面以下，这时桩锤就不可能将桩打到要求的位置，因此另需要用一根"冲桩"（也称"送桩"），接到该桩以上传送桩锤的力量，使桩锤将桩打到要求的位置，最后再去掉"冲桩"，这一过程即为送桩，送桩不宜太深，一般在 2m 以内为宜。

（3）接桩。接桩是指设计打桩深度较大、设计要求两根或两根以上桩连接后才能达到设计桩底标高的情况，连接方式有两种。

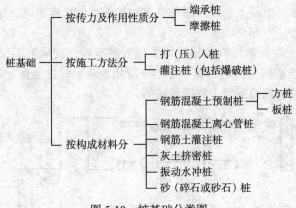

图 5-10　桩基础分类图

1）焊接法。当上段桩压入桩机械操作平台线后，将上段桩吊起并对准下段桩，然后把两段桩头预制时预埋的连接铁件以包铁包裹，再用电焊焊牢，即为电焊接桩。

2）浆锚法。在预制桩时将上段桩预留伸出四根钢筋，下段桩接头预留四个锚筋孔，接桩时在接头灌以硫磺胶泥黏结剂，接着将上段锚筋立即插入下段锚孔，使两端黏结起来，即为硫磺胶泥接桩。

5.2.3.2　《计价定额》与《计算规范》（GB50854—2013）工程量计算规则的不同点

计价定额中的预制桩和灌注桩的计量单位是 m³，规范中的计量单位是根或 m³、m，计价时应注意；定额预制桩的制作、运输、打桩是分别列项的，外购预制桩在不同施工阶段的损耗不同（预制桩运输套项和规定见定额第 5 章）；定额中混凝土灌注桩的成孔、护壁、混凝土制作分别列项，护壁和桩芯的混凝土列项见第 5.2.5 节定额混凝土及钢筋混凝土工程；接桩计算规则与规范不同。下面是关于计价定额部分项目的计算规则和规定。

（1）打预制钢筋混凝土桩的体积，按设计桩的长（包括桩尖，不扣除桩尖虚积）乘以桩截面面积以 m³ 计算。

1）管桩的空心体积应扣除，如管桩的空心部分按设计要求灌注混凝土或其他填充材料时，应另行计算。

2）预制混凝土板桩导向夹具安、拆，按设计图纸规定的水平延长米计算。

《计价定额》打预制钢筋混凝土桩工程量计算解析

【例 5-4】计算图 5-11 预制钢筋混凝土桩 66 根打桩工程量。

分析：根据定额计算规则，打预制钢筋混凝土桩工程量以 m³ 计算。

解：工程量 V = 桩长 × 桩断面面积 × 根数

$$= （7.5+0.3）×0.25×0.25×66=32.18（m^3）$$

（2）接桩。电焊接桩按设计接头以个计算；硫黄胶泥接桩按桩截面面积以 m² 计算。

（3）送桩。按桩截面面积乘以送桩长度（即打桩架底至桩顶面高度或自桩顶面至自然地坪面另加 0.5m 以体积 m³ 计算。

《计价定额》送桩工程量计算解析

【例 5-5】计算图 5-12 预制钢筋混凝土送桩 60 根打桩工程量。

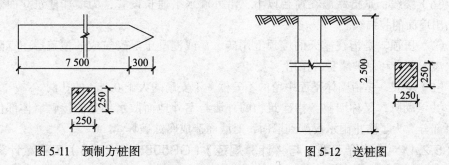

图 5-11　预制方桩图　　　　　　　图 5-12　送桩图

分析：根据计价定额计算规则，预制钢筋混凝土送桩以 m³ 计算。

解：工程量 V = 桩长 × 桩断面面积 × 根数

= （2.5+0.5）×0.25×0.25×60=11.25（m³）

（4）打孔灌注桩。

1）混凝土桩、砂桩、砂石桩、灰土挤密桩及碎石桩的体积，按设计规定的桩长（包括桩尖，不扣除桩尖虚体积）乘以钢管管箍外径截面面积以体积 m³ 计算。

2）扩大桩的体积按单桩体积乘以次数计算。

3）打孔后先埋入预制混凝土桩尖，再灌注混凝土者，桩尖按钢筋混凝土章节计算体积，灌注桩按设计长度（自桩尖顶面至桩顶面高度）乘以钢管管箍外径截面面积以体积 m³ 计算。

（5）钻孔灌注桩，按设计桩长（包括桩尖，不扣除桩尖虚体积）增加 0.25m，乘以设计断面面积以体积 m³ 计算。

（6）灌注混凝土桩钢筋笼制作按设计规定以 t 计算。

（7）泥浆运输工程量按钻孔体积以体积 m³ 计算。

（8）凿桩头。

1）预制混凝土桩、灌注桩，按打桩体积以 m³ 计算。

2）旋喷桩，按凿除的桩体积以 m³ 计算。

5.2.4　砌筑工程

5.2.4.1　相关概念

（1）清水墙，是指墙面平整、勾缝均匀的不抹灰的外墙砖墙面。

（2）混水墙，是指抹灰或贴面的砖墙面。

（3）山墙，由墙房屋两端的横向墙称为山墙。山墙砌到檐口标高后，向上收砌成的三角形部分叫山尖。

（4）女儿墙，也称为檐墙，指房屋外墙高出屋面的矮墙，作护墙或装饰使用。

（5）墙垛，称为墙柱，是凸出墙面的柱状部分，一直到顶，承受上部梁及屋架的荷载，并增加墙的稳定性。

（6）腰线，是指一般在窗台以下，沿外墙水平通长设置，为增加建筑立面效果而凸出墙面的装饰线。

（7）压顶，是指在露天的墙顶上用砖、瓦或混凝土等砌筑成的覆盖层。有防止雨水渗入墙身和保护墙身的作用。

（8）空圈，是指墙体平面中留的不安框、不安扇的大于 $0.3m^2$ 的孔洞。

（9）勒脚，又称墙脚，指建筑物的外墙与室外地面散水部分的接触墙体部位的加厚部分。为了防止雨水反溅到墙面，对墙面造成腐蚀破坏。

5.2.4.2 《计价定额》与《计算规范》（GB50854—2013）工程量计算规则的不同点

砌筑工程大部分项目的计价定额计算规则与计算规范一致，但需要注意的是实际使用的砌筑砂浆种类和标号与定额不同时，应予以换算；定额中砖基础的垫层、防潮层是分别列项目的；检查井、化粪池、地沟的计算规则与规范不同，下面是关于计价定额部分项目的计算规则和规定。

（1）标准砖墙厚度。标准砖墙厚度的计算与规范一致，但使用非标准砖时，其砌体厚度应按实际规格和设计厚度计算。

（2）基础与墙身（柱身）的划分及工程量计算规则与规范一致。

（3）墙体工程量计算规则与规范一致，但应注意：

1）空斗墙，按设计图示尺寸以空斗墙外形体积 m^3 计算。墙角、内外墙交接处，门窗洞口立边，窗台砖、屋檐处的实砌部分已包括在定额内，不另行计算。窗间墙、窗台下、楼板下、梁头下等实砌部分，另按零星砖砌体定额计算。

2）空花墙，按设计图示尺寸以空花部分外形体积 m^3 计算，不扣除空洞部分体积。其中实砌部分按相应墙体定额另行计算。

3）填充墙，按设计图示尺寸以填充墙外形体积 m^3 计算。其中实砌部分已包括在定额内，不另行计算。

4）加气混凝土砌块墙、硅酸盐砌块墙、小型空心砌块墙，按设计规定需要镶嵌砖砌体部分已包括在定额内，不另计算。

5）框架间砌体，分内外墙以框架间的净空面积乘以墙厚（含贴砖）以体积 m^3 计算。

（4）零星砖砌体。

1）零星砖砌体，按设计图示尺寸以体积 m^3 计算。扣除混凝土及钢筋混凝土梁垫、梁头、板头所占体积。

2）台阶、台阶挡墙、梯带、锅台、炉灶、蹲台、池槽、池槽腿、花台、花池、楼梯栏板、阳台栏板、地垄墙、屋面隔热板下的砖墩、$0.3m^2$ 孔洞填塞等，应按零星砌砖项目清单计算。

（5）其他。

1）检查井及化粪池；不分壁厚均以 m³ 计算，洞口上的砖平拱璇等并入砌体体积内计算。

2）检查（雨水）井井盖（箅）、井座安装：区分不同材质，以套计算。

3）砖砌地沟不分墙基、墙身合并以体积 m³ 计算。

4）石砌地沟、窨井及水池，均按实砌体积以 m³ 计算。

5）砖明沟、毛石护坡与规范一致。

6）砌体内的钢筋加固应根据设计规定，以 t 计算，套用钢筋混凝土章节相应项目。

《计价定额》砌筑工程计算解析

【例 5-6】某建筑物如图 5-8 所示，内外墙厚均为 240mm，试计算带型基础和独立基础的工程量。

分析：如图 5-8 所示，该建筑物下部为毛石基础，交接处以上为砖砌体，交接处位于室内设计地面 450mm＞300mm，所以基础与墙身的划分界限为 ±0.000，基础的材料有毛石和砖两种。基础的工程量按设计图示尺寸以体积 m³ 计算。

解：带型毛石基础 $V = (L_{中} + L_{内}) ×$ 断面面积

$$= (56.4 + 25.44) × (1.14 + 0.84 + 0.54) × 0.35 = 72.18 \ (m^3)$$

带型砖基础 $V = (L_{中} + L_{内}) ×$ 断面面积 $= (56.4 + 25.44) × 0.24 × 0.45 = 8.84 \ (m^3)$

独立毛石基础 $V =$ 底面面积 × 高度 × 根数

$$= (0.84 × 0.84 + 0.54 × 0.54) × 0.35 × 2 = 0.70 \ (m^3)$$

独立砖基础 $V =$ 底面面积 × 高度 × 根数 $= 0.24 × 0.24 × 0.45 × 2 = 0.052 \ (m^3)$

5.2.5　混凝土及钢筋混凝土工程

5.2.5.1　相关概念

（1）主梁，是在钢筋混凝土结构中，承受板和次梁传来的荷载并传给竖向承重构件（柱、墙）的梁。

（2）次梁，是在钢筋混凝土楼板结构中，承受板传来的荷载并传给主梁的梁。

（3）梁头，指支承和搁置于墙上梁的端头部分。

（4）梁垫，指为了增大梁头与墙体的接触面积，减小梁对墙体单位面积压力而在梁头下部设置的钢筋混凝土块体。

（5）有梁板，也称为肋形板，指梁（包括次梁、圈梁除外）与板构成一体的现浇钢筋混凝土楼板。

（6）无梁板，指不带梁（圈梁除外）而用柱帽直接支撑板的钢筋混凝土楼板。

（7）平板，指无梁（圈梁除外）直接山墙支撑的板。

（8）薄壁柱，也称隐壁柱，在框剪结构中隐藏在墙体中的钢筋混凝土柱，抹灰后不再有柱的痕迹。

（9）后浇带，是在现浇混凝土结构施工过程中，克服由于温度、收缩不均而可能产生有害裂缝而设置的临时施工缝隙。该缝隙需要根据设计要求保留一段时间后再浇筑，将整个结构连成整体。后浇带再浇筑混凝土前，必须将整个混凝土表面按照施工缝的要求进行处理，填充后浇带混凝土可采用微膨胀或无收缩水泥，也可采用普通水泥加入相应外加剂拌制，但要求混凝土强度等级比原结构强度高一级，并且至少保持 15 天的湿润养护。

（10）预应力混凝土，在构件承受荷载前，用某种方法在混凝土的受拉区预先增加压应力（产生预压变形），当结构承受由荷载产生的拉应力时，必须先抵消混凝土的预压应力。

（11）混凝土构件中配置钢筋的主要形式。

混凝土构件中配置的受力钢筋有纵向钢筋及箍筋。纵向钢筋主要有三种：

1）配置在构件截面受拉区域承担拉力的钢筋，也称受拉钢筋；

2）配置在构件截面受压区域承担压力的钢筋，也称受压钢筋；

3）既承受弯矩又承受剪力的钢筋，又称为弯起钢筋。

构件中的横向钢筋主要是箍筋。

构件中除配置受力钢筋外，在梁、柱中一般还应配置架立筋、腰筋及拉筋。

5.2.5.2 《计价定额》与《计算规范》（GB50854—2013）工程量计算规则的不同点

本分部工程大部分项目的计价定额计算规则与计算规范一致。需要注意的是，当实际使用的混凝土石子种类和标号与定额不同时，应予以换算；定额中的商品混凝土包括混凝土制作、运输、泵送，外购商品混凝土需要考虑相应损耗；定额中预制构件的制作、运输、安装、接头灌缝是分别列项的，不同施工阶段、不同构件定额考虑的损耗不同；电缆沟、地沟的计算规则与规范不同。下面是关于计价定额部分项目的计算规则和规定。

1. 现浇混凝土工程量

（1）基础。基础及基础垫层工程量，不扣除伸入承台基础的桩头体积。

有肋带形混凝土基础，其肋高与肋宽之比在 4∶1 以内的按带形基础计算。超过 4∶1 时，其基础底按带形基础计算，以上部分按墙计算：

箱式满堂基础应分别按无梁式满堂基础、柱、墙、梁、板有关规定计算，套用相应定额项目。

块体设备基础按设计图示尺寸以体积 m³ 计算。框架式设备基础分别按基础、柱、梁、墙、板等有关规定计算，套相应的定额项目计算。楼层上的设备基础按有梁板计算。

人工挖孔扩底灌注桩按图示护壁内径圆台体积及扩大桩头以实体体积 m³ 计算，

护壁混凝土按图示尺寸以体积 m³ 计算。

（2）梁工程量计算同规范一致，但需注意圈梁与过梁连接者，分别套用圈梁、过梁定额，过梁长度按门、窗洞口外围宽度两端共加 500mm 计算。

（3）墙工程量计算规则与规范一致。但应注意：

1）与墙相连接的薄壁柱（即隐壁柱）并入墙内计算。

2）建筑模网墙内构造柱、圈梁、过梁混凝土与墙混凝土合并计算。

3）建筑模网安装工程量，外墙按外墙中心线长度乘以结构高度（地面至板顶），内墙按内墙净长线长度乘以内墙净高，以单面面积 m² 计算。

（4）板工程量计算规则同规范一致。但应注意：

1）多种板连接时以墙的中心线为界，伸入墙内的板头并入板体积内计算。

2）现浇挑檐、天沟板、雨篷、阳台与板（包括屋面板、楼板）连接时，以外墙外边线为分界线，与圈梁（包括其他梁）连接时，以梁外边线为分界线。外边线以外为挑檐、天沟板、雨篷或阳台。

3）雨篷、阳台板按设计图示尺寸以伸出墙外部分体积 m³ 计算，包括伸出墙外的牛腿和雨篷反挑檐及弧形阳台外沿弧形梁的体积。

（5）整体楼梯工程量计算规则与规范一致。

（6）其他构件，包括压顶、栏杆及台阶等。

台阶、压顶、门框、小型构件及小型池槽按设计图示尺寸以体积 m³ 计算；

栏杆按设计图示尺寸以长度（伸入墙内的长度已综合在定额内）m 计算。扶手按设计图示尺寸以体积 m³ 计算。

（7）散水、坡道工程量计算规则与规范一致。坡道定额只包括抹面。

（8）电缆沟、地沟、坡道及混凝土明沟。

电缆沟、地沟、坡道按设计图示尺寸以体积 m³ 计算，与规范的计算规则不同。

混凝土明沟工程量计算规则与规范一致。

（9）现场搅拌站搅拌混凝土工程量可按表 5-2 计算。

表 5-2　现场搅拌站搅拌混凝土工程量

项　　目		混凝土净用量（m³）
灌注桩（m³）	走管式打桩机打孔	1.125
	长螺旋钻机钻孔、潜水钻机钻孔	1.30
毛石混凝土（m³）	垫层	0.70
	基础	0.85
	设备基础	0.80
整体楼梯（m²）	直形	0.256
	弧形	0.175
混凝土散水（m²）		0.08
混凝土明沟（10m）	垫层	0.305
	面层	0.43

注：表内未列项目，混凝土净用量 =1.0 m³。

（10）现场搅拌站搅拌混凝土及混凝土运输、泵送工程量可按下式计算。

$$工程量 = 图示工程量 \times 混凝土净用量（见表 5-2）$$

2. 构件运输

（1）外购预制混凝土构件运输均按图示尺寸以实体体积 m³ 计算，其运输、安装损耗率可按表 5-3 计算。

表 5-3　外购预制混凝土构件损耗　　　　　　　（单位：%）

项目 损耗率 项目	各类预制构件	预制桩	预制屋架、桁架及长度 9m 以上的梁、板、柱
运输损耗率	1.1	1.8	—
安装损耗率	0.5	1.5	—

注：外购预制混凝土构件的制作、堆放损耗已包括在其出厂价格中。

（2）预制混凝土构件的运输距离，定额是按 50 km 以内考虑的，超过时，其超过部分按交通运输部门运费标准计算。

（3）加气混凝土板（块）、硅酸盐块运输每立方米折合钢筋混凝土构件体积 0.4 m³，按一类构件运费标准计算。

（4）建筑模网运输工程量，按建筑模网单面面积增加安装损耗，以 m² 计算。

3. 预制混凝土构件安装

（1）计价定额适用于现场预制或外购混凝土构件安装，工程量计算规则与规范一致。

（2）钢筋混凝土构件接头灌缝。

钢筋混凝土构件接头灌缝包括构件座浆、灌缝、堵板孔、塞板梁缝等，均按预制钢筋混凝土构件实体以体积 m³ 计算。

4. 钢筋

钢筋工程量计算规则与规范基本一致，钢筋接头无数量，设计有规定（指结构和构造搭接）的按设计规定或施工规范要求计算；设计无规定（指钢筋长度不够的搭接）实际发生时，按 $\Phi 26mm$ 以外的每 6m 一个接头，接头的搭接长度（含弯钩）按现行施工及验收规范规定计算。钢筋电渣压力焊接、套筒挤压等接头，以个计算。

《计价定额》混凝土及钢筋混凝土工程计算解析

【例 5-7】某单层现浇框架结构，结构平面图如图 5-13 所示，已知设计室内地坪 −0.50m，柱基顶面标高为 −1.50m，楼面结构标高为 3.6m，柱、梁、板均采用 C25 现浇商品泵送混凝土，板厚 120mm。柱截面均为 500mm×500mm。试计算柱、梁、板的混凝土工程量。

解：（1）柱的混凝土工程量 V = 柱断面面积 × 柱高 × 根数

$$= 0.5 \times 0.5 \times （3.6+1.5）\times 6 = 7.65（m^3）$$

（2）梁的混凝土工程量 V = 梁断面面积 × 梁长 × 根数

KL_1=0.3×0.6×(7.4+8+0.13+0.24-0.5×3)=2.57（m^3）

KL_2=0.3×0.7×(7.4+8+0.13+0.24-0.5×3)=3.00（m^3）

KL_3=0.3×0.4×(7.2+0.2+0.2-0.5×2)=0.79（m^3）

KL_4=0.3×0.5×(7.2+0.2+0.2-0.5×2)=0.99（m^3）

KL_5=0.3×0.45×(7.2+0.2+0.2-0.5×2)=0.89（m^3）

L_1=0.25×0.5×(7.4+8+0.13+0.24-0.3×3)=1.86（m^3）

L_2=0.25×0.4×(7.2+0.2+0.2-0.3×2-0.25)×2=1.35（m^3）

梁的混凝土工程量合计 V=11.45（m^3）

（3）板的混凝土工程量 V= 各块板的体积之和＝板长 × 板宽 × 板厚

从左至右，从上至下的顺序：

第一块板的 V_1=(3.7-0.17-0.125)×(3.6-0.125-0.1)×0.12=1.38（m^3）

第二块板的 V_2=(3.7-0.125-0.2)×(3.6-0.125-0.1)×0.12=1.37（m^3）

第三块板的 V_3=(4-0.1-0.125)×(3.6-0.125-0.1)×0.12=1.53（m^3）

第四块板的 V_4=(4-0.125-0.06)×(3.6-0.125-0.1)×0.12=1.55（m^3）

第五块板的 V_5=(3.7-0.17-0.125)×(3.6-0.125-0.1)×0.12=1.38（m^3）

第六块板的 V_6=(3.7-0.125-0.2)×(3.6-0.125-0.1)×0.12=1.37（m^3）

第七块板的 V_7=(4-0.1-0.125)×(3.6-0.125-0.1)×0.12=1.53（m^3）

第八块板的 V_8=(4-0.125-0.06)×(3.6-0.125-0.1)×0.12=1.55（m^3）

板的混凝土合计 V=1.38+1.37+1.53+1.55+1.38+1.37+1.53+1.55=11.66（m^3）

图 5-13　某单层现浇框架结构平面图

5.2.6　金属结构工程

5.2.6.1　相关概念

（1）型钢混凝土柱，混凝土包裹型刚组成的柱。

（2）钢管混凝土柱，将普通混凝土填入薄壁圆形钢管内形成的组合结构。

（3）型钢混凝土梁，由混凝土包裹型刚组成的梁，

（4）钢墙架，由钢柱、梁连系拉杆组成的承重墙钢结构架。

（5）型钢檩条，直接用型钢做成，一般称为实腹式檩条。常用的有槽钢檩条、角钢檩条，以及槽钢组合式、角钢组合式等。

（6）薄壁型钢屋架，厚度在 2 ～ 6mm 的钢板或带钢经冷弯或冷拔等方式弯曲而成的型钢组成的屋架。

（7）压型钢板，采用镀锌钢板、冷轧钢板、彩色钢板等做原料，经辊压冷弯成各种波形的压型板。

（8）钢屋架，主要承受横向荷载作用的格构式受弯件。通常由两部分组成，一部分是承重构件；一部分是支撑构件，用来组成承重体系，以承受和传递荷载，通常由屋架和柱子组成平面框架。

（9）钢托架，是支撑中间屋架的构件，是由多种钢材组成桁架结构形式的托架。

（10）钢网架，一般由杆件、螺栓球、支托、埋件、锥头和封板、支座等构件组成。

5.2.6.2 《计价定额》与《计算规范》（GB50854—2013）工程量计算规则的不同点

计价定额计算规则与规范一致，但定额金属结构的制作、运输、安装、油漆是单独列项的，应分别套用。

5.2.7　木结构工程

5.2.7.1　相关概念

1. 木屋架、钢木屋架

（1）木屋架，是指全部杆件均采用如方木或圆木等木材制作的屋架。

（2）钢木屋架，是指受压杆件如上弦杆及斜杆均采用木材制作，受拉杆件如下弦杆及拉杆均采用钢材制作，拉杆一般用圆钢材料，下弦杆可以采用圆钢或型钢材料的屋架。

2. 马尾屋架、折角屋架和正交屋架

四面坡屋架，山墙部位斜屋面处的半屋架称马尾屋架；平面为 L 形的坡屋面，阴阳角处的半屋架称为折角屋架；平面为 T 形的坡屋面，纵横交界处的半屋架称为正交屋架。

5.2.7.2 《计价定额》与《计算规范》（GB50854—2013）工程量计算规则的不同点

定额中的木屋架计量单位为 m³，与规范计量单位不完全一致。下面是关于计价定额部分项目的计算规则和规定。

（1）木屋架的制作安装工程量。

1）木屋架制作安装均按设计断面竣工木料以体积 m³ 计算，其后备长度及配制损耗均不另行计算。

2）方木屋架一面刨光时增加 3mm，两面刨光时增加 5mm，圆木屋架按屋架刨光后木材体积每立方米增加 0.05m³。附属于屋架的夹板、垫木等已并入相应的屋架制作安装定额项目中；与屋架连接的挑檐木、支撑等，其工程量并入屋架竣工木料体积内计算。

3）屋架制作安装应区别不同跨度，其跨度应以屋架上、下弦中心线两交点之间的距离计算。带气楼的屋架并入所依附屋架的体积内计算。

4）屋架的马尾、折角和正交部分半屋架，应并入相连接屋架的体积内计算。

5）钢木屋架区分圆、方木，按竣工木料以体积 m³ 计算。

（2）圆木屋架连接的挑檐木、支撑等如为方木时，其方木部分应乘以系数 1.7 折合成圆木并入屋架竣工木料内，单独的方木挑檐，按矩形檩木计算。

（3）木柱、木梁、木楼梯、封檐板工程量计算规则与规范一致。

5.2.8　门窗工程

5.2.8.1　门窗工程基础知识

（1）本分部常用木材的木种分类如表 5-4 所示。

表 5-4　木材木种分类表

类别	木种
一类	红松、水桐木、樟子松
二类	白松（云杉、冷杉）、杉木、杨木、柳木、椴木
三类	青松、黄花松、秋子木、马尾松、柏木、苦楝木、梓木、黄菠萝、椿木、柚木、樟木、东北榆木、楠木
四类	榨木（栎木）、檀木、色木、槐木、荔木、麻栗木、桦木、荷木、水曲柳，华北榆木

（2）亮子，是在门框顶部安装有一定大小的玻璃窗。"带亮"就是指门框的上部有小玻璃窗子，"无亮"是指只有门扇而未做小玻璃窗子，如图 5-14 所示。

（3）半截玻璃门，是指镶板门扇骨架的基础上，适当调整中冒头的位置和数量，使门扇上半部分镶嵌玻璃，下半部分镶嵌心板。

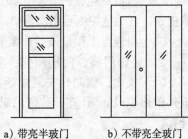

a) 带亮半玻门　　b) 不带亮全玻门

图 5-14　亮子示意图

（4）窗帘盒，是为了装饰，用来安装窗帘棍（窗帘棍是窗户为了遮挡阳光和视线，用来悬挂窗帘布的横杆，长用圆木棍、钢筋、钢管等制作）、滑轮、拉线的木盒子。窗帘盒有明、暗两种。明窗帘盒是成品或半成品在施工现场加工安装制成，暗窗帘盒一般是在房间吊顶装修时，留出窗帘拉位，并与吊顶一起完成，只需在吊顶临窗处安装窗帘轨道即可。

（5）普通木窗，是指没有什么特殊要求的木质窗。这类窗的主要类型有：单层玻璃窗，一玻一纱窗，双层玻璃窗，木百叶窗，天窗，传递窗，圆形、半圆形玻璃窗等。一玻一纱窗是指由一层玻璃窗、一层纱窗扇所构成窗。双层玻璃窗是指由两层玻璃窗扇构成的窗子，称双层玻璃窗。

（6）混凝土框上装玻璃窗，是将玻璃窗扇安装在用混凝土做成窗框上的窗户。木框上装玻璃是指没有窗扇而将玻璃直接安装在窗框上的窗子，这种窗一般不能开启。

（7）塑钢门窗，是在塑料门窗的构件中按一定长度在其内腔衬"加强筋"型钢，是近年来兴起的一种常用门窗。塑钢门窗的保温、隔热、隔声、耐腐蚀等性能均优于金属门窗，其使用寿命可达到 30 年以上（温度 $-40℃\sim70℃$）。

5.2.8.2　《计价定额》与《计算规范》（GB50854—2013）工程量计算规则的不同点

定额计价，应注意以下事项：定额中的门窗工程以 m^2 为计量单位，窗台板以 m^2 为计量单位，定额中门窗的制作、运输、安装、五金、油漆是分别列项的，计价时应注意。厂库房大门、特种门的计量单位为 m^2，计价时应注意：定额中门的制作、安装、运输、油漆、五金是单独列项的，油漆项目套用 5.2.14 所列项目定额。下面是门窗工程的部分项目的计价定额计算规则和注意事项。

1. 普通木门窗

普通木门窗应该套用门窗的制作、安装和运输项目，其中普通木门窗制作、安装工程量均按门、窗洞口以面积 m^2 计算，分别套用门框制作、门框安装、门扇制作、门扇安装子目；门窗安装材料中不含五金安装的材料用量，发生时按定额木门窗五金配件表计算；木门窗的运输均按框外围面积以 m^2 计算，套用木门窗运输子目。在计算普通木门窗工程量时需要特别注意的是：

（1）普通窗上部带有半圆窗的工程量应分别按半圆窗和普通窗计算，其分界线以普通窗和半圆窗之间的横框上裁口线为分界线。

（2）门窗扇包镀锌铁皮，按门、窗洞口面积以 m^2 计算；门窗框包镀锌铁皮，钉橡皮条、钉毛毡按图示门窗洞口尺寸以延长米 m 计算。

（3）门连窗工程量按门连窗洞口面积以 m^2 计算。

2. 装饰门框、门扇制作、安装工程量的计算

（1）实木门框制作安装以延长米 m 计算。实木门扇制作安装及装饰门扇制作按扇外围面积以 m^2 计算；装饰门扇及成品门扇安装按扇以数量计算；其五金安装另行计算。

（2）木门扇隔音面层，区分不同材料，按单面面积以 m^2 计算。

（3）不锈钢板包门框、门窗套、花岗岩门套、门窗筒子板按实铺（钉）的展开面积以 m^2 计算。

（4）门窗盖口条、贴脸、披水条，窗帘盒、窗帘轨按图示尺寸延长米计算。

（5）窗台板按设计图示尺寸以面积 m^2 计算。

3．成品门窗安装工程量按以下规定计算

（1）铝合金门窗、彩板组角钢门窗、塑钢门窗安装，均按门窗洞口面积以 m^2 计算。

（2）防盗窗、百叶窗、防盗装饰门窗、防火门按框外围面积以 m^2 计算。

（3）卷闸门安装按其高度乘以门的实际宽度以面积 m^2 计算（见图 5-15）。安装高度算至滚筒顶点为准。带卷筒罩的按展开面积 m^2 增加。电动装置安装以套计算，小门安装增加费以扇计算，小门面积不扣除。

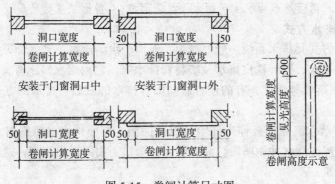

图 5-15　卷闸计算尺寸图

（4）防火卷帘门从地（楼）面算至端板顶点乘设计宽度以 m^2 计算。

（5）电子感应门及转门按定额尺寸以"樘"计算。

（6）不锈钢电动伸缩门以"樘"计算。

4．厂库房大门、特种门

（1）各类门制作安装工程量均按洞口面积 m^2 计算。

（2）定额的厂库房大门、钢木大门及其他特种门，安装材料费中不包括五金安装的材料用量，发生时按五金配件相应定额计算。

5.2.9　屋面及防水工程

5.2.9.1　相关概念

1．刚性屋面

刚性屋面指在平屋顶面的结构层上，采用防水砂浆或细石混凝土并配置防裂钢丝网片浇筑而成的屋面。为了防止刚性防水屋面因受温度变化或房屋不均匀沉陷而引起开裂，在细石混凝土或防水砂浆面层中应设分格缝。

2．柔性屋面

柔性屋面指在平屋顶的结构层上，先做找平层，在找平层上用以沥青、油毡等柔性材料铺设和粘结的屋面防水层，并将以高分子合成材料为主体的材料涂布于屋面形成的防水层，

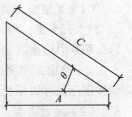

图 5-16　屋面坡度延尺系数计算图

称柔性防水屋面。

3. 屋面坡度延尺系数

屋面坡度延尺系数又称屋面坡度系数，是屋面斜长与水平长度的比值，如图5-16所示，屋面跨度方向的水平长度为 A，夹角为 θ，则斜边长度

$$C = \frac{A}{\cos\theta} \cdot A \tag{5-16}$$

式中　$\dfrac{1}{\cos\theta}$——屋面坡度延尺系数。

$$两面坡屋面积 = 屋面水平投影面积 \times 屋面坡度延尺系数 \tag{5-17}$$

4. 屋面排水方式

屋面排水方式其排水系统一般由檐沟、天沟、山墙泛水、水落管等组成。常见的有铸铁水落管排水、镀锌铁皮排水及塑料管排水等，它由雨水口、弯头、雨水斗（又称接水口）、水落管等组成，有的还有通向阳台排水的三通。排水的方式还应与檐部做法互相配合。

（1）自由落水。屋面板伸出外墙，叫做挑檐，屋面雨水经挑檐自由落下。挑檐的作用是防止屋面落水冲刷墙面，渗入墙内，檐口下面要做出滴水，这种排水的方法适用于低层建筑。

（2）檐沟外排水。屋面伸出墙外做成檐沟，屋面雨水先排入檐沟，再经落水管排到地面，檐沟纵坡应不小于 0.5%。落水的管径常采用 $\varPhi$100mm 的镀锌铁皮管和铸铁落水管及 PVC 塑料排水管，间距一般在 15m 左右。

（3）女儿墙外排水。屋顶四周女儿墙，在女儿墙根部每隔一定距离设排水口，雨水经排水口、落水管排到地面。这种排水方式，可把檐沟外排水和女儿墙墙外排水结合起来，将女儿墙改成栏杆，使屋面雨水迅速排入檐沟。

（4）内排水。有些大公共建筑屋面面积大，雨水流经屋面的距离过长，大雨来不及时排出。可在屋顶中央隔一定距离设置在房屋内部的铸铁排水管相连，把雨水排入地下水管引出屋外。

5.2.9.2　《计价定额》与《计算规范》(GB 50854—2013) 工程量计算规则的不同点

计价定额屋面排水管的计量单位与规范不完全一致，下面是关于计价定额部分项目的计算规则和注意事项。

（1）瓦屋面、型材屋面。

1）瓦屋面、型材屋面工程量计算规则与计算规范一致，均按设计尺寸的水平投影面积乘以屋面坡度系数以斜面积 m^2 计算。

2）琉璃瓦屋面按设计图尺寸的屋面斜面积以 m^2 计算；瓦脊、瓦檐上线的工程量按图示尺寸以延长米计算。

（2）屋面防水。

1）卷材屋面工程量计算规则与规范一致，但计价定额另外补充如下：

（a）屋面的女儿墙、伸缩缝和天窗等处的弯起部分，并入屋面工程量内计算。弯

起部分如图纸无规定时，伸缩缝、女儿墙的弯起部分可按 250 mm 计算，天窗弯起部分可按 500 mm 计算。

（b）铁皮和卷材天沟按展开面积 m² 计算。

（c）卷材屋面的附加层、接缝、收头、找平层的嵌缝、冷底子油已计入定额内。

2）屋面涂膜防水工程量计算同卷材屋面。涂膜屋面的油膏嵌缝、玻璃布盖缝、屋面分格缝，以延长米计算。

3）屋面刚性防水工程量计算规则同规范一致。

4）屋面排水工程量计算：

（a）铁皮排水按设计图示尺寸以展开面积 m² 计算，如图纸没有注明尺寸时，可按表 5-5 计算。咬口和搭接等已计入定额项目中，不另计算。

（b）铸铁、玻璃钢水落管区别不同直径按设计图示尺寸以长度 m 计算，雨水口、水斗、弯头、短管以个计算。

（c）排水管的长度按设计长度计算，如设计未标注尺寸，以檐口到设计室外散水上表面垂直距离计算。

表 5-5　铁皮排水单体零件折算表

名称		单位	水落管（m）	檐沟（m）	水斗（个）	漏斗（个）	下水口（个）		
铁皮排水	水落管、檐沟、水斗、漏斗、下水口	m²	0.32	0.30	0.40	0.16	0.45		
	天沟、檐沟、天窗窗台泛水、天窗侧面泛水、烟囱泛水、通气管泛水、滴水檐头泛水、滴水		天沟（m）	檐沟天窗窗台泛水（m）	天窗侧面泛水（m）	烟囱泛水（m）	通气管泛水（m）	滴水檐头泛水（m）	滴水（m）
		m²	1.30	0.50	0.70	0.80	0.22	0.24	0.11

《计价定额》屋面排水工程量计算解析

【例 5-8】如图 5-17 所示，某屋面有铸铁排水管 8 根，求其工程量。

分析：排水管的工程量按设计长度计算，如设计未标注尺寸，以檐口到设计室外散水上表面垂直距离计算。雨水口、水斗、弯头、短管以个计算。

解：铸铁排水管工程量 =（9.8+0.3）×8

$\qquad$ =80.80（m）

铸铁落水口 =8（个）

铸铁水斗 =8（个）

铸铁弯头 =8（个）

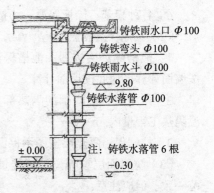

图 5-17　铸铁落水管示意图

（3）墙、地面防水、防潮工程量计算规则与规范一致。

（4）防水卷材的附加层、接缝、收头、冷底子油等人工、材料均已计入定额内。

5.2.10 保温、隔热、防腐工程

5.2.10.1 相关概念

1. 保温、隔热

保温层是指为使室内温度不至散失太快，而在各基层上（楼板、墙身等）设置的起保温作用的构造层；隔热层是指减少地面、墙面或层面导热性的构造层。

保温隔热材料是以提高气相空隙率、降低导热系数和传导系数为主的材料。

2. 防腐

防腐是运用人工或机械将具有腐蚀性能的材料浇筑、涂刷、喷涂、粘贴或铺砌在需要做防腐的工程构件表面上，以达到防腐蚀的效果。常用的防腐材料有：水玻璃耐酸砂浆、水玻璃耐酸混凝土；耐酸沥青砂浆、耐酸沥青混凝土；环氧砂浆、混凝土及各种玻璃钢等。根据工程需要，选用防腐块料或防腐涂料作为面层。

5.2.10.2 《计价定额》与《计算规范》（GB50854—2013）工程量计算规则的不同点

（1）保温、隔热工程量按设计图示尺寸以体积 m^3 计算，计算规则与规范不同。

1）保温隔热层的厚度按隔热材料（不包括胶结材料）净厚度计算。

2）屋面、天棚保温隔热，不扣除柱、垛所占面积。

3）墙体保温隔热，外墙按隔热层中心线、内墙按隔热层净长乘以图示尺寸的高度及厚度以 m^3 计算。扣除门窗洞口所占面积，门窗洞口侧壁需做保温时，并入保温墙体工程量内计算。

4）柱保温层按设计图示以保温层中心线展开长度乘以保温层高度及厚度以 m^3 计算。

5）楼地面隔热按设计图示尺寸以体积 m^3 计算，不扣除柱、垛所占体积。

6）各种聚苯乙烯板保温，均按设计图示尺寸以面积 m^2 计算。

（2）其他保温隔热。

1）池槽隔热层按图示池槽保温隔热层的长、宽及其厚度以 m^3 计算。其中池壁按墙面计算，池底按地面计算。

2）门洞口侧壁周围的隔热部分，按图示隔热层尺寸以 m^3 计算，并入墙面的保温隔热工程量内。

3）柱帽保温隔热层按图示保温隔热层体积并入天棚保温隔热层工程量内。

（3）防腐面层、隔离层工程量应区分不同防腐材料种类及厚度，计算规则与规范一致。但应注意：

1）块料面层中的踢脚板防腐：按实铺长度乘高度以 m^2 计算，扣除门洞所占面积并相应增加门洞侧壁面积。

2）平面砌筑双层耐酸块料时，按单层面积乘以系数 2 计算。

3）防腐卷材接缝、附加层、收头等人工材料已计入定额内。

5.2.11 楼地面装饰工程

5.2.11.1 相关概念

（1）面层，是地面上表面的铺筑层，也是室内空间下部的装修层。它起着保证室内使用条件和装饰地面的作用。

（2）垫层，是位于面层之下用来承受并传递荷载的部分，它起到承上启下的作用。根据垫层材料的性能，可把垫层分为刚性垫层和柔性垫层。

（3）基层，是地面的最下层，它承受垫层传来的荷载，因而要求它坚固、稳定。实铺地面的基层为地表回填土，它应分层夯实，其压缩变形量不得超过允许值。

（4）附加层，又称功能层，主要用以设置满足隔声、防水、隔热、保温的绝缘作用的部分。它是现代楼板结构中不可缺少的部分。

5.2.11.2 《计价定额》与《计算规范》(GB50854—2013) 工程量计算规则的不同点

定额计价时，应注意实际使用的抹灰砂浆、混凝土标号与计价定额不同时，应予以换算；找平层、面层的厚度，如设计与定额规定不一致时，应换算；定额的垫层、找平层、面层、防水层等项目定额是单独列项的，应采用时分别套项；踢脚线计算规则与规范不完全相同。下面是关于计价定额的部分项目的计算规则和规定。

（1）整体面层、垫层、找平层、块料面层的计算规则与规范一致，但应注意门洞、空圈、暖气包槽、壁龛的开口部分已综合考虑在定额内。碎石、砾石灌沥青垫层按《计价定额》保温、隔热、防腐工程相应计算。地面伸缩缝按《计价定额》屋面及防水工程相应项目计算。

（2）整体面层。

1）菱苦土地面、现浇水磨石定额项目已包括酸洗打蜡工料，其余项目均不包括酸洗打蜡。

2）台阶不包括牵边、侧面装饰。

（3）块料面层。

1）同一铺贴面上有不同种类、材质的材料，应分别计算。

2）大理石、花岗岩楼地面拼花定额按成品考虑。

3）镶拼面积小于 $0.015m^2$ 的石材执行点缀定额。块料面层中的点缀按个计算，计算主体铺贴地面面积时，不扣除点缀所占面积。

4）零星项目适用于楼梯侧面、台阶的牵边，小便池、蹲台、池槽以及面积在 $1m^2$ 以内且定额未列项目的工程。

（4）石材底面刷养护液按底面面积加 4 个侧面面积，以 m^2 计算。

（5）防滑条按楼梯踏步两端距离减 300mm 以延长米计算。

（6）踢脚板按设计图示长度乘以高以面积 m^2 计算。水磨石、水泥砂浆及成品踢脚线按实铺延长米计算，楼梯踢脚线按相应定额乘以 1.15 系数，与规范计算规则不同。楼梯项目不包括踢脚板、侧面及板底抹灰，另按相应定额项目计算。踢脚板高度是按 150mm 编制的。超过时材料用量可以调整，人工、机械用量不变。

5.2.12　墙、柱面装饰与隔断、幕墙工程

5.2.12.1　相关概念

（1）踢脚线，又称踢脚板，指楼地面与内墙脚相交处的一种护壁面层，一般高100～150mm。

（2）勒脚，指外墙外表面与室外地坪或散水坡相交处所做高度为500mm左右的墙面保护层。

（3）墙裙，是指室内踢脚板（线）和外墙勒脚以上所需要特殊处理的护壁层，所以有内墙裙和外墙裙之分。

5.2.12.2　《计价定额》与《计算规范》（GB50854—2013）工程量计算规则的不同点

定额计价时，应注意实际采用的砂浆种类、配合比与计价定额不同时，应换算；抹灰厚度与计价定额不同时，计价定额中标明厚度的可换算；饰面材料及型材的规格型号，如设计规定与定额不同时，应换算；有些项目在计价时应考虑定额中的调整系数，如圆弧墙面，人工、材料应乘以相应的系数。

（1）墙面一般抹灰、装饰抹灰工程量计算规则与规范相同。但应注意：

1）钉板条天棚的内墙面一般抹灰，其高度按室内地面或楼面至天棚底面另加100mm计算。

2）外墙裙抹灰面积按墙裙长度乘高度计算。扣除门窗洞口和大于0.3m²孔洞所占的面积，门窗洞口及孔洞的侧壁不增加。

3）内墙裙抹灰面积按内墙净长乘以高度计算。应扣除门窗洞口和空圈所占的面积，门窗洞口和空圈的侧壁面积不另增加。附墙柱、梁、垛、烟囱侧壁面积并入相应的墙面面积内计算。

4）女儿墙（包括泛水、挑砖）、阳台栏板（不扣除花格所占面积）抹灰按垂直投影面积乘以系数1.10，带压顶者乘以系数1.30，按墙面相应定额计算。

5）零星项目均按设计图示尺寸以展开面积 m² 计算。

6）墙面勾缝按垂直投影面积计算，应扣除墙裙和墙面抹灰的面积，不扣除门窗洞口、门窗套、腰线等零星抹灰所占的面积，附墙柱和门窗洞口侧面的勾缝面积亦不增加。独立柱、房上烟囱勾缝，按图示尺寸以平方米 m² 计算。

（2）墙、柱面镶贴块料计价定额工程量计算规则与规范相同，但需要注意的是大理石、花岗岩柱墩、柱帽按最大外径周长计算。其他项目的柱帽、柱墩工程量按设计图示尺寸以展开面积 m² 计算，并入相应柱面积内。每个柱帽或柱墩另增人工：抹灰0.25工日，块料0.38工日，饰面0.5工日。

（3）隔断计价定额工程量计算规则与规范相同。其中全玻隔断的不锈钢边框工程按展开面积计算；如有加强肋（指带玻璃肋）者，工程量按展开面积 m² 计算。

（4）抹灰厚度按不同的砂浆分别列在定额项目中，同类砂浆列总厚度，不同砂浆分别列出厚度，如定额项目中18+6mm即表示两种不同砂浆的各自厚度。

（5）一般抹灰。

1）墙面抹石灰砂浆分两遍、三遍、四遍，其标准如下。

两遍：一遍底层，一遍面层。

三遍：一遍底层，一遍中层，一遍面层。

四遍：一遍底层，一遍中层，两遍面层。

2）抹灰等级与抹灰遍数、工序、外观质量的对应关系如表 5-6 所示。

表 5-6　抹灰等级与抹灰遍数、工序、外观质量的对应关系表

名称	普遍抹灰	中级抹灰	高级抹灰
遍数	两遍	三遍	四遍
主要工序	分层找平、修整、表面压光	阳角找方、设置标筋、分层找平、修整、表面压光	阳角找方、设置标筋、分层找平、修整、表面压光
外观质量	表面光滑、洁净、接槎平整	表面光滑、洁净、接槎平整、压线、清晰、顺直	表面光滑、洁净、颜色均匀、无抹纹压线、平直方正、清晰美观

5.2.13　天棚工程

5.2.13.1　天棚工程基础知识

1. 天棚抹灰

（1）天棚抹灰面层的砂浆种类：混凝土面天棚抹灰面层砂浆有石灰砂浆、混合砂浆、水泥砂浆；钢板网面天棚面层砂浆有石灰砂浆、混合砂浆等；板条及其他木质面的抹灰面层有石灰砂浆等。

各种砂浆材料配合成分：水泥砂浆 = 水泥 + 砂；石灰砂浆 = 石灰（石膏）+ 砂；混合砂浆 = 水泥 + 砂 + 石灰。

（2）钢板网是指铁制网格状构件，常埋设在抹灰层中，可防止抹灰层开裂脱落，为难燃烧体，防火性能较好，适用于要求较高的建筑。钢板网饰面以钢板网为基础，是粉刷、砂浆面层天棚的配套部分。钢板网的丝梗厚度分别为 0.5mm、0.6mm、0.7mm、0.8mm 和 1mm 几种，孔眼宽度为 9mm，它是用低碳钢板冲制而成的。

（3）天棚装饰线是在天棚顶面与四周墙面交接处所做的抹灰凸出线条，俗称为线脚，有些房间的吊灯周围也做装饰线，如图 5-18 所示。

图 5-18　装饰线图

2. 天棚龙骨

（1）天棚龙骨，是由主龙骨、次龙骨、小龙骨（或主搁栅、次搁栅）形成的网络骨架体系。其作用主要是承受天棚的荷载，并由其将这一荷载通过吊筋传递给楼盖或屋顶的承重结构。

（2）单层骨架，是指大骨架和中骨架的底面处于同一水平面上的一种龙骨结构。

（3）双层骨架，是指在大龙骨下面，钉有一层中小龙骨结构，一般双层结构可以承重，可以上人。

（4）嵌入式龙骨，是在龙骨底面装订饰面板，将龙骨全部包住，使面板形成一个整体平面，又称隐蔽式。

（5）轻钢龙骨。主龙骨是用槽钢、角钢制成的龙骨，间距为 1 000 ~ 2 000mm，其型号应根据荷载的大小确定；次龙骨可选用 T 型钢或型铝，间距为 500 ~ 700mm，或根据面板尺寸确定，型号依设计而定。

3. 天棚吊顶基层和面层

天棚吊顶有基层板和装饰面层板之分。基层板，作为一个依附面层，无装饰作用，在其表面还需做其他饰面处理；装饰面板，即板的表面已经装饰完毕，将其拼接固定后，即出装饰效果。面层罩面板材拼接及缝处理根据龙骨形式和所用面层材料而定。以下是几种天棚吊顶基层和面板特点的介绍。

（1）石膏板有纸面石膏板、纸面石膏装饰吸声板等。石膏板具有重量轻、强度高、阻燃防火、保温隔热等特点，石膏板加工性能好，可据、钉、刨、粘贴，施工方便。

（2）矿棉板具有重量轻、吸声、防火、保温隔热、美观、施工方便等特点。

（3）钙塑板具有重量轻、吸声、隔热、耐水及施工方便等特点，它适用于公共建筑的顶棚。

（4）板条天棚是指用宽 30mm、厚 8mm 木板条，按板条间离缝 7 ~ 10mm 宽，端头离缝 5mm 宽钉铺在龙骨底面而成，然后涂抹麻刀石灰浆、1:2.5 石膏砂浆、纸筋石灰浆，最后刷白或刷漆（一般为白色）成活。

（5）薄板天棚是指用厚度小于 18mm 一等松薄板，刨光拼缝，并按一定时间距刻画直线条以做装饰，满铺钉在龙骨下面，然后进行油漆而成的一种天棚面层。

（6）埃特板是以国内采用引进比利时"埃特尼特"公司的流浆法生产线生产的纤维增强水泥板制品而得名。它是以水泥为主要原料，以石棉纤维为增强材料，并加入适量的纤维分散剂，经打浆后，送至留浆法抄取机经真空脱水、堆垛、蒸气养护、空气养护而制成的人造板材。

4. 天棚其他装饰相关知识

（1）送风口，是为使天棚层内通风通气而在天棚的某一角所留的洞口；回风口指为使送入天棚层内的风和气能够排出室外设在天棚另一个角的洞口。送风口和回风口可以使天棚内的空气流通，也可指空调管道中向室内、室外输送空气的管口。

（2）检查口，是指用砖或预制混凝土井筒砌成的井，设置在沟道断面、方向、坡度的变更处、沟道相交处或通长的直线管道上，供检修人员检查管道，检查口也可称检查井。检查口也可以设置在天棚某一角，以备修理天棚基层和电气设备及线路时上人用，也可做通风、排气之用，但这种洞口比送（回）风口要大一些。

（3）管道口，是指为了节省空间、为了施工方便、美观等需要而在建筑物中将许多管道集中安装在某一部分的空间通道。

5.2.13.2 《计价定额》与《计算规范》（GB50854—2013）工程量计算规则的不同点

定额计价，应注意定额中的天棚抹灰和抹装饰线条是单独列项的；天棚吊顶的龙骨和面层定额单独列项；部分定额项目需要考虑调整系数等。以下是天棚工程的部分项目计价定额计算规则和注意事项。

（1）天棚抹灰，计价定额工程量计算规则与计算规范相同，需要特别注意的是：

1）密肋梁、井字梁天棚抹灰面积，按展开面积 m^2 计算。

2）檐口天棚的抹灰面积，应并入相同的天棚抹灰工程量内计算。

3）阳台底面抹灰按水平投影面积以 m^2 并入相应天棚抹灰面积内计算。阳台如带悬臂梁者，其工程量乘以系数 1.30。

4）雨篷底面或顶面抹灰分别按水平投影面积以 m^2 计算，并入相应天棚抹灰面积内，雨篷顶面带反沿或反梁者、底面带悬臂梁者，其工程量乘以系数 1.20。

5）天棚抹灰如带装饰线时，分别按三道线以内或五道线以内按延长米计算，线角的道数以一个突出的棱角为一道线。

（2）天棚吊顶，计价定额工程量计算规则与计算规范相同，需要特别注意的是：

1）轻钢龙骨、铝合金龙骨定额中为双层结构（即中、小龙骨紧贴大龙骨底面吊挂），如为单层结构时，人工 ×0.85。天棚面层在同一标高者为平面天棚，天棚面层不在同一标高者为跌级天棚，跌级天棚其面层人工 ×1.1。

2）定额中平面天棚和跌级天棚指一般直线型天棚，不包括灯槽的制作安装。灯槽制作安装执行相应子目按延长米计算。艺术造型天棚项目中包括灯槽的制作安装。

3）保温吸音层按实铺面积 m^2 计算。

4）嵌缝按延长米计算。

5）天棚检查孔的工料已包括在定额项目内，不另计算。

（3）格栅、吊筒、网架（装饰）、织物软雕及藤条造型悬挂吊顶计价定额工程量计算规则与计算规范相同。

（4）送（回）风口安装计价定额工程量计算规则与计算规范相同。

5.2.14 油漆、涂料、裱糊工程

5.2.14.1 油漆工程相关知识

（1）润粉，有油粉、水粉之分，以大白粉为主要原料，掺和某种其他油料，制成浆糊状物，用其揩擦填补木材表面的操作过程叫润粉。

（2）刮腻子，又称抹腻子或批灰，是一种专门配制的油性灰膏，用来嵌补物体表面坑凹裂缝等缺陷以便于刷涂、裱糊的一种操作过程。

（3）调和漆，也称调和漆，它是以干性油为基料，加入差色颜料、溶剂、催干剂等配制而成的可直接使用的涂料。

（4）聚氨酯漆，是聚氨基甲酸漆的简称，它是以多异氰酸酯和多羟基化合物反应而得的聚氨基甲酸酯为主要成膜物质的油漆，是一种价廉物美的新型涂料，它在漆膜光泽度方面可与硝基漆媲美，光洁细腻；而在耐久性、耐水性、耐高温性方面，与生漆（即国漆）不相上下，并操作简便、施工时间短，是目前大量推广的新型涂料之一。

（5）地板漆，是针对木地板而言，适用于木质地板的油漆有酚醛地板漆和钙酯地板漆。酚醛地板漆具有漆膜坚韧、平整光滑、耐水、耐磨性均好的特点；钙酯地板漆膜坚硬、平滑光亮且耐摩擦。此两种漆除适用于木地板外，也适用于楼梯栏杆及钢质平台等的涂装。高级地板也可用硝基清漆或聚氨酯漆。

（6）防火漆，是以有机或无机物为成膜基料，加入防火添加剂、助剂等，在一定工艺条件下加工合成的一种特种油漆。将防火漆涂敷在建筑物上，遇火时，油漆即行分解和膨胀，形成一层防火、隔热层，将易燃基层保护起来，从而起到防止初期火灾及减缓火灾蔓延和扩大作用。

（7）防锈漆，主要有油性和树脂防锈漆两大类。实际操作中，常用的油性防锈漆有红丹油性与铁红油性防锈漆；树脂防锈漆有红丹酚醛防锈漆与锌黄醇酸防锈漆。

5.2.14.2 《计价定额》与《计算规范》（GB50854—2013）工程量计算规则的不同点

定额计价，应注意定额中的门窗油漆是以 m² 为计量单位。下面是油漆、涂料、裱糊工程的部分项目计价定额计算规则和注意事项。

（1）计价定额中，除金属面油漆、线条油漆外，通常是以实际刷漆面积 m² 来测定，由于油漆对象形状复杂，实际刷漆面积计算困难，可参照以下方法确定实际刷漆面积。

实际刷漆面积＝设计图示面积（质量或延长线）× 系数（系数见《计价定额》油漆、
　　　　　　　涂料、裱糊工程）　　　　　　　　　　　　　　　　　　　　（5-18）

（2）计价定额中刷涂、刷油采用手工操作，喷塑、喷涂、喷油采用机械操作，操作方法不同时不得另行调整换算。

（3）油漆浅、中、深各种颜色已综合在定额内，颜色不同时，不得另行调整。

（4）定额对在同一平面上的分色及门窗内外分色已综合考虑，实际工作中遇到在同一平面上分色及门窗内外分色情况时，应按定额执行，不做调整，如需做美术图案者，应另行计算。

（5）定额规定的喷、涂、刷遍数，如与设计要求不同时，可按每增加（减少）一遍定额项目进行调整。

（6）普通钢木门窗通称为单层钢木门窗，它们的油漆面积在定额中已综合考虑，其工程量按框外围面积 m² 计算，不能将面积按两面或三面展开计算。

（7）木楼梯和木踢脚板油漆都套用"木地板"油漆项目定额。木楼梯按水平投影面积乘以 2.0 系数计算。

5.2.15 其他装饰工程

5.2.15.1 其他装饰工程中相关知识

（1）家具，按高度可分为高柜（高度 1 600mm 以上）、中柜（900 ～ 1 600mm）、矮柜（900mm 以内）三种。

（2）扶手、栏杆、栏板适用于楼梯、走廊、回廊及其他装饰性扶手、栏杆、栏板。

（3）暖气罩，是遮挡室内暖气片或暖气管的一种装饰物。按安装方式不同可分为挂板式、明式和平墙式。

（4）招牌，表现形式多种多样、因店而异，大致可分附贴式、悬挂式、直立式、外挑式四种。其中后三种均凸出建筑实体，所以更能吸引顾客的注意力。

1）平面招牌，是指直接安装在建筑物表面上，凸出墙面很少的招牌形式。按照正立面的外观形式则分为一般和复杂两种。一般形式是指正立面平整无凸出面的形式，复杂形式是指正立面有凸起或有造型的形式。

2）箱式招牌，是指横向的长方形六面体招牌，竖式招牌是指竖向的长方体六面体招牌。其形状有正规的长方体，即矩形；也有带弧线造型或凸起面的，称为异形。

（5）灯箱，是装上灯具的招牌，以悬挂式、悬挑式或附着方式支撑在雨篷下或墙面上（见图 5-19）。灯箱由框和面板组成。由于灯箱的尺寸很小，可选用 30mm × 40mm × 50mm 木材或型钢做边框。边框的设置应考虑箱与灯具支架的位置以及灯线引入孔和检修的方便。面板用有机玻璃最为合适，因其既透光、光线又不刺眼，同时这种材料不怕雨，易加工。面板与边框用铁钉或螺栓连接。

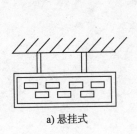
a) 悬挂式
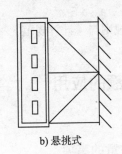
b) 悬挑式
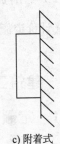
c) 附着式

图 5-19　灯箱安装示意图

（6）金字招牌，是用金箔材料制作成的招牌，迎合现代社会的需求，是其他材料制作的招牌所无法比拟的，它豪华名贵，永不褪色，能保持 20 年以上。制作金箔是以黄金为原料，目前仍然沿用古老传统的手工制作工艺，经十多道工序而成。

（7）美术字，以个为单位，按面积大小套定额，以字本身尺寸的最大外围面积计算，美术字安装按字的材质、面积和依附的面层划分子目。依附的面层分为混凝土面、砖墙面和其他面。其中的"其他面"，是指除混凝土面、砖墙面以外的面层，如铝合金扣板面、钙塑板面等。

5.2.15.2　《计价定额》与《计算规范》（GB50854—2013）工程量计算规则的不同点

定额计价，应注意以下项目计价定额与计算规范工程量计算规则的不同点，如表 5-7 所示。

表 5-7　部分项目计价定额与计算规范工程量计算规则的不同点

项目名称	计价定额计算规则	计算规范计算规则
货架、橱柜类	正立面的高（包括脚的高度）× 宽度 m² 计算	以"个""m""m³"计算
鞋架、存包柜	以数量"组"计算	
收银台、试衣柜	以数量"个"计算，注意区分规格	
以上未列的其他柜类	以延长米计算	
扶手、栏杆、栏板装饰	按设计图示尺寸以扶手中心线长度（包括弯头长度）计算，但弯头按个另行计算	按设计图示尺寸以扶手中心线长度（包括弯头长度）计算
箱式招牌	基层按外围体积 m³ 计算，面层按展开面积 m² 计算	以正立面外框外围 m² 计算
竖式标箱	基层按外围体积计算，面层按展开面积计算	以数量"个"计算
广告牌	钢骨架按吨计算，面层按展开面积计算	

5.2.16　拆除工程

《计价定额》工程量计算规则与《计算规范》一致。

5.2.17　措施项目

《计价定额》工程量计算规则与《计算规范》一致。

5.3　建筑工程计价定额的应用

5.3.1　定额套用

5.3.1.1　定额套用应注意的事项

（1）在定额套用前，将每章定额子目的套项从头至尾阅读一遍，对定额的取项大致有个了解。

（2）将所计算的工程量按定额的章节大致分出项，初学者在套用每一章节定额时，首先要仔细阅读定额的总说明、本节的工程量计算规则和说明，另外有的定额项目表最下面有附注和说明，在套用定额时有附注和说明的子目应引起注意。

（3）阅读定额项目表的工作内容，防止某项工作内容已经包括在定额中又重复套项，或工作内容没有包括，漏套定额项。

（4）定额项目表中的材料和机械，带（）的表示基价中不含该材料和机械的价格，应另外套项或计算。例如，2-5 ～ 2-20 项，打预制钢筋混凝土桩，预制混凝土桩的材料费不含在定额基价中。

（5）在进行定额套用时，有时根据定额的取项不同，可能需要重新计算一些工程量，或者将已经计算的工程量重新汇总，因此初学者在计算工程量时，底稿一定要清晰，尽量少合并，待熟练掌握定额的使用后，对工程量可以做一些数据合并。

（6）某工程量套用定额项后，计算底稿要进行标注，防止漏项或重复套项。

5.3.1.2　直接套用定额的原则

当施工图的设计要求与计价定额的项目内容一致时，可直接套用计价定额，分项工程项目名称和计量单位要与计价定额相一致，定额的套用分以下三种情况：

（1）当分项工程的设计要求、做法说明、结构特征、施工方法等条件与定额中相应项目的设置条件（如工作内容、施工方法等）完全一致时，可直接套用相应的定额子目。在编制单位工程施工图预算的过程中，大多数项目可以直接套用计价定额。

（2）当设计要求与定额条件基本一致时，可根据定额规定套用相近定额子目。

（3）当设计要求与定额条件不完全一致时，可根据定额规定套用相应定额子目。

《计价定额》直接套用计算解析

【例 5-9】某工程采用商品混凝土 C25，浇筑基础梁 52.8m³，基础梁复合模板木支撑 145.8m²，如何套用定额？

解：这两项都是直接套用定额的项目，根据分项工程的名称，查找定额编号即可，套用定额 4-31 和 12-62，如表 5-8 所示。

表 5-8　定额套项　　　　　　　　　　　　　　　　（单位：元）

序号	定额号	项目名称	单位	工程量	定额基价	金额
1	4-31	现浇混凝土基础梁商砼 C30	10m³	5.28	3 166.21	16 718
2	12-62	基础梁复合木模板	100m²	1.458	3 254.9	4 746
合　计						21 464

【例 5-10】某工程的垂直运输机械采用自升式塔式起重机，该起重机的安装、拆卸及场外运输如何套项（混凝土采用现浇混凝土、砾石）。

分析：一般情况下，每个建筑物的施工都需要采用垂直运输机械，因此需要发生大型机械的安装、拆卸及场外运输费用。定额只列出大型机械如塔式起重机、施工电梯、履带式挖掘机等安装、拆卸及场外运输费用的子目，定额中未列的机械如自卸汽车、混凝土搅拌机等机械的安装、拆卸及场外运输已包含在机械台班单价中，不需计取上述费用。

解：定额套项如表 5-9 所示。

表 5-9　定额套项　　　　　　　　　　　　　　　　（单位：元）

序号	定额号	项目名称	单位	工程量	定额基价	金额
1	12-230	自升式塔式起重机安装拆卸一次费用	台次	1	19 611.40	19 611
2	12-241	塔式起重机基础（现场搅拌砼）	座	1	6 163.40	6 163
3	12-261	自升式塔式起重机场外运输	台次	1	19 801.05	19 801
合　计						45 575

【例 5-11】某沟槽土方工程采用反铲挖掘机（斗容量 1m³ 以外）挖土自卸汽车外运土 4km，共计 1 846m³，另外沟槽基底需人工挖土 124 m³，基底深 3.8 m，土质类别三

类土，以上发生的工程量和大型机械场外运输如何套用定额？

解：本例题所发生的工程量套用三项定额，反铲挖掘机挖土自卸汽车外运土、人工挖沟槽、挖掘机场外运输，如表 5-10 所示。

表 5-10　定额套项　　　　　　　（单位：元）

序号	定额号	项目名称	单位	工程量	定额基价	金额
1	1-18	人工挖沟槽三类土深度 4m 以内	100 m³	1.24	2 617.97	3 246
2	1-155	反铲挖掘机挖土、自卸汽车运土 5km 以内	1 000 m³	1.846	13 848.47	25 564
3	12-244	履带挖掘机场外运输 1 m³ 以外	台次	1	2 641.46	2 641
合　计						31 451

【例 5-12】某写字间，主体施工时采用商品混凝土，泵送，裙楼部分建筑面积 7 462 m²，檐高 21.4m，写字间部分建筑面积 18 560 m²，檐高 65.6m，垂直运输和脚手架如何套项？

分析：

（1）垂直运输套用定额应注意：

1）垂直运输按建筑面积套用定额。

2）同一建筑物的高度不同时，按不同檐高垂直分割，套用相应的定额。例题中应套用两个檐高的定额项，21.4m 和 65.6m。

3）采用泵送砼时，按相应定额项目扣减垂直运输费的 20%。例题的主体工程采用商品混凝土，因此所套用的定额基价应扣减 20%。

4）垂直运输每增加 10m 定额子目，如折算后不足 10m 但超 5m，按增加 10m 计算，5m 以下舍去不计。例题中的裙楼部分的檐高为 21.4m，套用 20m 以上的垂直运输定额，超高的 1.4m<5m，舍去不计；超高写字间部分的檐高为 65.6m，套用 60m 的定额项，超高的 6.5m>5m，因此按增加 10m 计算。

（2）脚手架套用定额应注意：

1）垂直运输按建筑面积套用综合脚手架定额。

2）综合脚手架的高度按建筑物的檐高计算，多层建筑物按不同檐高计算。例题中的综合脚手架分别套用 30m 和 70m 定额。

解：本例题中的定额套项如表 5-11 所示。

表 5-11　定额套项　　　　　　　（单位：元）

序号	定额编号	项目名称	单位 (m²)	工程量	定额基价	金额	备注
1	12-209换	建筑物 20 m 垂直运输	100	74.62	692.28	51 658	定额基价乘以 80% 后等于表中基价
2	12-211+12-212换	建筑物 65.6 m 垂直运输	100	185.6	1 143.79	212 287	同上
3	12-288	综合脚手架 30 m 以内	100	74.62	2 149.79	160 417	
4	12-292	综合脚手架 70 m 以内	100	185.6	5 016.54	931 070	
合　计						1 355 432	

【例 5-13】某工程一层层高 7.4m，二层层高 4.2m。一层现浇框架矩形柱模板 785 m²，二层现浇框架矩形柱模板 446 m²，1～2 层框架柱截面不变。一层框架梁模板 485 m²，框架梁底高度为 6.8m，二层框架梁面积 364 m²，框架梁底高度 3.7m，模板采用复合木模板钢支撑，框架柱和框架梁如何进行定额套项？

分析：定额规定，现浇混凝土柱、梁、板、墙的支撑高度以 3.6m 为准，超高 3.6m 部分，按超过部分计算增加支撑工程量，若超过高度不足 1.0m 时，舍去不计。

（1）框架柱模板套项：一层层高 7.4m，超高 3.6m，7.4-3.6=3.8m，增加 3 个 1m，另外 0.8m 不足 1m 舍去不计，因此一层超过 3.6m 且计算超高部分面积为 785/7.4×3＝318.24 m²，二层层高 4.2m，4.2-3.6=0.6m<1m，不计超高增加。柱模板套用 3.6 m 以内的工程量 =785+446=1 231 m²，柱超高模板工程量为 318.24 m²。

（2）框架梁模板套项：一层层高 7.4m，梁底高度为 6.8m，超高 3.6m，6.8-3.6=3.2m，增加 3 个 1m，另外 0.2m 不足 1m 舍去不计，因此一层超过 3.6m 且计算超高部分的梁的面积为 485 m²，二层梁底高度 3.7m，不计超高增加。框架梁套用 3.6m 以内模板面积为套用 3.6m 以内的工程量为 485+364=849 m²，超高 3 个 1m 的梁模板工程量为 485 m²。

解：定额套项如表 5-12 所示。

表 5-12　定额套项　　　　　　　　　　（单位：元）

序号	定额号	项目名称	单位	工程量	定额基价	金额	其中人工＋机械费
1	12-50	现浇混凝土矩形柱复合模板钢支撑	m²	1 231.00	27.71	34 111	21 013.55
2	12-57	现浇混凝土柱支撑高度超过 3.6m 每增加 1m 钢支撑	m²	318.24	1.81	576	453.39
3	12-65	现浇混凝土单梁、连续梁复合模板钢支撑	m²	849.00	34.30	29 121	17 812.70
4	12-75×3	现浇混凝土梁支撑高度超过 3.6m 每超过 1m 钢支撑	m²	485.00	9.87	47 87	4 118.14
		合　计				68 595	43 397.78

5.3.2　砌筑砂浆、抹灰砂浆的套用

根据商务部、公安部等《关于在部分城市限期禁止现场搅拌砂浆工作的通知》（商改发［2007］205 号）规定，为提高散装水泥使用量，禁止在施工现场搅拌砂浆，要求使用预拌砂浆。辽宁省 2008 年计价定额砌筑砂浆和抹灰砂浆单列，定额只列含量，凡定额中的砂浆以（）显示的，基价中不含砂浆价格，因此每套用一项含砌筑砂浆和抹灰砂浆项目的定额时，还应另外套用砌筑砂浆或抹灰砂浆定额。定额中的砂浆不以（）显示的，基价中包含砂浆的价格，不以再单独套用砂浆定额。

《计价定额》砂浆的套用计算解析

【例 5-14】根据图纸计算，砌筑 1 砖围墙 16.8m³，采用混合砂浆 M5 砌筑，采用预

拌砂浆湿拌,应如何套用定额?

分析:定额 3-18 砌筑一砖围墙的材料含量中,每砌筑 10 m³ 围墙的混合砂浆 M5 用量为 2.41 m³,则砌筑 16.8 m³ 围墙的混合砂浆 M5 用量为 16.8/10×2.41=4.05 m³,该砌筑砂浆单独套用相应的定额项目。

解:套项如表 5-13 所示。

表 5-13　定额套项　　　　　　　　　　　　(单位:元)

序号	定额号	项目名称	单位	工程量	定额基价	金额
1	3-18	砌筑一砖围墙	10 m³	1.68	2 407.32	4 044
2	3-122-3	预拌混合砂浆 M5	m³	4.05	200	810
合　计						4 854

【例 5-15】某工程经计算砖墙面抹混合砂浆 20mm 厚 150m²,采用预拌砂浆湿拌,应如何套用定额。

分析:定额 10-26 砖墙面抹混合砂浆 20mm 的材料含量中,每 100 m² 的墙面抹灰用混合砂浆 1:1:4 的用量为 1.5×0.69=1.03 m³,混合砂浆 1:1:6 的用量为 1.5×1.62=2.43 m³,由于墙面抹灰定额基价不含砂浆材料价格,因此抹灰用的砂浆根据采用的搅拌方式不同单独套用相应的定额项目。

解:套项如表 5-14 所示。

表 5-14　定额套项　　　　　　　　　　　　(单位:元)

序号	定额号	项目名称	单位	工程量	定额基价	金额
1	10-26	砖墙面抹混合砂浆 20mm	100 m²	1.5	773.95	1 161
2	10-99-9	预拌混合砂浆 1:1:4	m³	1.03	200	207
3	10-99-6	预拌混合砂浆 1:1:6	m³	2.43	200	486
合　计						1 854

5.3.3　定额换算

当施工图中的分项工程项目不能直接套用计价定额时,就产生了定额换算。

5.3.3.1　换算原则

为了保持定额的水平,在计价定额的说明中规定有关换算原则,一般包括:

(1)定额的砂浆、混凝土强度等级及骨料粒径,如果设计与定额强度等级不同时,允许按砂浆、混凝土配合比表进行换算,但配合比中的各种材料用量不得调整。

(2)定额中抹灰项目已考虑了常用厚度,如果设计与定额不同时,按实调整。

(3)必须按计价定额中的各项规定换算定额。

(4)如果对定额进行换算,一般在定额编号右下角标注,便于与定额项区别。

5.3.3.2　计价定额的换算类型

计价定额的换算类型有以下 5 种。

（1）混凝土换算，即构件混凝土、楼地面混凝土的强度等级、混凝土类型的换算。

（2）系数换算，按规定对定额中的人工费、材料费、机械费乘以各种系数的换算。

（3）含量换算，按规定对定额中的人工费、材料费、机械费的含量进行换算。

（4）两个定额子目相加或相减：根据定额的规定，可以使用两个定额子目相加或相减的方式形成某一分项工程的定额基价。

（5）其他换算方式：除上述 4 种情况以外的换算方式。

5.3.3.3 定额基价换算方法

1. 混凝土换算

2008 年计价依据混凝土包括半干硬性混凝土、低流动性混凝土、塑性混凝土、稀混凝土、流态混凝土、水下混凝土、道路用混凝土七大类。混凝土的石子分为砾石和碎石两种，根据使用地区确定所采用的石料种类，2008 年计价依据的混凝土是按砾石低强度等级水泥取定的。定额中与混凝土有关的子目，基价是按某一种标号、某种粒径石料的混凝土计算的，例如建筑工程定额 4-2 项，其混凝土采用半干硬性、砾石粒径 40mm、水泥强度等级为 32.5MPa 的混凝土，根据设计标准不同，实际会采用不同标号或粒径的混凝土，就产生了混凝土强度等级或石子粒径的换算。其换算公式为

$$换算后定额基价 = 原定额基价 + 定额混凝土用量 \times$$
$$（换入混凝土单价 - 换出混凝土单价） \tag{5-19}$$

《计价定额》定额换算计算解析

【例 5-16】计算 2008 年辽宁省计价定额中现浇单梁连续梁碎石混凝土、水泥强度等级为 32.5MPa、石料粒径为 40mm 的 C30 定额基价。

分析：查 2008 年辽宁省建筑工程计价定额 4-34，定额中的混凝土采用的是砾石 C25-40 水泥强度等级 32.5MPa，定额基价为 2 577.73 元 /10m³，定额混凝土用量为 10.15m³；查"混凝土、砂浆配合比表"：砾石 C25-40 水泥强度等级 32.5MPa，混凝土定额单价为 185.42 元 /m³，碎石 C30-40 水泥强度等级 32.5MPa 的混凝土定额单价为 196.94 元 /m³。

解：根据式（5-19）有

换算后的定额基价 =2 577.73+10.15×（196.94−185.42）

=2 577.73+10.15×11.52

=2 577.73+1 163.93=2 694.66（元 / m³）

混凝土标号换算应注意，如果实际采用的混凝土与定额给定的不一致时，需要换算，换算的方面包括几方面。

（1）混凝土的种类：半干硬性混凝土、低流动性混凝土、塑性混凝土、稀混凝土、流态混凝土、水下混凝土、道路用混凝土 7 大类。

（2）混凝土的石料种类和粒径：定额石料分为砾石和碎石，粒径分为 10mm、20mm、40mm。

（3）同一标号的混凝土，可能采用不同强度等级的水泥，如 32.5MPa、42.5MPa。

2. 系数换算

系数换算是指在使用某些计价定额项目时，定额的一部分或全部乘以规定的系数。例如，2008 年《辽宁省建筑工程计价定额》土、石方工程说明中规定，"人工土方定额是按干土编制的，如挖湿土时，人工乘以系数 1.18。干土和湿土的划分，应根据地质勘测资料以地下常水位为准划分，地下常水位以下上干土，以下为湿土"。在套用有系数换算的定额子目时注意乘以相应的系数。

【例 5-17】某工程毛石浆砌护坡高度 5.3m，计算该项目的定额基价（不含砂浆价格）。

分析：定额规定如果毛石护坡高度超过 4m 时，按相应项目人工乘以系数 1.15。该项目套用定额 3-102 项，定额基价为 1 161.98 元 /10 m³，其中人工费为 514.78 元 /10 m³。

解：高度 5.3m 挡土墙的定额基价 =1 161.98+514.78×（1.15-1）

$$=1\ 161.98+77.22=1\ 239.20（元 /10\ m^3）$$

3. 含量换算

含量换算是指在使用某些定额项目时，可以按规定进行含量的换算。

4. 两个定额相加或相减

定额子目中以某一个标准为基数，超过该标准给一个增减的标准，因此需要两个定额相加或相减形成一个新的基价。

【例 5-18】定额人工运土方，运土的距离为 95m，定额的子目项如表 5-15 所示。计算该定额基价。

解：由于人工运土的距离为 95 m，定额套项应为 1-95+1-96×4，所以

定额基价 =605.88+135.45×4=1 147.68 元 /100（m³）

表 5-15　定额子项目

序号	定额号	项目名称	单位	定额基价
1	1-95	人工运土方运距 20m 以内	100 m³	605.88
2	1-96	人工运土方 200m 以内每增加 20m	100 m³	135.45

【例 5-19】水泥砂浆找平层定额的子目项如表 5-16 所示，计算水泥砂浆找平层的厚度为 15mm 的定额基价。

解：由于水泥砂浆找平层的厚度为 15mm，定额套项应为 9-28+9-30×（-1），
厚度 15mm 的找平层定额基价 =776.07-160.03×1=616.04（元 /100 m²）

表 5-16　定额子项目

序号	定额号	项目名称	单位	定额基价
1	9-28	楼地面砼或硬基层上水泥砂浆找平层 20mm	100 m²	776.07
2	9-30	楼地面水泥砂浆找平层每增减 5mm	100 m²	160.03

【例 5-20】砖墙面抹水泥砂浆 25mm，抹灰面积 1 500 m²，采用预拌砂浆，应如何套项？定额直接费是多少？

分析：该项目在进行定额套项应注意，定额的砖墙面抹水泥砂浆厚度为 20mm，实际抹灰为 25mm，根据定额规定抹灰厚度不同允许换算，定额给出了每增减 1mm 抹灰厚度的单价。定额中的抹灰砂浆需要单列，因此无论套用 20mm 抹灰的定额子目项和增加 5mm 的抹灰定额，都要套用抹灰砂浆的定额项目。

解：如表定额套用、基价和合价 5-17 所示。

表 5-17 定额套用、基价和合价 （单位：元）

序号	定额号	项目名称	单位	工程量	定额基价	金额
1	10-20	砖墙面抹水泥砂浆 20mm	100 m²	15	815.69	12 235
2	10-97-4	预拌水泥砂浆 1：2.5（湿拌）	m³	10.35	200	2 070
3	10-97-5	预拌水泥砂浆 1：3（湿拌）	m³	24.3	200	4 860
4	10-46×5	墙面抹水泥砂浆增加 5mm	100 m²	15	105.25	1 579
5	10-97-5	预拌水泥砂浆 1：3（湿拌）	m³	9	200	1 800
合　计						22 544

5.3.4 人工、材料、机械调整

工程量套用相应的定额后，对所套项目的人工、材料、机械进行分析，由于定额中的人工、材料、机械的单价是按照定额编制时期的价格取定的，施工图预算编制时期的价格与定额的单价有差异，可能高，也可能低，实际人、材、机价格与定额的人、材、机价格的差额简称价格调整，每种人工、材料、机械的价差乘以工料分析出来的数量之和即为总的价格调整。

$$调整价格 = \sum（市场价格 - 定额价）\times 人、材、机数量 \qquad (5-20)$$

2008 年辽宁省计价依据规定，人工、机械价格不允许调整，材料价格可以按辽建［2008］147 号《辽宁省建设工程造价信息动态管理暂行办法》动态调整。

另外定额中的很多成品、半成品的材料，如混凝土、砂浆、预制混凝土构件、水泥稳定碎石等，根据实际情况可以按行业主管部门的规定，按成品或半成品找差，如商品混凝土、预拌砂浆、预制混凝土构件等，现场搅拌砂浆、现场搅拌混凝土按半成品材料二次分解的材料进行找差。

《计价定额》材料价差计算解析

【例 5-21】某工程的定额套项如表 5-18 所示，材料的市场价格如表 5-19 所示，其他材料价格按定额价，计算材料价差。

表 5-18 定额套项 （单位：元）

序号	定额编号	项目名称	单位	工程量	定额基价	金额（元）	其中 人工＋机械费（元）
1	3-79	空心砖墙 1 砖	10 m³	12.4	1 737.18	21 541	5 048.78
2	3-122-2	预拌混合砂浆 M5（湿拌）	m³	18.02	200.00	3 603	
3	4-23	现浇砼矩形柱商砼 C30	10 m³	5.8	3 216.24	18 654	1 257.91
合　计						43 798	6 306.69

表 5-19　材料市场价格

序号	材料名称	规格型号	单位	市场价格（元）
1	预拌混合砂浆	M5（湿拌）	m³	320.00
2	水泥	32.5MPa	kg	0.40
3	粗砂		m³	65.00
4	空心砖	240mm × 175mm × 115mm	千块	730.00
5	机制砖（红砖）		千块	340.00
6	商品混凝土	C30	m³	330.00
7	水		m³	10.00
8	电		kW · h	1.00

解：对所套定额进行材料分析，计算出每种材料的用量，每种材料市场价与定额价进行比较，得出价格调整合计，如表 5-20 所示。

表 5-20　材料价差表

序号	材料名称	单位	含量	市场价	定额价	价差	价格调整
1	预拌混合砂浆 M5（湿拌）	m³	18.02	320.00	200.00	120.00	2 162.4
2	水泥 32.5MPa	kg	1 001.48	0.40	0.30	0.10	100.148
3	粗砂	m³	1.69	65.00	50.00	15.00	25.35
4	空心砖 240mm × 175mm × 115mm	千块	19.344	730.00	700.00	30.00	580.32
5	机制砖（红砖）	千块	10.044	340.00	290.00	50.00	502.2
6	商品混凝土（综合）	m³	56.608	330.00	300.00	30.00	1 698.24
7	水	m³	22.449	10.00	2.60	7.40	166.123
8	电	kW · h	1.998	1.00	0.74	0.26	0.519
	合计						5 235

5.3.5　工程取费

将实物工程量套用相应的定额，计算出直接费，同时计算出材料价差后，再计算其他费用，包括企业管理费、利润、规费和税金等，这个过程称为工程取费。工程取费程序和费率根据行业主管部门的规定计取，辽宁省取费办法依据辽建发 [2007] 87号文相关规定。需要注意的是 2008 年辽宁省建设工程费用标准的取费基数为"人工费＋机械费"，土石方开挖，回填、运输工程即建筑工程计价定额中子目的取费除税金外按规定费率的 35% 计取。

初学者在进行工程取费时可以按标准模板进行，避免取费遗漏。定额计价取费程序如表 5-21 所示。

表 5-21　定额计价取费程序

序号	费用项目	计算方法
1	计价定额分部分项工程费合计	工程量 × 定额基价 + 主材费 + 材料价差
1.1	其中人工费 + 机械费	

（续）

序号	费用项目	计算方法
2	企业管理费	1.1× 费率
3	利润	1.1× 费率
4	措施项目费	1.1× 费率、规定、施工组织设计和鉴证
5	其他项目费	
6	税费前工程造价合计	1+2+3+4+5
7	规费	1.1× 核定费率及各市规定
8	税金	（6+7）× 规定费率
9	工程造价	6+7+8

《计价定额》工程取费计算解析

【例 5-22】如例 5-20 项目为总承包三类工程，规费中的社会保险费为税费前工程造价 3.2%，住房公积金为人工费和机械费的 0.89%，税金为 3.445%，该工程取费之后的工程造价是多少？

解：计价定额的分部分项工程费 = 工程量 × 定额基价 + 主材费 + 材料价差 = 43 798+0+5 235=49 033 元，其中定额人工费 + 机械费 =6 307 元。

根据 2008 年辽宁省建设工程费用标准，总承包三类工程的费率为：管理费 16.1%，利润 20.7%，安全文明施工措施费 9.2%，雨季施工费 1%，取费基数为人工费 + 机械费，其他措施费不计取，取费过程如表 5-22 所示，工程总造价为 55 568 元。

表 5-22 工程取费过程

序号	名称	基数	费率（%）	金额（元）
1	计价定额部分分项工程费合计			49 033
2	其中人工费 + 机械费	直接工程费中人工费 + 机械费		6 307
3	其中材料费	材料费		37 492
4	其中材料价差	材料价差		5 235
5	企业管理费	人工费 + 机械费	16.1	1 015
6	利润	人工费 + 机械费	20.7	1 306
7	安全文明施工措施费	人工费 + 机械费	9.2	580
8	夜间施工增加费			
9	二次搬运费			
10	已完工程及设备保护费			
11	冬雨季施工费	人工费 + 机械费	1	63
12	措施项目费	SUM（7，11）		643
13	税费前工程造价合计	1+5+6+12		51 997
14	社会保障费	13	3.2	1 664
15	住房公积金	2	0.89	56
16	规费	SUM（14，15）		1 720
17	税金	13+16	3.445	1 851
18	工程总造价	13+16+17		55 568

5.4　定额计价综合编制实例

　　某住宅楼工程采用定额计价，使用 2008 年辽宁省建设工程计价依据，形成的工程预算书如下（实例选取部分数据，工程量计算过程略）。

5.4.1　封面

阳光小区 6# 住宅楼

预算书

建设单位：×× 房屋开发有限公司

施工单位：×× 建筑工程有限公司

编制时间：×× 年 ×× 月 ×× 日

5.4.2　阳光小区 6# 住宅楼预算编制说明

1．工程概况

　　阳光小区 6# 住宅楼建筑面积 8 456m²，框架结构，12 层。首层层高为 3.6m，其余层高 3.3m，顶层为阁楼层，基础为独立柱基础。

2．编制范围

　　编制范围：建筑工程、装饰装修工程、给水工程、排水工程、雨水工程、电气工程。

3．编制依据

　　（1）2008 年《辽宁省建设工程计价依据 A. 建筑工程计价定额》《辽宁省建设工程计价依据 B. 装饰装修工程计价定额》《辽宁省建设工程计价依据 C. 安装工程计价定额》。

　　（2）2008 年《辽宁省建设工程计价依据 - 建设工程费用标准》。

　　（3）辽建发［2007］87 号，关于颁发《辽宁省建设工程计价依据建筑、装饰装修、安装、市政、园林绿化工程计价定额》《辽宁省建设工程计价依据建设工程费用、机械台班费用、混凝土砂浆配合比标准》的通知及相关配套办法。

　　（4）×× 设计院设计的施工图纸，出图时间 ×× 年 ×× 月。

　　建筑：总施 -1、建施 -1 ～ 30；结构：结施 -1 ～ 41；给排水：水消施 -1 ～ 7、水消施 -13 ～ 15；电气：电施 1 ～ 42。

　　（5）相关图集、施工规范、验收标准等。

　　（6）……

4．有关说明

　　（1）材料实际价格按《×× 信息价》×× 年第 × 季度计取。

　　（2）工程取费按 ×× 中的 × 类工程计取。

　　（3）……

5. 编制结果

本工程预算值为 10 179 925 元，平方米造价为 1 203.87 元 /m²。

编制人：×××

编制单位：×× 建筑工程有限公司

编制时间：×× 年 ×× 月 ×× 日

5.4.3 阳光小区 6# 住宅楼工程总预算表（见表 5-23）

表 5-23 总预算表

工程名称：阳光小区 6# 住宅楼工程　　　　　　　　　　　　建筑面积：8 456m²

工程造价：10 179 925 元　　　　　　　　　　　　　　　　造价：1 203.87 元 /m²

单位工程名称	工程造价（元）	造价（元 /m²）
建筑工程	7 216 858	853.46
装饰装修工程	1 003 220	118.64
水暖工程	1 019 202	120.53
电气工程	940 645	111.24
合计	10 179 925	1 203.87
备注		
施工单位（公章）	建设单位（公章）	咨询单位（公章）
年 月 日	年 月 日	年 月 日

5.4.4 阳光小区 6# 住宅楼工程取费表（见表 5-24）

表 5-24 工程取费表

建设单位：×× 房地产开发有限公司

工程名称：阳光小区 6# 住宅楼 . 土建工程

建筑面积：8 456m²

工程总值：891 251 元　　　　　　　　　　　　　　　　造价：105.4 元 /m²

序号	项目名称	取费基数	费率（%）	金额（元）
1	计价定额分部分项工程费合计			695 712
2	其中人工费 + 机械费	直接工程费中人工费 + 机械费		251 781
3	其中材料费	材料费		390 304
6	其中材料价差	材料价差		53 627
7	其中技术措施费	技术措施费		255 610
9	企业管理费	人工费 + 机械费	16.1	38 020
10	利润	人工费 + 机械费	20.7	48 883

（续）

序号	项目名称	取费基数	费率（%）	金额（元）
11	安全文明施工措施费	人工费＋机械费	9.2	21 726
18	措施项目费	SUM（11，17）		21 726
26	税费前工程造价合计	1+9+10+18		804 340
28	社会保障费	2	14.55	36 634
29	住房公积金	2	8.18	20 596
31	规费	SUM（28，30）		57 230
32	税金	26+31	3.445	29 681
33	工程总造价	26+31+32		891 251

5.4.5　阳光小区 6# 住宅楼工程预算书（见表 5-25）

表 5-25　工程预算书

工程名称：阳光小区 6# 住宅楼 . 土建工程　　　　　　　　　　　　　　　　第 1 页　共 1 页

序号	定额编号	项目名称	单位	工程量	基价	金额（元）	其中人工费＋机械费（元）
1	1-1	人工平整场地	100m²	24.23	124.74	3 022	3 022.45
2	1-12	人工挖土方四类土深度 4m 以内	100m³	7.85	2 678.54	21 026	21 026.50
3	3-80	空心砖墙 1 砖半	10m³	74.6	1 676.09	125 036	27 063.02
4	3-129	现场搅拌砌筑砂浆混合砂浆强度等级 M5	m³	118.46	170.29	20 173	3 988.07
5	4-7	独立基础商砼 C25	10m³	5.86	3 148.57	18 451	733.26
6	4-7	独立基础商砼 C30	10m³	6.46	3 148.57	20 340	808.34
7	4-23	现浇砼矩形柱商砼 C30	10m³	11.58	3 216.25	37 244	2 511.48
8	4-265	现浇混凝土钢筋螺纹钢筋 Φ6.5	t	7.800	4 636.53	36 165	7 309.98
9	4-283	现浇混凝土钢筋螺纹钢筋 Φ14	t	14.600	4 141.17	60 461	6 220.08
10	9-9	楼地面灌浆毛石垫层	10m³	4.5	1 612.90	7 258	2 637.35
11	9-28	楼地面砼或硬基层上水泥砂浆找平层 20mm	100m²	1.29	776.09	1 001	485.05
12	9-36	水泥砂浆楼地面 20mm	100m²	1.29	966.19	1 246	624.26
13	10-26	砖墙墙面墙裙抹混合砂浆 20mm	100m²	38.46	773.95	29 766	29 043.45
14	10-115	现场搅拌抹灰砂浆混合砂浆 1:1:4	m³	26.54	199.16	5 285	817.75
15	12-11	现浇混凝土独立基础组合钢模板木支撑	100m²	2.24	2 955.21	6 620	2 916.06
16	12-48	现浇混凝土矩形柱组合钢模板钢支撑	100m²	4.53	3 084.16	13 971	8 955.68

（续）

序号	定额编号	项目名称	单位	工程量	基价	金额（元）	其中人工费 + 机械费（元）
17	12-208换	建筑物 20m 内垂直运输现浇框架结构	100m²	84.56	701.25	59 298	59 297.66
18	12-287	综合脚手架钢管脚手架（高度 20m 以内）	100m²	84.56	1 743.21	147 406	51 073.04
19	12-226	特、大型机械每安装、拆卸一次费用塔式起重机（起重量）800 kN·m	台次	1	11 617.72	11 618	11 553.52
20	12-240	塔式起重机基础及轨道铺拆费用固定式基础（带配重）商砼	座	1	6 175.87	6 176	1 248.29
21	12-257	特、大型机械场外运输费用塔式起重机（起重量 t）800 kN·m	台次	1	10 521.33	10 521	10 446.33
合　计						642 085	251 781.61

5.4.6　阳光小区 6# 住宅楼工程材料价差表（见表 5-26）

表 5-26　工程材料价差表

工程名称：阳光小区 6# 住宅楼 . 土建工程　　　　　　　　　　　　　　　　　　第 1 页 共 1 页

序号	材料名称及规格	单位	含量	市场价格	定额价格（元）	价差（元）	金额（元）
1	热轧带肋钢筋（螺纹钢筋）Φ14	t	14.892	4 500.00	3 590.00	910.00	13 552
2	水泥 32.5MPa	kg	15 540.015	0.385	0.30	0.085	1 321
3	粗砂	m³	33.715	68.00	50.00	18.00	607
4	砂	m³	11.374	68.00	50.00	18.00	205
5	中砂（干净）	m³	134.482	68.00	50.00	18.00	2 421
6	毛石	m³	55.08	60.00	55.00	5.00	275
7	碎石 40mm	m³	19.602	59.00	55.00	4.00	78
8	空心砖 240 mm × 175mm × 115 mm	千块	114.809	790.00	700.00	90.00	10 333
9	机制砖（红砖）	千块	59.904	345.00	290.00	55.00	3 295
10	商品混凝土 C30	m³	177.944	330.00	300.00	30.00	5 338
11	商品混凝土 C25	m³	58.893	320.00	300.00	20.00	1 178
12	电焊条	kg	105.12	6.50	5.00	1.50	158
13	模板木材	m³	0.503	1 550.00	1 200.00	350.00	176
14	支撑方木	m³	2.269	1 650.00	1 200.00	450.00	1 021
15	水	m³	300.066	10.00	2.60	7.40	2 220
16	（机）电	kw.h	19 509.587	1.20	0.74	0.46	8 974
17	（机）柴油	kg	1 556.435	7.40	5.81	1.59	2 475
合　计							53 627

复习思考题

1. 什么是定额计价？什么是施工图预算？施工图预算的方法有哪些？

2. 预算单价法编制施工图预算的基本步骤有哪些？

3. 计价定额中平整场地、挖沟槽、挖基坑和挖一般土方的计算方法是什么？

4. 计价定额桩基础工程是如何计算的？

5. 砌筑工程工程量如何计算？

6. 混凝土及钢筋混凝土工程计价定额与计算规范有哪些不同点？工程量如何计算？

7. 屋面及防水工程计价定额与计算规范有哪些不同点？工程量如何计算？

8. 楼地面工程项目的工程量如何计算？

9. 墙、柱面装饰与隔断、幕墙工程定额项目工程量如何计算？

10. 金属结构工程项目是如何划分的？其工程量如何计算？

11. 木结构工程工程量如何计算？

12. 天棚抹灰、天棚吊顶是如何区分的？其工程量如何计算？

13. 油漆、涂料、裱糊工程计价定额与计算规范有哪些不同点？工程量如何计算？

14. 工程预算书的编制方法有哪些？

15. 工程取费表如何计算？

16. 工程造价如何确定？

技能训练

1. 选择一套建筑面积在 1 500 m² 左右的施工图纸，应用定额的工程量计算规则，试计算有关的建筑及装饰工程的工程量，套定额，编制工程预算书。

2. 已知某三层建筑平面图、1-1 剖面图如图 5-20 所示。已知：

（1）砖墙厚为 240mm。轴线居中。门窗框料厚度为 80mm。

（2）M-1：1 500 mm×2 400 mm，M-2：900 mm×2 000 mm，C-1：1 800 mm×1 800 mm。窗台离楼地面高为 900 mm。

（3）装饰做法：一层地面为粘贴 500 mm×500 mm 全瓷地面砖，瓷砖踢脚板，高 200mm；二层楼面为现浇水磨石面层，三层楼面为镶贴木地板，水泥砂浆踢脚线高 150mm；内墙面为混合砂浆抹面，刮腻子涂刷乳胶漆；外墙面粘贴米色 200 mm×300 mm 外墙砖。

试计算相关基数，并计算下列项目：

（1）一、二、三层楼地面工程量，确定定额项目，计算直接工程费。

（2）一、二层踢脚板工程量，确定定额项目，计算直接工程费。

（3）一层内墙面抹灰工程量，确定定额项目，计算直接工程费。

（4）外墙面粘贴外墙砖工程量确定定额项目，计算直接工程费。

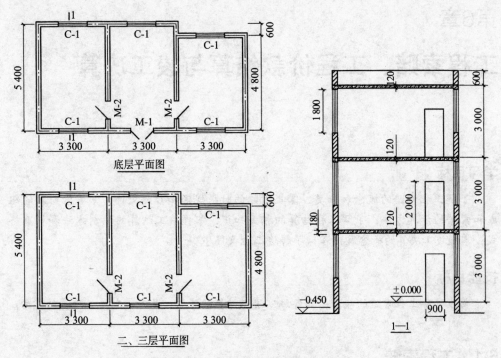

图 5-20　某三层建筑结构示意图

（5）假设三层房间为轻钢龙骨（450mm×450mm 单层龙骨）石膏板吊顶，吊顶距地面
高度为 2 800mm；墙面满贴壁纸；木墙裙高度 900mm，做法为细木工板基层，榉
木板贴面，手刷硝基清漆六遍磨退出亮。试计算吊顶棚、墙面壁纸、木墙裙工程
量，确定定额项目，计算直接工程费。

第6章

工程索赔、工程价款结算与竣工决算

学习目标

了解工程索赔的概念和分类，掌握索赔的时限规定和索赔文件，掌握索赔款的组成和索赔的计算方法；了解工程结算的相关知识，掌握竣工结算的编制方法和标准格式；掌握竣工决算的概念及内容；了解竣工验收程序。

技能目标

初步具备工程索赔的能力；具备编制竣工结算的能力；具备编制竣工决算的能力。

6.1 工程索赔

6.1.1 工程索赔的概念和分类

6.1.1.1 工程索赔的概念

工程索赔是指在合同履行过程中，对于并非自己的过错，而是应由对方承担责任的情况造成的实际损失向对方提出经济补偿和（或）时间补偿的要求。

索赔是工程承包中经常发生的正常现象。由于施工现场条件、气候条件的变化，施工进度、物价的变化，以及合同条款、规范、标准文件和施工图纸的变更、差异、延误等因素的影响，工程承包中不可避免地出现索赔。

6.1.1.2 索赔的分类

1. 按发生索赔的原因分类

（1）增加（或减少）工程量索赔。

（2）地基变化索赔。

（3）工期延长索赔。

（4）加速施工索赔。

（5）不利自然条件及人为障碍索赔。

（6）工程范围变更索赔。

（7）合同文件错误索赔。

（8）工程拖期索赔。

（9）暂停施工索赔。

（10）终止合同索赔。

（11）设计图纸拖延交付索赔。

（12）拖延付款索赔。

（13）物价上涨索赔。

（14）发包人风险索赔。

（15）特殊风险索赔。

（16）不可抗拒因素索赔。

（17）发包人违约索赔。

（18）法令变更索赔等。

2. 按索赔的目的分类

就施工索赔的目的而言，施工索赔有以下两类的范畴，即工期索赔和经济索赔。

（1）工期索赔。工期索赔就是承包人向业主要求延长施工的时间，使原定的工程竣工日期顺延一段合理的时间。

如果施工中发生计划进度拖后的原因在承包人方面，如实际开工日期较工程师指令的开工日期拖后、施工机械缺乏、施工组织不善等。在这种情况下，承包人无权要求工期延长，唯一的出路是自费采取赶工措施把延误的工期赶回来。否则，必须承担误期损害赔偿费。

（2）经济索赔。经济索赔就是承包人向业主要求，补偿不应该由承包人自己承担的经济损失或额外开支，也就是取得合理的经济补偿。通常，人们将经济索赔具体地称为"费用索赔"。承包人取得经济补偿的前提是：在实际施工过程中发生的施工费用超过了投标报价书中该项工作所预算的费用，而这些费用超支的责任不是承包人方面，也不属于承包人的风险范围。

3. 按索赔的合同依据分类

（1）合同规定的索赔。合同规定的索赔是指承包人所提出的索赔要求，在该工程项目的合同文件中有文字依据，承包人可以据此提出索赔要求，并取得经济补偿。这些在合同文件中有文字规定的合同条款，在合同解释上被称为明示条款，或称为明文条款。

（2）非合同规定的索赔。非合同规定的索赔也被称为"超越合同规定的索赔"，即承包人的该项索赔要求，虽然在工程项目的合同条件中没有专门的文字叙述，但可以根据该合同条件的某些条款的含义，推论出承包人有索赔权。这一种索赔要求，同样有法律效力，有权得到相应的经济补偿。这种有经济补偿含义的合同条款，在合同管理工作中被称为"默示条款"，或称为"隐含条款"。

（3）道义索赔。这是一种罕见的索赔形式，是指通情达理的发包人目睹承包人为完成某项困难的施工，承受了额外费用损失，因而出于善良意愿，同意给承包人以适当的经济补偿。因在合同条款中找不到此项索赔的规定，这种经济补偿，称为道义上的支付，或称优惠支付。道义索赔俗称为"通融的索赔"或"优惠索赔"。这是施工合同双方友好信任的表现。

6.1.2　索赔的时限规定和索赔文件

6.1.2.1　索赔时限的规定

（1）发包人未能按合同约定履行自己的各项义务或发生错误以及应由发包人承担责任的其他情况，造成工期延误和（或）承包人不能及时得到合同价款及承包人的其他经济损失，承包人可按下列程序以书面形式向发包人索赔：

1）索赔事件发生后 28 天内，向发包人方发出索赔意向通知。

2）发出索赔意向通知后 28 天内，向发包人方提出补偿经济损失和（或）延长工期的索赔报告及有关资料。

3）发包人方在收到承包人送交的索赔报告和有关资料后，于 28 天内给予答复，或要求承包人进一步补充索赔理由和证据。

4）发包人方在收到承包人送交的索赔报告和有关资料后 28 天内未予答复或未对承包人作进一步要求，视为该项索赔已经认可。

5）当该索赔事件持续进行时，承包人应当阶段性地向发包人方发出索赔意向，在索赔事件终了后 28 天内，向发包人方送交索赔的有关资料和最终索赔报告。索赔答复程序与 3）和 4）规定相同。

（2）承包人未能按合同约定履行自己的各项义务或发生错误，给发包人造成经济损失，发包人也按以上的时限向承包人提出索赔。

双方如果在合同中对索赔的时限有约定的从其约定。

6.1.2.2　索赔文件

索赔文件是承包人向发包人索赔的正式书面材料，也是发包人审议承包人索赔请求的主要依据。索赔文件通常包括三个部分。

1．索赔信

索赔信是一封承包人致发包人或其代表的简短的信函，应包括以下内容：

（1）说明索赔事件。

（2）列举索赔理由。

（3）提出索赔金额与工期。

（4）附件说明。

整个索赔信是提纲挈领的材料，它把其他材料贯通起来。

2．索赔报告

索赔报告是索赔材料的正文，其结构一般包含三个主要部分。首先是报告的标题，应言简意赅地概括索赔的核心内容；其次是事实与理由，这部分应该叙述客观事实，合理引用合同规定，建立事实与损失之间的因果关系，说明索赔的合理合法性；最后是损失计算与要求赔偿金额及工期，这部分应列举各项明细数字及汇总数据。

3．附件

（1）索赔报告中所列举事实、理由、影响等的证明文件和证据。

（2）详细计算书，这是为了证实索赔金额的真实性而设置的，为了简明可以大量选用图表。

6.1.3　索赔款的组成和索赔的计算

6.1.3.1　索赔款的主要组成部分

索赔时可索赔费用的组成部分，同施工承包合同价所包含的组成部分一样。具体内容如图 6-1 所示。

原则上说，凡是承包人有索赔权的工程成本增加，都是可以索赔的费用。这些费用都是承包人为了完成额外的施工任务而增加的开支。但是，对于不同原因引起的索赔，可索赔费用的具体内容有所不同。同一种新增的成本开支，在不同原因、不同性质的索赔中，有的可以肯定地列入索赔款额中，有的则不能列入，还有的在能否列入的问题上需要具体分析判断。

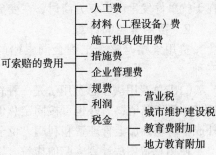

图 6-1　可索赔费用的组成部分

在具体分析费用的可索赔性时，应对各项费用的特点和条件进行审核论证。

（1）人工费。人工费是指直接从事索赔事项建筑安装工程施工的生产工人开支的各项费用。

（2）材料（工程设备）费。材料费是指施工过程中耗费的构成工程实体的原材料、辅助材料、构配件、零件、半成品的费用。为了证明材料原价，承包人应提供可靠的订货单、采购单，或造价管理机构公布的材料信息价格。

（3）施工机具使用费。施工机械费的索赔计价比较繁杂，应根据具体情况协商确定。

（4）措施费。索赔项目造成的措施费用的增加，可以据实计算。

（5）企业管理费。企业组织施工生产和经营管理的费用，企业管理费按照有关规定计算。

（6）利润。利润按照投标文件的计算方法计取。

（7）规费及税金。规费及税金按照投标文件的计算方法计取。

可索赔的费用，除了前述的人工费、材料费、设备费、分包费、管理费、利息、利润等几个方面以外，有时承包人还会提出要求补偿额外担保费用，尤其是当这项担保费的款额相当大时。

6.1.3.2　索赔的计算

1.　工期索赔的计算

（1）比例法。在工程实施中，因发包人原因影响的工期，通常可直接作为工期的延长天数。但是，当提供的条件能满足部分施工时，应按比例法来计算工期索赔值。

（2）相对单位法。工程的变更必须会引起劳动量的变化，这时可以用劳动量相对单位法来计算工期索赔天数。

（3）网络分析法。网络分析法是通过分析干扰事件发生前后网络计划，对比两种工期的计算结果，从而计算出索赔工期。

（4）平均值计算法。平均值计算法是通过计算发包人对各个分项工程的影响程度，然后得出应该索赔工期的平均值。

（5）其他方法。在实际工程中，工期补偿天数的确定方法可以是多样的，例如，在干扰事件发生前由双方商讨，在变更协议或其他附加协议中直接确定补偿天数。

2. 费用索赔的计算

费用索赔是整个工程合同索赔的重要环节。费用索赔的计算方法一般有以下三种。

（1）总费用法。总费用法是一种较简单的计算方法。其基本思路是：按现行计价规定计算索赔值，另外也可按固定总价合同转化为成本加酬金合同，即以承包人的额外成本为基础加上管理费和利润、税金等作为索赔值。

使用总费用法计算索赔值应符合以下几个条件。

1）合同实施过程中的总费用计算是准确的；工程成本计算符合现行计价规定；成本分摊方法、分摊基础选择合理；实际成本与索赔报价成本所包括的内容一致。

2）承包人的索赔报价是合理的，反映实际情况。

3）费用损失的责任，或干扰事件的责任与承包人无任何关系。

（2）分项法。分项法是按每个或每类干扰事件引起费用项目损失分别计算索赔值的方法。其特点是：

1）比总费用法复杂。

2）能反映实际情况，比较科学、合理。

3）能为索赔报告的进一步分析、评价、审核明确双方责任提供依据。

4）应用面广，容易被人们接受。

（3）因素分析法，也称连环替代法。为了保证分析结果的可比性，应将各指标按客观存在的经济关系，分解为若干因素指标连乘形式。

6.2　工程价款结算

6.2.1　建筑安装工程价款结算

6.2.1.1　工程价款结算的意义

工程价款结算，是指承包人在工程施工过程中，依据承包合同中关于付款的规定和已经完成的工程量，以预付备料款和工程进度款的形式，按照规定的程序向发包人收取工程价款的一项经济活动。

工程价款结算是工程项目承包中一项十分重要的工作，主要作用表现如下。

1. 工程价款结算是反映工程进度的主要指标

在施工过程中，工程价款结算的依据之一就是已完成的工程量。承包人完成的工程量越多，所应结算的工程价款就越多，根据累计已结算的工程价款占合同总价款的比例，能够近似地反映出工程的进度情况，有利于准确掌握工程进度。

2. 工程价款结算是加速资金周转的重要环节

对于承包人来说，只有当工程价款结算完毕，才意味着其获得了工程成本和相应的利润，实现了既定的经济效益目标。

6.2.1.2　工程预付款结算

1. 预付款的数额和拨付时间

预付款的数额和拨付时间，以合同专用条款第二十四条中的约定为准。

《建设工程价款结算暂行办法》第十二条第（一）款规定：包工包料工程的预付款按合同约定拨付，原则上预付比例不低于合同金额的 10%，不高于合同金额的 30%，对重大工程项目，按年度工程计划逐年预付。

价款结算办法第十二条第（二）款规定：在具备施工条件的前提下，发包人应在双方签订合同后的一个月内或不迟于约定的开工日期前的 7 天内预付工程款。所以，在签订合同时发包人与承包人可根据工程实际和价款结算办法的这一原则，确定具体的数额和拨付时间。

2. 预付款的拨付及违约责任

价款结算办法第十二条第（二）款规定：发包人不按约定预付，承包人应在预付时间到期后 10 天内向发包人发出要求预付的通知，发包人收到通知后仍不按要求预付，承包人可在发出通知 14 天后停止施工，发包人应从约定应付之日起向承包人支付应付款的利息（利率按同期银行贷款利率计），并承担违约责任。

3. 预付款的扣回

双方应该在合同专用条款第二十四条中约定预付款的扣回时间、比例。

价款结算办法第十二条第（三）款规定：预付的工程款必须在合同中约定抵扣方式，并在工程进度款中进行抵扣。

4. 其他

价款结算办法第十二条第（四）款规定：凡是没有签订合同或不具备施工条件的工程，发包人不得预付工程款，不得以预付款为名转移资金。

6.2.1.3　工程进度款结算与支付

1. 工程进度款结算方式

合同双方应该在合同专用条款第十三条中选定下列两种结算方式中的一种，作为进度款的结算方式。

（1）按月结算与支付，即实行按月支付进度款，竣工后清算的办法。合同工期在两个年度以上的工程，在年终进行工程盘点，办理年度结算。

（2）分段结算与支付，即当年开工、当年不能竣工的工程按照工程实际进度，划分不同阶段支付工程进度款。具体划分在合同中明确。

2. 工程量计算

（1）承包人应当按照合同约定的方法和时间，向发包人提交已完工程量的报告。

发包人接到报告后14天内核实已完工程量，并在核实前1天通知承包人，承包人应提供条件并派人参加核实，承包人收到通知后不参加核实，以发包人核实的工程量作为工程价款的支付的依据。发包人不按约定时间通知承包人，致使承包人未能参加核实，核实结果无效。

（2）发包人收到承包人报告后14天内未核实已完工程量，从第15天起，承包人报告中的工程量即视为被确认，作为工程价款支付的依据。双方合同另有约定的，按合同执行。

（3）对承包人超出设计图纸（含设计变更）范围和因承包人原因造成返工的工程量，发包人不予计量。

3. 工程进度款支付

工程量核实以后，发包人应该按照合同专用条款中约定的拨付比例或数额向承包人支付工程进度款。

价款结算办法规定如下。

（1）根据确定的工程量计量结果，承包人向发包人提出支付工程进度款申请，14天内，发包人应按不低于工程价款的60%，不高于工程的90%向承包人支付工程进度款。按约定时间发包人应扣回的预付款，与工程进度款同期结算抵扣。

（2）确认增（减）的工程变更价款作为追加（减）合同价款与工程进度款同期支付。

（3）发包人超过约定的支付时间不支付工程进度款，承包人应及时向发包人发出要求付款的通知，发包人收到承包人通知后仍不能按要求付款，可与承包人协商签订延期付款协议，经承包人同意后可延期支付，协议应明确延期支付的时间和从工程量计量结果确认后第15天起计算应付款的利息（利率按同期银行贷款利率计）。

（4）发包人不按合同约定支付工程进度款，双方又未达成延期付款协议，导致施工无法进行，承包人可停止施工，由发包人承担违约责任。

6.2.2　竣工结算

工程完工后，双方应该按照约定的合同价款调整内容以及索赔事项，进行工程竣工结算。竣工结算应该按照合同有关条款结算办法的有关规定进行，合同通用条款中有关条款的内容与价款结算办法的有关规定有出入时，以价款结算办法的规定为准。

6.2.2.1　竣工结算的概念

竣工结算是指建设工程发承包双方在单位工程竣工后，根据合同、设计变更、技术核定单、现场费用签证等竣工资料，编制的确定工程竣工结算造价的经济文件。它是工程承包人与发包人办理工程竣工结算的重要依据。

6.2.2.2　竣工结算的方式

竣工结算的方式有单位工程竣工结算、单项工程竣工结算和建设项目竣工总结算三种。

6.2.2.3　竣工结算的编审

（1）单位工程竣工结算由承包人编制，发包人审查；实行总承包的工程，由具体的承包人编制，在总承包人审查的基础上，由发包人审查。发包人也可委托具有相应资质的工程造价咨询企业审查。

（2）单项工程竣工结算或建设项目竣工总结算由总承包人编制，发包人可直接进行审查，也可以委托具有相应资质的工程造价咨询机构进行审查，单项工程竣工结算或建设项目竣工总结算经发包人、承包人签字盖章后有效。

6.2.2.4　竣工结算报告的递交时限要求及违约责任

竣工结算报告的递交时限，合同专用条款中有约定的从其约定，无约定的按《建设工程价款结算暂行办法》的规定。

价款结算办法第十四条第（三）款规定：单项工程竣工后，承包人应在提交竣工验收报告的同时，向发包人递交竣工结算报告及完整的结算资料。

承包人应该在合同约定期限内完成项目竣工结算编制工作，未在规定期限内完成的并且提不出正当理由延期的，责任自负。

如果未能在约定的时间内提供完整的工程竣工结算资料，经发包人催促后 14 天内仍未提供或没有明确答复，发包人有权根据已有资料进行审查，责任由承包人自负。

6.2.2.5　竣工结算报告的审查时限要求及违约责任

竣工结算报告的审查时限，合同专用条款有约定的从其约定，无约定的按下列价款结算办法的规定执行：单项工程竣工结算报告的审查时限如表 6-1 所示。建设项目竣工总结算在最后一个单项工程竣工结算确认后 15 天内汇总，送发包人后 30 天内审查完成。

表 6-1　竣工结算报告审查时限

序号	工程竣工结算报告金额	审查时限
1	500 万元以下	从接到竣工结算报告和完整的竣工结算资料之日起 20 天
2	500 万～2 000 万元	从接到竣工结算报告和完整的竣工结算资料之日起 30 天
3	2 000 万～5 000 万元	从接到竣工结算报告和完整的竣工结算资料之日起 45 天
4	5 000 万元以上	从接到竣工结算报告和完整的竣工结算资料之日起 60 天

发包人应该按照规定时限进行竣工结算报告的审查，给予确定或者提出修改意见。如果没有在规定时限内对结算报告及资料提出意见，则视同认可。

6.2.2.6　竣工结算价款的支付及违约责任

根据确认的竣工结算报告，承包人向发包人申请支付工程竣工结算款。发包人应在收到申请后 15 天内支付结算款，到期没有支付的应承担违约责任。承包人可以催告发包人支付结算款，如达成延期支付协议，发包人应该按照同期银行贷款利率支付拖欠工程价款的利息。

如未达成延期支付协议，承包人可以与发包人协商将该工程折价，或申请人民法院将该工程依法拍卖，承包人就该工程折价或拍卖的价款优先受偿。

6.2.2.7　竣工结算的编制

1. 竣工结算编制的依据

（1）工程合同的有关条款。

（2）全套竣工图纸及有关资料。

（3）设计变更通知书。

（4）承包人提出，由发包人和设计单位会签的施工技术问题核定单。

（5）工程现场签证单。

（6）材料代用核定单。

（7）材料价格变更文件。

（8）合同双方确认的工程量。

（9）经双方协商同意并办理了签证的索赔。

（10）投标文件、招标文件及其他依据。

2. 竣工结算编制的方法

在工程进度款结算的基础上，根据所收集的各种设计变更资料和修改图纸，以现场签证、工程量核定单、索赔等资料进行合同价款的增、减调整计算，最后汇总为竣工结算造价。

竣工结算的编制方法取决于合同对计价方法及对合同种类的选定。相应的竣工结算方法有以下几种方法。

（1）固定合同总价结算的编制方法。

$$竣工结算总价 = 合同总价 \pm 设计变更增减价 \pm 工程以外的技术经济签证$$
$$+ 批准的索赔额 \pm 工期质量奖励与罚金 \tag{6-1}$$

一般地，固定总价合同主要是对物价上涨因素进行控制，风险由施工单位承担，价款不因物价变动而变化；但设计变更变化了合同的范围，需要调整。发生了由发包人承担的风险损失，承包人应当按照索赔程序对增加的费用和损失向发包人提出索赔。

（2）按固定合同单价结算的编制方法。目前推行的清单计价，大部分为固定单价合同，这里的单价以中标单位所报的工程量清单综合单价为合同单价。该类型结算价计算公式为

$$竣工结算总价 = \sum（分部分项（核实）工程量 \times 分部分项工程综合单价）$$
$$+ 措施项目费 + \sum（据实核定的）其他项目金额$$
$$+ 规费 + 税金 \tag{6-2}$$

其中，承包合同范围内的工程的措施项目费为包干费用。当有新增减工程涉及措施费的按价格比例或工程量比例进行增减，方法应在合同中事先约定。发包人风险导致措施费用增加按索赔程序进行费用索赔。变更价款、索赔、经济签证可作为预备金支出的实际发生额，计入其他项目金额。与人工有关的签证，应以零星用工合同综合单价乘以核定的人工用量计算。

固定单价合同与固定总价合同，若在风险规定一致时，它们的差异在于对工程量

风险划定的不同。固定总价合同工程量风险归施工单位，而固定单价合同的工程量风险由发包人承担，即工程量清单计算疏漏的工程量按实结算。所以也可以用固定总价结算公式，再加上范围内工程的工程量出入增减额，得到这一结算的总价。此时的追加合同部分应分别计取规费和税金。

$$
\begin{aligned}
竣工结算总价 = &\ 合同总价 \pm 设计变更增减价 \pm 工程以外的技术经济签证 \\
&+ 批准的索赔额 \pm 工期质量奖励与罚金 \\
&\pm (增减工程范围内工程量错误量 \times 综合单价) \\
&+ 相应规费 + 相应税金
\end{aligned}
\tag{6-3}
$$

（3）可调价合同结算的编制方法。可调价合同主要是考虑人、材、机市场变动可能较大，难以预测，而对物价变动允许按合同约定调价方式进行调整。

（4）成本加酬金合同结算。这种结算方式目前我国还较少使用，但随着劳务分包制度的建立与完善，项目管理实力强的发包人可选择运用成本加酬金的结算方式。

3. 工程竣工结算的审核

工程竣工结算审核是竣工结算阶段的一项重要工作。经审核确定的工程竣工结算是核定建设工程造价的依据，也是建设项目验收后编制竣工决算和核定新增固定资产价值的依据。因此，发包人、造价咨询人都应十分关注竣工结算的审核把关。一般从以下几方面入手。

（1）核对合同条款。首先，竣工工程内容是否符合合同条件要求，工程是否竣工验收合格，只有按合同要求完成全部工程并验收合格才能列入竣工结算；其次，应按合同约定的结算方法，对工程竣工结算进行审核，若发现合同有漏洞，应请发包人与承包人认真研究，明确结算要求。

（2）落实设计变更签证。设计修改变更应由原设计单位出具设计变更通知单和修改图纸，设计、校审人员签字并加盖公章，经发包人和监理工程师审查同意，签证才能列入结算。

（3）按图核实工程数量。竣工结算的工程量应依据设计变更单和现场签证等进行核算，并按国家统一规定的计算规则计算工程量。

（4）严格按合同约定计价。结算单价应按合同约定、招标文件规定的计价原则或投标报价执行。

（5）注意各项费用计取。工程的取费标准应按合同要求或项目建设期间有关费用计取规定执行，先审核各项费率、价格指数或换算系数是否正确，价格调整计算是否符合要求，再核实特殊费用和计算程序。要注意各项费用的计取基础，是以人工费为基础还是定额基价为基础。

（6）防止各种计算误差，工程竣工结算子目多、篇幅大，往往有计算误差，应认真核算，防止因计算误差多计或少算。

4. 竣工结算的编制格式

（1）竣工结算书封面（见表 6-2）。

表 6-2　竣工结算书封面

_____工程

竣工结算书

发包人：_____
（单位盖章）

承 包 人：_____
（单位盖章）

造价咨询人：_____
（单位盖章）

年　月　日

规范封 -4

（2）竣工结算总价扉页（见表 6-3）。

表 6-3　竣工结算总价扉页

_____工程

竣工结算总价

签约合同价（小写）：_____　（大写）：_____

竣工结算价（小写）：_____　（大写）：_____

发 包 人：_____　承 包 人：_____　造价咨询人：_____
（单位盖章）　　　　　　（单位盖章）　　　　　（单位资质专用章）

法定代表人　　　　　　法定代表人　　　　　　法定代表人
或其授权人：_____　或其授权人：_____　或其授权人：_____
（签字或盖章）　　　　　（签字或盖章）　　　　　（签字或盖章）

编 制 人：_____　　核 对 人：_____
（造价人员签字盖专用章）　　　　　（造价工程师签字盖专用章）

编 制 时 间：　年 月 日　　　核 对 时 间：　年 月 日

规范扉 -4

（3）竣工结算总说明（见表6-4）。

表 6-4　总说明

工程名称：　　　　　　　　　　　　　　　　　　　　　　　　　　　　第 页 共 页

| |
| |
| |
| |
| |

要点说明： 总说明应按下列内容填写。

①工程概况：建设规模、工程特征、计划工期、合同工期、实际工期、施工现场及变化情况、施工组织设计的特点、自然地理条件、环境保护要求等。

②编制依据。

③工程变更。

④工程价款调整。

⑤索赔。

⑥其他等。

（4）建设项目竣工结算汇总表（见表6-5）。

表 6-5　建设项目竣工结算汇总表

工程名称：　　　　　　　　　　　　　　　　　　　　　　　　　　　　第 页 共 页

序号	单项工程名称	金额（元）	其中（元）	
			安全文明施工费	规费
合　计				

（5）单项工程竣工结算汇总表（见表6-6）。

表 6-6　单项工程竣工结算汇总表

工程名称：　　　　　　　　　　　　　　　　　　　　　　　　　　　　第 页 共 页

序号	单位工程名称	金额（元）	其中（元）	
			安全文明施工费	规费
合　计				

（6）单位工程竣工结算汇总表（见表6-7）。

表 6-7　单位工程竣工结算汇总表

工程名称：　　　　　　　　标段：　　　　　　　　　　　　　第 页 共 页

序号	汇总内容	金 额（元）
1		
1.1		

（续）`

序号	汇总内容	金额（元）
1.2		
1.3		
2	措施项目	
2.1	其中：安全文明施工费	
3	其他项目	
3.2	其中：专业工程结算价	
3.3	其中：总承包服务费	
3.4	其中：索赔与现场签证	
4	规费	
5	税金	
竣工结算总价合计 =1+2+3+4+5		

要点说明：如无单位工程划分，单项工程也使用本表汇总。

（7）分部分项工程和单价措施项目清单与计价表（见表4-4）。

（8）综合单价分析表（见表4-24）。

（9）综合单价调整表（见表6-8）。

表 6-8 综合单价调整表

工程名称：　　　　　　　　　　标段：　　　　　　　　　　第 页 共 页

序号	项目编码	项目名称	已标价清单综合单价（元）					调整后综合单价（元）				
			综合单价	其中				综合单价	其中			
				人工费	材料费	机械费	管理费和利润		人工费	材料费	机械费	管理费和利润

造价工程师（签章）：　　　发包人代表（签章）：　　　　　造价人员（签章）：　　　承包人代表（签章）：

日期：　　　　　　　　　　　　　　　　　　　　　　　日期：

要点说明：综合单价调整应附调整依据。

（10）总价措施项目清单与计价表（见表4-5）。

（11）其他项目清单与计价汇总表（见表4-6）。

1）暂列金额明细表（见表4-6-1）。

2）材料（工程设备）暂估单价及调整表（见表4-6-2）。

3）专业工程暂估价及结算价表（见表4-6-3）。

4）计日工表（见表4-6-4）。

5）总承包服务费计价表（见表4-6-5）。

（12）索赔与现场签证计价汇总表（见表6-9）。

表6-9　索赔与现场签证计价汇总表

工程名称：　　　　　　　　　　　　标段：　　　　　　　　　　　　第　页　共　页

序号	签证及索赔项目名称	计量单位	数量	单价（元）	合价（元）	索赔及签证依据
1						
2						
3						
	本页小计					
	合计					

要点说明：签证及索赔依据是指经双方认可的签证单和索赔依据的编号。

（13）索赔费用申请（核准）表（见表6-10）。

表6-10　费用索赔申请（核准）表

工程名称：　　　　　　　　　　　　标段：　　　　　　　　　　　　编号：

致：　　　　　　　　　　　（发包人全称）

　　根据施工合同条款　　　　　条的约定，由于　　　　　原因，我方要求索赔金额（大写）　　　　（小写）　　　　，请予核准。

附：1. 费用索赔的详细理由和依据：

　　2. 索赔金额的计算：

　　3. 证明材料：

承包人（章）

造价人员　　　　　　　　　承包人代表　　　　　　日　期　　　　　

复核意见： 　　根据施工合同条款　　　　条的约定，你方提出的费用索赔申请经复核： □不同意此项索赔，具体意见见附件。 □同意此项索赔，索赔金额的计算，由造价工程师复核。 　　　　　　　　监理工程师　　　　　 　　　　　　　　日　　期	复核意见： 　　根据施工合同条款　　　　条的约定，你方提出的费用索赔申请经复核，索赔金额为（大写）　　　（小写）　　　　。 　　　　　　　　造价工程师　　　　　 　　　　　　　　日　　期

审核意见：

□不同意此项索赔。

□同意此项索赔，与本期进度款同期支付。

发包人（章）

发包人代表　　　　　　

日　　期　　　　　

要点说明：

①选择栏中的"□"内做标识"√"。

②本表一式四份，由承包人填报，发包人、监理人、造价咨询人、承包人各存一份。

（14）现场签证表（见表6-11）。

表 6-11　现场签证表

工程名称：　　　　　　　　　　　标段：　　　　　　　　　　　编号：

致：＿＿＿＿＿＿＿＿＿＿＿＿＿＿＿＿＿＿＿＿　　（发包人全称）

　　根据＿＿＿＿＿＿＿（指令人姓名），＿＿＿年＿＿＿月＿＿＿日的口头指令或你方＿＿＿＿（或监理人）＿＿＿年＿＿＿月＿＿＿日的书面通知，我方要求完成此项功能工作应支付价款金额为（大写）＿＿＿＿＿＿元，（小写）＿＿＿＿元，请予核准。

附：1.签证事由及原因。
　　2.附图及计算式。

承包人（章）
承包人代表＿＿＿＿＿
日　　期＿＿＿＿＿

复核意见： 　你方提出的费用索赔申请经复核： □不同意此项索赔，具体意见见附件。 □同意此项索赔，索赔金额的计算，由造价工程师复核。 <div align="right">监理工程师＿＿＿＿ 日　　期＿＿＿＿</div>	复核意见： 　□此项签证按承包人中标的计日工单价计算，金额为（大写）＿＿＿元（小写）＿＿＿元。 　□此项签证因无计日工单价，金额为（大写）＿＿＿元（小写＿＿＿元）。 <div align="right">造价工程师＿＿＿＿ 日　　期＿＿＿＿</div>

审核意见：
□不同意此项索赔。
□同意此项索赔，与本期进度款同期支付。

发包人（章）
发包人代表＿＿＿＿＿
日　　期＿＿＿＿＿

要点说明：

①选择栏中的"□"内做标识"√"。

②本表一式四份，由承包人收到发包人（监理人）的口头或书面通知后填写，发包人、监理人、造价咨询人、承包人各存一份。

（15）规费、税金项目计价表（见表4-7）。

（16）工程计量申请（核准）表（见表6-12）。

表 6-12　工程计量申请（核准）表

工程名称：　　　　　　　　　　　标段：　　　　　　　　　　　编号：

序号	项目编码	项目名称	计量单位	承包人 申报数量	发包人 核实数量	发承包人确 认数量	备注

承包人代表：　　　　监理工程师：　　　　造价工程师：　　　　发包人代表：

日期：　　　　　　　日期：　　　　　　　日期：　　　　　　　日期：

（17）预付款支付申请（核准）表（见表6-13）。

表 6-13　预付款支付申请（核准）表

工程名称：　　　　　　　　　标段：　　　　　　　　　编号：

致：　　　　　　　　　　　　　　　　　　　（发包人全称）

我方根据施工合同的约定，现申请支付工程预付款额为（大写）_____（小写）_____，请予核准。

序号	名称	申请金额（元）	复核金额（元）	备注
1	已签约合同价款金额			
2	其中：安全文明施工费			
3	应支付的预付款			
4	应支付的安全文明施工费			
5	合计应支付的预付款			

承包人（章）

造价人员 _____　　　承包人代表_____　　　日　期_____

复核意见： □与合同约定不相符，修改意见见附件。 □与合同约定相符，具体金额由造价工程师复核。 　　　　监理工程师_____ 　　　　日　期_____	复核意见： 　你方提出的支付申请经复核，应支付预付款金额为（大写）_____（小写）_____。 　　　　造价工程师_____ 　　　　日　期_____

审核意见：
□不同意。
□同意，支付时间为本表签发后的 15 天内。

发包人（章）
发包人代表_____
日　期_____

要点说明：
① 在选择栏中的"□"内做标识"√"。
② 本表一式四份，由承包人填报，发包人、监理人、造价咨询人、承包人各存一份。

（18）总价项目进度款支付分解表（见表4-28）。
（19）进度款支付申请（核准）表（见表6-14）。

表 6-14　进度款支付申请（核准）表

工程名称：＿＿＿＿＿＿　　　标段：＿＿＿＿＿　　　编号：＿＿＿＿＿

致：＿＿＿＿＿＿＿＿＿＿＿（发包人全称）

　　我方于＿＿＿＿＿＿至＿＿＿＿＿＿期间已完成了＿＿＿＿＿＿工作，根据施工合同的约定，现申请支付本周期的合同款额为（大写）＿＿＿＿＿＿（小写）＿＿＿＿＿，请予核准。

序号	名称	实际金额（元）	申请金额（元）	复核金额（元）	备注
1	累计已完成的合同价款				
2	累计已实际支付的合同价款				
3	本周期合计完成的合同价款				
3.1	本周期已完成单价项目的金额				
3.2	本周期应支付的总价项目的金额				
3.3	本周期已完成的计日工价款				
3.4	本周起应支付的安全文明施工费				
3.5	本周期应增加的合同价款				
4	本周期合计应扣减的金额				
4.1	本周期应抵扣的预付款				
4.2	本周起应扣款的金额				
5	本周起应支付的合同价款				

附：上述 3、4 详见附件清单。

承包人（章）

造价人员＿＿＿＿＿　　承包人代表＿＿＿＿＿　　日　期＿＿＿＿＿

复核意见： □与实际施工情况不相符，修改意见见附件。 □与实际施工情况相符，具体金额由造价工程师复核。 　　　　监理工程师＿＿＿＿＿ 　　　　日　期＿＿＿＿＿	复核意见： 　你方提出的支付申请经复核，本期间已完成工程款额为（大写）＿＿＿＿＿（小写）＿＿＿＿＿，本周期应支付金额为（大写）＿＿＿＿＿（小写）＿＿＿＿＿。 　　　　造价工程师＿＿＿＿＿ 　　　　日　期＿＿＿＿＿

审核意见：
□不同意。
□同意，支付时间为本表签发后的 15 天内。

发包人（章）
发包人代表＿＿＿＿＿
日　期＿＿＿＿＿

要点说明：

①在选择栏中的"□"内做标识"√"。

②本表一式四份，由承包人填报，发包人、监理人、造价咨询人、承包人各存一份。

（20）竣工结算款支付申请（核准）表（见表 6-15）。

表 6-15　竣工结算款支付申请（核准）表

工程名称：　　　　　　　　　　　　　标段：　　　　　　　　　　　　　编号：

致：　　　　　　　　　　　　　　　　　　　　（发包人全称）

我方于　　　　　至　　　　　期间已完成合同约定的工作，工程已经完工，根据施工合同的约定，现申请支付竣工结算合同款额为（大写）　　　　（小写）　　　　，请予核准。

序号	名称	申请金额（元）	复核金额（元）	备注
1	竣工结算合同价款总额			
2	累计已实际支付的合同价款			
3	应预留的质量保证金			
4	应支付的竣工结算款金额			

上述 3、4 详见附件清单。

　　　　　　　　　　　　　　　　　　　　　　　　　　　承包人（章）

造价人员　　　　　　　　承包人代表　　　　　　　　日　期　　　　　

复核意见： □与实际施工情况不相符，修改意见见附件。 □与实际施工情况相符，具体金额由造价工程师复核。 　　　　监理工程师　　　　　 　　　　日　期	复核意见： 　你方提出的竣工结算款支付申请经复核，竣工结算款总额为（大写）　　　　（小写）　　　　，扣除前期支付以及质量保证金后应支付金额为（大写）　　　（小写）　　　。 　　　　造价工程师　　　　　 　　　　日　期

审核意见：
□不同意。
□同意，支付时间为本表签发后的 15 天内。

　　　　　　　　　　　　　　　　　　　　　　　　　　发包人（章）
　　　　　　　　　　　　　　　　　　　　　　　　　　发包人代表　　　　　
　　　　　　　　　　　　　　　　　　　　　　　　　　日　期　　　　　

要点说明

①在选择栏中的"□"内做标识"√"。

②本表一式四份，由承包人填报，发包人、监理人、造价咨询人、承包人各存一份。

（21）最终结清支付申请（核准）表（见表 6-16）。

表 6-16　最终结清支付申请（核准）表

工程名称：＿＿＿＿＿＿＿＿　　　　　　标段：＿＿＿＿＿　　　　　　编号：＿＿＿

致：＿＿＿＿＿＿＿＿＿＿＿＿＿＿＿＿＿＿＿＿　　（发包人全称）

我方于＿＿＿＿至＿＿＿＿期间已完成了缺陷修复工作，根据施工合同的约定，现申请支付最终结清合同款额为（大写）＿＿＿＿（小写）＿＿＿＿，请予核准。

序号	名称	申请金额（元）	复核金额（元）	备注
1	已预留的质量保证金			
2	应增加因发包人原因造成缺陷的修复金额			
3	应扣减承包人不修复缺陷、发包人组织修复的金额			
4	最终应支付的合同价款			

造价人员＿＿＿＿　　承包人代表＿＿＿＿　　承包人（章）　日　期＿＿＿

复核意见：
□与实际施工情况不相符，修改意见见附件。
□与实际施工情况相符，具体金额由造价工程师复核。
　　监理工程师＿＿＿＿
　　日　期＿＿＿＿

复核意见：
　你方提出的支付申请经复核，最终应支付金额为（大写）＿＿＿＿（小写）＿＿＿。
　　造价工程师＿＿＿＿
　　日　期＿＿＿＿

审核意见：
□不同意。
□同意，支付时间为本表签发后的 15 天内。

　　发包人（章）
　　发包人代表＿＿＿＿
　　日　期＿＿＿＿

要点说明

① 在选择栏中的"□"内做标识"√"。如监理人已退场，监理工程师栏可空缺。

② 本表一式四份，由承包人填报，发包人、监理人、造价咨询人、承包人各存一份。

（22）主要材料、工程设备一览表（见表 4-29～表 4-31）。

6.2.3　工程质量保证（保修）金的预留

按照有关合同约定预留质量保证（保修）金，待工程项目保修期满后拨付。

6.3　竣工决算

6.3.1　竣工决算的概念及分类

6.3.1.1　竣工决算的概念

竣工决算是以实物数量和货币指标为计量单位，综合反映竣工项目从筹建开始到项目竣工交付使用为止的全部建设费用、建设成果和财务情况的总结性文件。是竣工验收报告的重要组成部分，竣工决算是正确核定新增固定资产价值，考核分析投资效果，建立健全经济责任制的依据，是反映建设项目实际造价和投资效果的文件。

6.3.1.2　竣工决算的分类

竣工决算又称竣工成本决算，包括施工单位工程竣工决算和建设单位项目竣工决算。

（1）施工单位工程竣工决算，是施工单位内部对竣工的单位工程进行实际成本分析，反映其经济效果的一项决算工作。它是以单位工程的竣工结算为依据，核算其预算成本、实际成本和成本降低额，并编制单位工程竣工成本决算表，以总结经验教训，提高企业经营管理水平。

（2）建设单位项目竣工决算，是基本建设经济效果的全面反映，是核定新增固定资产和流动资产价值，办理其交付使用的依据。通过竣工决算及时办理移交，不仅能正确反映基本建设项目实际造价和投资效果，而且对投入生产或使用后的经营管理，也有重要作用。通过竣工决算与概算、预算的对比分析，考核建设成本，总结经验，积累技术经济资料，促进提高投资效果。

6.3.2　竣工验收程序

建设项目全部建成，经过各单项工程的验收符合设计的要求，并具备竣工图表、竣工决算、工程总结等必要的文件资料，由建设项目主管部门或发包人向负责验收的单位提出竣工验收申请报告，按程序验收。工程验收报告应经项目经理和承包人有关负责人审核签字。竣工验收的一般程序如下。

6.3.2.1　承包人申请交工验收

承包人在完成了合同工程或按合同约定可分部移交工程的，可申请交工验收，交工验收一般为单项工程，但在某些特殊情况下也可以是单位工程的施工内容，诸如特殊基础处理工程、发电站单机机组完成后的移交等。承包人施工的工程达到竣工条件后，应先进行预检验，对不符合要求的部位和项目确定修补措施和标准，修补有缺陷的工程部位；对于设备安装工程，要与发包人和监理工程师共同进行无负荷的单机和联动试车。承包人在完成了上述工作和准备好竣工资料后，即可向发包人提交《工程竣工报验单》。

6.3.2.2　监理工程师现场初步验收

监理工程师收到《工程竣工报验单》后，应由监理工程师组成验收组，对竣工的工程项目的竣工资料和各专业工程的质量进行初验，在初验中发现的质量问题，要及时书面通知承包人，令其修理甚至返工。经整改合格后监理工程师签署《工程竣工报验单》，并向发包人提出质量评估报告，至此现场初步验收工作结束。

6.3.2.3　单项工程验收

单项工程验收又称交工验收，即验收合格后发包人方可投入使用。由发包人组织的交工验收，由监理单位、设计单位、承包人、工程质量监督站等参加，主要依据国家颁布的有关技术规范和施工承包合同，对以下几方面进行检查或检验：

（1）检查、核实竣工项目准备移交给发包人的所有技术资料的完整性、准确性。

（2）按照设计文件和合同，检查已完工程是否有漏项。

（3）检查工程质量、隐蔽工程验收资料，关键部位的施工记录等，考察施工质量是否达到合同要求。

（4）检查试车记录及试车中所发现的问题是否得到改正。

（5）在交工验收中发现需要返工、修补的工程，明确规定完成期限。

（6）其他涉及的有关问题。

验收合格后，发包人和承包人共同签署《交工验收证书》，然后由发包人将有关技术资料和试车记录、试车报告及交工验收报告一并上报主管部门，经批准后该部分工程即可投入使用。验收合格的单项工程在全部工程验收时，原则上不再办理验收手续。

6.3.2.4　全部工程的竣工验收

全部施工过程完成后，由国家主管部门组织的竣工验收，又称为动用验收。发包人参与全部工程竣工验收分为验收准备、预验收和正式验收三个阶段。

1．验收准备

发包人、承包人和其他有关单位均应进行验收准备，验收准备的主要有以下工作内容。

（1）收集、整理各类技术资料，分类装订成册。

（2）核实建筑安装工程的完成情况，列出已交工工程和未完工工程一览表，包括单位工程名称、工程量、预算估价以及预计完成时间等内容。

（3）提交财务决算分析。

（4）检查工程质量，查明须返工或补修的工程并提出具体的时间安排，预申报工程质量等级的评定，做好相关材料的准备工作。

（5）整理汇总项目档案资料，绘制工程竣工图。

（6）登载固定资产，编制固定资产构成分析表。

（7）落实生产准备各项工作，提出试车检查的情况报告，总结试车考评情况。

（8）编写竣工结算分析报告和竣工验收报告。

2．预验收

建设项目竣工验收准备工作结束后，由发包人或上级主管部门会同监理单位、设计单位、承包人及有关单位或部门组成预验收组进行预验收。预验收的主要工作包括：

（1）核实竣工验收准备工作内容，确认竣工项目所有档案资料的完整性和准确性。

（2）检查项目建设标准、评定质量，对竣工验收准备过程中有争议的问题和有隐患及遗留问题提出处理意见。

（3）检查财务账表是否齐全并验证数据的真实性。

（4）检查试车情况和生产准备情况。

（5）编写竣工预验收报告和移交生产准备情况报告，在竣工预验收报告中应说明项目的概况、对验收过程进行阐述、对工程质量做出总体评价。

3. 正式验收

建设项目的正式竣工验收是由国家、地方政府、建设项目投资商或开发商以及有关单位领导和专家参加的最终整体验收。大中型和限额以上的建设项目的正式验收，由国家投资主管部门或其委托项目主管部门或地方政府组织验收，一般由竣工验收委员会（或验收小组）主任（或组长）主持，具体工作可由总监理工程师组织实施。国家重点工程的大型建设项目，由国家有关部委邀请有关方面参加，组成工程验收委员会进行验收。小型和限额以下的建设项目由项目主管部门组织。发包人、监理单位、承包人、设计单位和使用单位共同参加验收工作。

（1）发包人、勘查设计单位分别汇报工程合同履约情况以及在工程建设各环节执行法律、法规与工程建设强制性标准的情况。

（2）听取承包人汇报建设项目的施工情况、自验情况和竣工情况。

（3）听取监理单位汇报建设项目监理内容和监理情况及对项目竣工的意见。

（4）组织竣工验收小组全体人员进行现场检查，了解项目现状、查验项目质量，及时发现存在和遗留的问题。

（5）审查竣工项目移交生产使用的各种档案资料。

（6）评审项目质量，对主要工程部位的施工质量进行复验、鉴定，对工程设计的先进性、合理性和经济性进行复验和鉴定，按设计要求和建筑安装工程施工的验收规范和质量标准进行质量评定验收。在确认工程符合竣工标准和合同条款规定后，签发竣工验收合格证书。

（7）审查试车规程，检查投产试车情况，核定收尾工程项目，对遗留问题提出处理意见。

（8）签署竣工验收鉴定书，对整个项目做出总的验收鉴定。竣工验收鉴定书是表示建设项目已经竣工，并交付使用的重要文件，是全部固定资产交付使用和建设项目正式动用的依据。竣工验收签证书的格式如表 6-17 所示。

整个建设项目进行竣工验收后，发包人应及时办理固定资产交付使用手续。在进行竣工验收时，已验收过的单项工程可以不再办理验收手续，但应将单项工程交工验收证书作为最终验收的附件而加以说明。发包人在竣工验收过程中，如发现工程不符合竣工条件，应责令承包人进行返修，并重新组织竣工验收，直到通过验收。

表 6-17　建设项目竣工验收鉴定书

工程名称		工程地点	
工程范围	按合同要求定	建筑面积	
工程造价			
开工日期	年　月　日	竣工日期	年　月　日
日历工作天		实际工作天	
验收意见			
发包人验收人			

6.3.3　竣工决算的内容及编制

建设项目竣工决算应包括从筹集到竣工投产全过程的全部实际费用，即包括建筑工程费、安装工程费、设备工器具购置费用及预备费和投资方向调节税等费用。按照财政部、国家发改委和住建部的有关文件规定，竣工决算是由竣工财务决算说明书、竣工财务决算报表、工程竣工图和工程竣工造价对比分析四部分组成。前两部分又称建设项目竣工财务决算，是竣工决算的核心内容。

6.3.3.1　竣工决算报告情况说明书

竣工决算报告情况说明书主要反映竣工工程建设成果和经验，是对竣工决算报表进行分析和补充说明的文件，是全面考核分析工程投资与造价的书面总结，主要包括以下内容。

（1）建设项目概况，对工程总的评价。一般从进度、质量、安全和造价方面进行分析说明。进度方面主要说明开工和竣工时间，对照合理工期和要求工期分析是提前还是延期；质量方面主要根据竣工验收委员会或相当一级质量监督部门的验收评定等级、合格率和优良品率；安全方面主要根据劳动工资和施工部门的记录，对有无设备和人身事故进行说明；造价方面主要对照概算造价，说明节约还是超支，用金额和百分率进行分析说明。

（2）资金来源及运用等财务分析。它主要包括工程价款结算、会计账务的处理、财产物资情况及债权债务的清偿情况。

（3）基本建设收入、投资包干结余、竣工结余资金的上交分配情况。通过对基本建设投资包干情况的分析，说明投资包干数、实际支用数和节约额、投资包干节余的有机构成和包干节余的分配情况。

（4）各项经济技术指标的分析。概算执行情况分析，根据实际投资完成额与概算进行对比分析，新增生产能力的效益分析，说明支付使用财产占总投资额的比例、占支付使用财产的比例，不增加固定资产的造价占投资总额的比例，分析有机构成和成果。

（5）工程建设的经验及项目管理和财务管理工作以及竣工财务决算中有待解决的问题。

（6）需要说明的其他事项。

6.3.3.2 竣工财务决算报表

建设项目竣工财务决算报表根据大、中型建设项目和小型建设项目分别制定。大、中型建设项目竣工决算报表包括：建设项目竣工财务决算审批表；大、中型建设项目概况表；大、中型建设项目竣工财务决算表；大、中型建设项目交付使用资产总表；建设项目交付使用资产明细表。小型建设项目竣工财务决算报表包括建设项目竣工财务决算审批表、竣工财务决算总表、建设项目交付使用资产明细表。

1. 建设项目竣工财务决算审批表

建设项目竣工财务决算审批表（见表6-18）作为竣工决算上报有关部门审批时使用，其格式是按照中央级小型项目审批要求设计的，地方级项目可按审批要求作适当修改，大、中、小型项目均要按照下列要求填报此表。

表6-18 建设项目竣工财务决算审批表

建设项目法人（建设单位）		建设性质	
建设项目名称		主管部门	
开户银行意见：			
		（盖章） 年 月 日	
专员办审批意见：			
		（盖章） 年 月 日	
主管部门或地方财政部门审批意见：			
		（盖章） 年 月 日	

（1）表中"建设性质"按照新建、改建、扩建、迁建和恢复建设项目等分类填列。

（2）表中"主管部门"是指建设单位的主管部门。

（3）所有建设项目均须经过开户银行签署意见后，按照有关要求进行报批：中央级小型项目由主管部门签署审批意见；中央级大、中型建设项目报所在地财政监察专员办事机构签署意见后，再由主管部门签署意见报财政部审批；地方级项目由同级财政部门签署审批意见。

（4）已具备竣工验收条件的项目，3个月内应及时填报审批表。例如，3个月内不办理竣工验收和固定资产移交手续的视同项目已正式投产，其费用不得从基本建设投资中支付，所实现的收入作为经营收入，不再作为基本建设收入管理。

2. 大、中型建设项目概况表

大、中型建设项目概况表（见表6-19），综合反映大中型项目的基本概况，内容包括该项目总投资、建设起止时间、新增生产能力、主要材料消耗、建设成本、完成主要工程量和主要技术经济指标，为全面考核和分析投资效果提供依据。可按下列要求填写：

表 6-19　大、中型建设项目概况表

建设项目（单项工程）名称			建设地址				项目	概算（元）	实际（元）	备注
主要设计单位			主要施工企业			基本建设支出	建筑安装工程投资			
							设备、工具、器具			
占地面积	设计	实际	总投资（万元）	设计	实际		待摊投资			
							其中：建设单位管理费			
新增生产能力	能力（效益）名称			设计	实际		其他投资			
							待核销基建支出			
建设起止时间	设计	从　年　月开工至　年　月竣工					非经营项目转出投资			
	实际	从　年　月开工至　年　月竣工					合计			
设计概算批准文号										
完成主要工程量	建设规模				设备（台、套、吨）					
	设计		实际		设计			实际		
收尾工程	工程项目、内容		已完成投资额		尚需投资额			完成时间		

（1）建设项目名称、建设地址、主要设计单位和主要承包人，要按全称填列。

（2）表中各项目的设计、概算、计划等指标、根据批准的设计文件和概算、计划等确定的数字填列。

（3）表中所列新增生产能力、完成主要工程量、主要材料消耗的实际数据，根据建设单位统计资料和承包人提供的有关成本核算资料填列。

（4）表中基建支出是指建设项目从开工起至竣工为止发生的全部基本建设支出，包括形成资产价值的交付使用资产，如固定资产、流动资产、无形资产、其他资产支出，还包括不形成资产价值按照规定应核销的非经营项目的待核销基建支出和转出投资。上述支出，应根据财政部门历年批准的《基建投资表》中的有关数据填列。按照《财政部关于印发〈基本建设财务管理若干规定〉的通知》，需要注意以下几点：

1）建筑安装工程投资支出、设备工器具投资支出、待摊投资支出和其他投资支出构成建设项目的建设成本。

2）待核销基建支出是指非经营性项目发生的江河清障、补助群众造林、水土保持、城市绿化、取消项目可行性研究费、项目报废等不能形成资产部分的投资。对于能够形成资产部分的投资、应计入交付使用资产价值。

3）非经营性项目转出投资支出是指非经营项目为项目配套的专用设施投资，包括专用道路，专用通信设施、送变电站、地下管道等，其产权不属于本单位的投资支出；对于产权归属本单位的，应计入交付使用资产价值。

4）表中"设计概算批准文号"，按最后经批准的日期和文件号填列。

5）表中收尾工程是指全部工程项目验收后尚遗留的少量收尾工程，在表中应明确填写收尾工程内容、完成时间、这部分工程的实际成本，可根据实际情况进行估算并加以说明，完工后不再编制竣工决算。

3. 大、中型建设项目竣工财务决算表

竣工财务决算表（见表 6-20），是竣工财务决算表的一种，大、中型建设项目竣工财务决算表是用来反映建设项目的全部资金来源和资金占用情况，是考核和分析投资效果的依据，该表反映竣工的大中型建设项目从开工到竣工为止全部资金来源和资金运用的情况。它是考核和分析投资效果、落实结余资金，并作为报告上级核销基本建设支出和基本建设拨款的依据。在编制该表前，应先编制出项目竣工年度财务决算，根据编制出的竣工年度财务决算和历年财务决算编制项目的竣工财务决算。此表采用平衡表形式，即资金来源合计等于资金支出合计。

表 6-20　大、中型建设项目竣工财务决算表　（单位：元）

资金来源	金额（元）	资金占用	金额（元）	补充资料
一、基建拨款		一、基本建设支出		
1.预算拨款		1.交付使用资产		1. 基建投资借款期末余额
2.基建基金拨款		2.在建工程		
其中：国债专项资金拨款		3.待核销基建支出		
3.专项建设基金拨款		4.非经营项目转出投资		
4.进口设备转账拨款		二、应收生产单位投资借款		
5.器材转账拨款		三、拨付所属投资借款		2. 应收生产单位投资借款期末数
6.煤代油专用基金拨款		四、器材		
7.自筹资金拨款		其中：待处理器材损失		
8.其他拨款		五、货币资金		
二、项目资本		六、预付及应收款		
1.国家资本		七、有价证券		3. 基建结余资金
2.法人资本		八、固定资产		
3.个人资本		1.固定资产原值		
三、项目资本公积		减：累计折旧		
四、基建借贷		2.固定资产净值		
五、上级拨入投资借款		3.固定资产清理		
六、企业债券资金		4.待处理固定资产损失		
七、待冲基建支出				
八、应付款				
九、未交款				
1.未交税金				
2.其他未交				
十、上级拨入资金				
十一、留成收入				
合　计		合　计		

（1）资金来源包括基建拨款、项目资本金、项目资本公积金、基建借款、上级拨入投资借款、企业债券资金、待冲基建支出、应付款和未交款以及上级拨入资金和企业留成收入等。

1）项目资本金是指经营性项目投资者按国家有关项目资本金的规定，筹集并投入项目的非负债资金，在项目竣工后，相应转为生产经营企业的国家资本金、法人资本金、个人资本金和外商资本金。

2）项目资本公积金是指经营项目对投资者实际缴付的出资额超过其资金的差额（包括发行股票的溢价净收入）、资产评估确认价值或者合同协议约定价值与原账面净值的差额、接收捐赠的财产、资本汇率折算差额，在项目建设期间作为资本公积金、项目建成交付使用并办理竣工决算后，转为生产经营企业的资本公积金。

3）基建收入是基建过程中形成的各项工程建设副产品变价净收入、负荷试车的试运行收入以及其他收入，在表中基建收入以实际销售收入扣除销售过程中所发生的费用和税后的实际纯收入填写。

（2）表中"交付使用资产""预算拨款""自筹资金拨款""其他拨款""项目资本""基建投资借款""其他借款"等项目，是指自开工建设至竣工的累计数，上述有关指标应根据历年批复的年度基本建设财务决算和竣工年度的基本建设财务决算中资金平衡表相应项目的数字进行汇总填写。

（3）表中其余项目费用办理竣工验收时的结余数，根据竣工年度财务决算中资金平衡表的有关项目期末数填写。

（4）资金支出反映建设项目从开工准备到竣工全过程资金支出的情况，内容包括基建支出、应收生产单位投资借款、库存器材、货币资金、有价证券和预付及应收款以及拨付所属投资借款和库存固定资产等，资金支出总额应等于资金来源总额。

（5）基建结余资金可以按下列公式计算。

$$基建结余资金 = 基建拨款 + 项目资本 + 项目资本公积金 + 基建投资借款 + 企业债券基金 + 待冲基建支出 - 基本建设支出 - 应收生产单位投资借款 \tag{6-4}$$

4. 大、中型建设项目交付使用资产总表

大、中型建设项目交付使用资产总表（见表 6-21），反映建设项目建成后新增固定资产、流动资产、无形资产和其他资产价值的情况和价值，作为财产交接、检查投资计划完成情况和分析投资效果的依据。小型项目不编制"交付使用资产总表"，直接编制"交付使用资产明细表"。大、中型项目在编制"交付使用资产总表"的同时，还需编制"交付使用资产明细"。大、中型建设项目交付使用资产总表具体编制方法如下。

表 6-21　大、中型建设项目交付使用资产总表　　　（单位：元）

序号	单项工程项目名称	总计	固定资产				流动资产	无形资产	其他资产
			合计	建安工程	设备	其他			

交付单位：　　　　　负责人：　　　　　　　接受单位：　　　　　　　负责人：

盖　　章　　　　　　　年　月　日　　　　盖　章　　　　　　　　年　月　日

（1）表中各栏目数据根据"交付使用明细表"的固定资产、流动资产、无形资产、其他资产的各相应项目的汇总数分别填写，表中总计栏的总计数应与竣工财务决算表中的交付使用资产的金额一致。

（2）表中第 3、4 栏、第 8 ~ 10 栏的合计数，应分别与竣工财务决算表交付使用的固定资产、流动资产、无形资产、其他资产的数据相符。

5. 建设项目交付使用资产明细表

建设项目交付使用资产明细表（见表 6-22），反映交付使用的固定资产、流动资产、无形资产和其他资产及其价值的明细情况，是办理资产交接和接收单位登记资产账目的依据，是使用单位建立资产明细账和登记新增资产价值的依据。大、中型和小型建设项目均需编制此表。编制时要做到齐全完整，数字准确，各栏目价值应与会计账目中相应科目的数据保持一致。建设项目交付使用资产明细表具体编制方法如下。

表 6-22　建设项目交付使用资产明细表

单项工程名称	建筑工程			设备、工具、器具、家具					流动资产		无形资产		其他资产	
结构	面积(m²)	价值(元)	名称	规格型号	单位	数量	价值(元)	设备安装费(元)	名称	价值(元)	名称	价值(元)	名称	价值(元)

注：1. 表中"建筑工程"项目应按单项工程名称填列其结构、面积和价值。其中"结构"是指项目按钢结构、钢筋混凝土结构、混合结构等结构形式填写；面积则按各项目实际完成面积填列；价值按交付使用资产的实际价值填写。

2. 表中"固定资产"部分要在逐项盘点后，根据盘点实际情况填写，工具、器具和家具等低值易耗品可分类填写。

3. 表中"流动资产""无形资产""其他资产"项目应根据建设单位实际交付的名称和价值分别填列。

6. 小型建设项目竣工财务决算总表

由于小型建设项目内容比较简单，因此可将工程概况与财务情况合并编制一张"竣工财务决算总表"（见表 6-23），该表主要反映小型建设项目的全部工程和财务情况。具体编制时可参照大、中型建设项目概况表指标和大、中型建设项目竣工财务决算表相应指标内容填写。

表 6-23　小型建设项目竣工财务决算总表

建设项目名称		建设地址					资金来源		资金运用	
初步设计概算批准文号							项目	金额(元)	项目	金额(元)
占地面积							一、基建拨款其中：预算拨款		一、交付使用资产	
	计划	实际	总投资(万元)	计划		实际			二、待核销基建支出	
				固定资产	流动资金	固定资产 流动资金	二、项目资本		三、非经营项目转出投资	
							三、项目资本公积			
新增生产能力	能力(效益)名称	设计		实际			四、基建借款		四、应收生产单位投资借款	
							五、上级拨入借款			
建设起止时间	计划	从　年　月开工至　年　月竣工					六、企业债券资金		五、拨付所属投资借款	
	实际	从　年　月开工至　年　月竣工					七、待冲基建支出		六、器材	
基建支出	项目		概算(元)	实际(元)			八、应付款		七、货币资金	
	建筑安装工程						九、未付款其中：未交基建收入　未交包干收入		八、预付及应收款	
	设备　工具　器具								九、有价证券	
	待摊投资其中：建设单位管理费								十、原有固定资产	
	其他投资						十、上级拨入资金			
	待核销基建支出						十一、留成收入			
	非经营性项目转出投资									
	合计						合计		合计	

6.3.3.3　工程竣工图

　　工程竣工图是真实地记录各种地上、地下建筑物，构筑物等情况的技术文件，是工程进行交工验收、维护、改建和扩建的依据，是国家的重要技术档案。全国各建设、设计、施工单位和各主管部门都要认真做好竣工图的编制工作。国家规定：各项新建、扩建、改建的基本建设工程，特别是基础、地下建筑、管线、结构、井巷、桥梁、隧道、港口、水坝以及设备安装等隐蔽部位，都要编制竣工图。为确保竣工图质量，必须在施工过程中（不能在竣工后）及时做好隐蔽工程检查记录，整理好设计变更文件。编制竣工图的形式和深度，应根据不同情况区别对待，具体有以下要求。

（1）凡按图竣工没有变动的，由承包人（包括总包和分包承包人，下同）在原施工图上加盖"竣工图"标志后，即作为竣工图。

（2）凡在施工过程中，虽有一般性设计变更，但能将原施工图加以修改补充作为竣工图的，可不重新绘制，由承包人负责在原施工图（必须是新蓝图）上注明修改的部分，并附以设计变更通知单和施工说明，加盖"竣工图"标志后，作为竣工图。

（3）凡结构形式改变、施工工艺改变、平面布置改变、项目改变以及有其他重大改变，不宜再在原施工图上修改、补充时，应重新绘制改变后的竣工图。由原设计原因造成的，由设计单位负责重新绘制；由施工原因造成的，由承包人负责重新绘图；由其他原因造成的，由建设单位自行绘制或委托设计单位绘制。承包人负责在新图上加盖"竣工图"标志，并附以有关记录和说明，作为竣工图。

（4）为了满足竣工验收和竣工决算需要，还应绘制反映竣工工程全部内容的工程设计平面示意图。

（5）重大的改建、扩建工程项目涉及原有的工程项目变更时，应将相关项目的竣工图资料统一整理归档，并在原图案卷内增补必要的说明。

6.3.3.4　工程竣工造价对比分析

对控制竣工工程造价所采取的措施、效果及其动态的变化需要进行认真的对比，总结经验教训。批准的概算是考核建设工程造价的依据。在分析时，可先对比整个项目的总概算，然后将建筑安装工程费、设备工器具费和其他工程费用逐一与竣工决算表中所提供的实际数据和相关资料及批准的概算、预算指标、实际的工程造价进行对比分析，以确定竣工项目总造价是节约还是超支，并在对比的基础上，总结先进经验，找出节约和超支的内容和原因，提出改进措施。在实际工作中，应主要分析以下内容。

（1）主要实物工程量。对于实物工程量出入比较大的情况，必须查明原因。

（2）主要材料消耗量。考核主要材料消耗量，要按照竣工决算表中所列明的三大材料实际超概算的消耗量，查明是在工程的哪个环节超出量最大，再进一步查明超耗的原因。

（3）考核建设单位管理费、措施费和间接费的取费标准。建设单位管理费、措施费和间接费的取费标准要按照国家和各地的有关规定，根据竣工决算报表中所列的建设单位管理费与概预算所列的建设单位管理费数额进行比较，依据规定查明是否多列或少列的费用项目，确定其节约或超支的数额，并查明原因。

6.3.4　竣工决算的编制

6.3.4.1　竣工决算的编制依据

（1）经批准的可行性研究报告、投资估算书，初步设计或扩大初步设计，修正总概算及其批复文件。

（2）经批准的施工图设计及其施工图预算书。

（3）设计交底或图纸会审会议纪要。

（4）设计变更记录、施工记录或施工签证单及其他施工发生的费用记录。

（5）招标控制价，承包合同、工程结算等有关资料。

（6）历年基建计划、历年财务决算及批复文件。

（7）设备、材料调价文件和调价记录。

（8）有关财务核算制度、办法和其他有关资料。

6.3.4.2　竣工决算的编制步骤

（1）收集、整理和分析有关依据资料。在编制竣工决算文件之前，应系统地整理所有的技术资料、工料结算的经济文件、施工图纸和各种变更与签证资料，并分析它们的准确性。

（2）清理各项财务、债务和结余物资。在收集、整理和分析有关资料中，要特别注意建设工程从筹建到竣工投产或使用的全部费用的各项账务、债权和债务的清理，做到工程完毕账目清晰。即要核对账目，又要查点库存实物的数量，做到账与物相等，账与账相符。

（3）核实工程变动情况。重新核实各单位工程、单项工程造价，将竣工资料与原设计图纸进行查对、核实，必要时可实地测量，确认实际变更情况；根据经审定的承包人竣工结算等原始资料，按照有关规定对原概、预算进行增减调整，重新核定工程造价。

（4）编制建设工程竣工决算说明。按照建设工程竣工决算说明的内容要求，根据编制依据材料填写在报表中的结果，编写文字说明。

（5）填写竣工决算报表。按照建设工程决算表格中的内容，根据编制依据中的有关资料进行统计或各个项目和数量，并将其结果填到相应表格的栏目内，完成所有报表的填写。

（6）做好工程造价对比分析。

（7）清理、装订好竣工图。

（8）上报主管部门审查存档。

将上述编写的文字说明和填写的表格经核对无误，装订成册，即为建设工程竣工决算文件。将其上报主管部门审查，并把其中财务成本部分送交开户银行签证。竣工决算在上报主管部门的同时，抄送有关设计单位。大中型建设项目的竣工决算还应抄送财政部、建设银行总行和省、市、自治区的财政局和建设银行分行各1份。建设工程竣工决算的文件，由建设单位负责组织人员编写，在竣工建设项目办理验收使用1个月之内完成。

6.3.4.3　竣工决算的编制实例

举例：某一大中型建设项目2010年开工建设，2012年年底有关财务核算资料如下。

（1）已经完成部分单项工程，经验收合格后，已经交付使用的资产包括：

1）固定资产价值75 540万元。

2）为生产准备的使用期限在一年之内的备品备件、工具、器具等流动资产价值

30 000 万元，期限在一年以上，单位价值在 1 500 元以上的工具 60 万元。

3）建造期间购置的专利权、非专利技术等无形资产 2 000 万元，摊销期 5 年。

（2）基本建设支出的未完成项目包括：

1）建筑安装工程支出 16 000 万元。

2）设备工器具投资 44 000 万元。

3）建设单位管理费、勘察设计费等待摊投资 2 400 万元。

4）通过出让方式购置的土地使用权形成的其他投资 110 万元。

（3）非经营项目发生待核销基建支出 50 万元。

（4）应收生产单位投资借款 1 400 万元。

（5）购置需要安装的器材 50 万元，其中待处理器材 16 万元。

（6）货币资金 470 万元。

（7）预付工程款及应收有偿调出器材款 18 万元。

（8）建设单位自用的固定资产原值 60 550 万元，累计折旧 10 022 万元。

（9）反映在"资金平衡表"上的各类资金来源的期末余额是：

1）预算拨款 52 000 万元。

2）自筹资金拨款 58 000 万元。

3）其他拨款 440 万元。

4）建设单位向商业银行借入的借款 110 000 万元。

5）建设单位当年完成交付生产单位使用的资产价值中，200 万元属于利用投资借款形成的待冲基建支出。

6）应付器材销售商 40 万元货款和尚未支付的应付工程款 1 916 万元。

7）未交税金 30 万元。

根据上述有关资料编制该项目竣工财务决算表（见表 6-24）。

表 6-24　大、中型建设项目竣工财务决算表

建设项目名称：×× 建设项目　　　　　　　　　　　　　　　　　　　（单位：万元）

资金来源	金额	资金占用	金额	补充资料
一、基建拨款	110 440	一、基本建设支出	170 160	1. 基建投资借款期末余额
1. 预算拨款	52 000	1. 交付使用资产	107 600	
2. 基建基金拨款		2. 在建工程	62 510	
其中：国债专项资金拨款		3. 待核销基建支出	50	
3. 专项建设基金拨款		4. 非经营性项目转出投资		
4. 进口设备转账拨款		二、应收生产单位投资借款	1 400	2. 应收生产单位投资借款期末数
5. 器材转账拨款		三、拨付所属投资借款		
6. 煤代油专用基金拨款		四、器材	50	
7. 自筹资金拨款	58 000	其中：待处理器材损失	16	3. 基建结余资金
8. 其他拨款	440	五、货币资金	470	
二、项目资本金		六、预付及应收款	18	

（续）

资金来源	金额	资金占用	金额	补充资料
1.国家资本		七、有价证券		
2.法人资本		八、固定资产	50 528	
3.个人资本		固定资产原值	60 550	
三、项目资本公积		减：累计折旧	10 022	
四、基建借款		固定资产净值	50 508	
其中：国债转贷	110 000	固定资产清理		
五、上级拨入投资借款		待处理固定资产损失		
六、企业债券资金				
七、待冲基建支出	200			
八、应付款	1 956			
九、未交款	30			
1.未交税金	30			
2.其他未交款				
十、上级拨入资金				
十一、留成收入				
合　计	222 626	合　计	222 626	

复习思考题

1．简述工程结算的分类。
2．何为工程竣工结算？竣工结算的编制方法有几种？
3．何为工程竣工决算？竣工决算的内容有哪些？
4．简述工程竣工验收的基本程序。

技能训练

1．模拟某项目工程竣工验收的基本操作。
2．用固定合同单价编制某单位工程的竣工结算。

参 考 文 献

[1] 中华人民共和国国家标准.GB50500—2013.建设工程工程量清单计价规范 [S].北京：中国计划出版社，2013.

[2] 中华人民共和国国家标准.GB50854—2013.房屋建筑与装饰工程工程量计算规范 [S].北京：中国计划出版社，2013.

[3] 规范编写组.2013 建设工程计价计量规范辅导 [S].北京：中国计划出版社，2013.

[4] 辽宁省建筑工程计价定额 [S].沈阳：沈阳出版社，2008.

[5] 辽宁省装饰装修工程计价定额 [S].沈阳：沈阳出版社，2008.

[6] 肖明和，简红，关永冰.建筑工程计量与计价 [M].北京：北京大学出版社，2013.

[7] 中国建设工程造价管理协会.建设工程造价管理基础知识 [M].北京：中国计划出版社，2010.

[8] 辽宁省建设工程造价管理总站.辽宁省工程计量与实务全国建设工程造价员资格考试培训教材 [M].沈阳：沈阳出版社，2011.

[9] 闫瑾.建筑工程计量与计价 [M].北京：机械工业出版社，2010.

[10] 王武齐.建筑工程计量与计价 [M].北京：中国建筑出版社，2012.

[11] 赵莹华.土建工程招投标与预决算 [M].北京：化学工业出版社，2009.

[12] 李玉芬.建筑工程概预算 [M].北京：机械工业出版社，2010.

[13] 兰玲，韩永光.建筑工程计价与管理 [M].天津：天津大学出版社，2011.

[14] 王朝霞.建筑工程定额与计价 [M].北京：中国电力出版社，2010.

[15] 华君.建筑工程计价与投资控制 [M].北京：中国建筑工业出版社，2006.

[16] 天津理工学院造价工程师培训中心.全国造价工程师执业资格考试应试指南 [M].北京：中国计划出版社，2012.

[17] 全国造价工程师执业资格考试培训教材编写委员会.工程造价计价与控制 [S].北京：中国计划出版社，2012.

[18] 尹贻林，严玲.工程造价概论 [M].北京：人民交通出版社，2009.

[19] 蔡红新，温艳芳，吕宗斌.建筑工程计量与计价实务 [M].北京：北京理工大学出版社，2011.

[20] 蒋红焰.建设工程概预算工程量清单计价 [M].北京：化学工业出版社，2010.

高职高专房地产类专业实用教材系列
高职高专精品课系列

课程名称	书号	书名、作者及出版时间	定价
电子商务	978-7-111-22974-2	电子商务概论（精品课）（尹世久）（2008年）	28
物业管理	978-7-111-20797-9	物业管理（寿金宝）（2007年）	29
居住区规划	978-7-111-42613-4	居住区规划（第2版）"十二五"国家级规划教材）（苏德利）（2013年）	35
房地产投资分析	978-7-111-39877-6	房地产投资分析（第2版）（高群）（2012年）	30
房地产市场营销	即将出版	房地产开发与经营实务（第3版）（陈林杰）（2014年）	35
房地产市场营销	978-7-111-29455-9	房地产市场营销实务（第2版）（栾淑梅）（2010年）	35
房地产市场营销	即将出版	房地产市场营销实务（第3版）（栾淑梅）（2014年）	35
房地产市场营销	978-7-111-39068-8	房地产营销与策划实务（陈林杰）（2012年）	36
房地产开发	978-7-111-24092-1	房地产开发（张国栋）（2008年）	28
房地产经营与管理	978-7-111-31070-9	房地产开发与经营实务（第2版）（陈林杰）（2010年）	32
房地产经济学	978-7-111-43526-6	房地产经济学（第2版）（高群）（2013年）	29
房地产经纪	978-7-111-35080-4	房地产经纪实务（陈林杰）（2011年）	36
房地产估价	978-7-111-32793-6	房地产估价（第2版）（左静）（2011年）	31
房地产法规	978-7-111-43942-4	房地产法规（第3版）"十二五"国家级规划教材）（王熙雯）（2013年）	25
建筑工程造价	即将出版	建筑工程造价（第2版）（孙久艳）（2014年）	30
建筑工程造价	978-7-111-20824-2	建筑工程造价（孙久艳）（2007年）	26
建筑工程概论	978-7-111-40497-2	房屋建筑学（第2版）（徐春波）（2013年）	35
建筑材料	978-7-111-42753-7	建筑材料（丁以喜）（2013年）	39
建设工程招投标与合同管理	978-7-111-30875-1	建设工程招投标与合同管理实务（第2版）（高群）（2010年）	29
工程经济学	即将出版	工程经济学（樊群）（2014年）	35
工程监理	978-7-111-38643-8	建设工程监理（王照雯）（2012年）	35
工商管理类专业综合实训	978-7-111-21236-2	工商管理类专业综合实训教程：工商模拟市场实训（精品课）（阚雅玲）（2007年）	22
职业规划	978-7-111-26991-5	职业规划与成功素质训练（精品课）（阚雅玲）（2009年）	34
网络金融	978-7-111-31072-3	网络金融（第2版）（精品课）"十一五"国家级规划教材）（张劲松）（2010年）	34
网络金融	978-7-111-46435-8	网络金融（第3版）（张劲松）（2014年）	35
统计学习指导	978-7-111-22168-5	应用统计学习指导（精品课）（孙炎）（2007年）	19
统计学	即将出版	应用统计（第2版）（精品课）"十二五"国家级规划教材）（孙炎）（2014年）	35
统计学	978-7-111-21920-0	应用统计学（"十一五"国家级规划教材）（精品课）（孙炎）（2007年）	30
市场营销学（营销管理）	978-7-111-37474-9	市场营销基础与实务（精品课）（肖红）（2012年）	36
管理信息系统	978-7-111-23032-8	管理信息系统（精品课）（郑春瑛）（2008年）	28